No.151

IoT成功の秘けつは省エネ&自然エネルギ活用

サスティナブル・マイクロワット回路の研究

CQ出版社

CONTENTS

表紙／扉デザイン：ナカヤ デザインスタジオ（柴田 幸男）
本文イラスト：神崎 真理子

▶ 本書は，「トランジスタ技術」に掲載された記事を再編集したものです．初出誌は各記事の稿末に掲載してあります．

Introduction

ウェアラブル＆IoT時代の忍ばせ系電子工作劇

㊙エレキ製作 三つの心得

① 一滴も残さず電力を吸い尽くすべし！

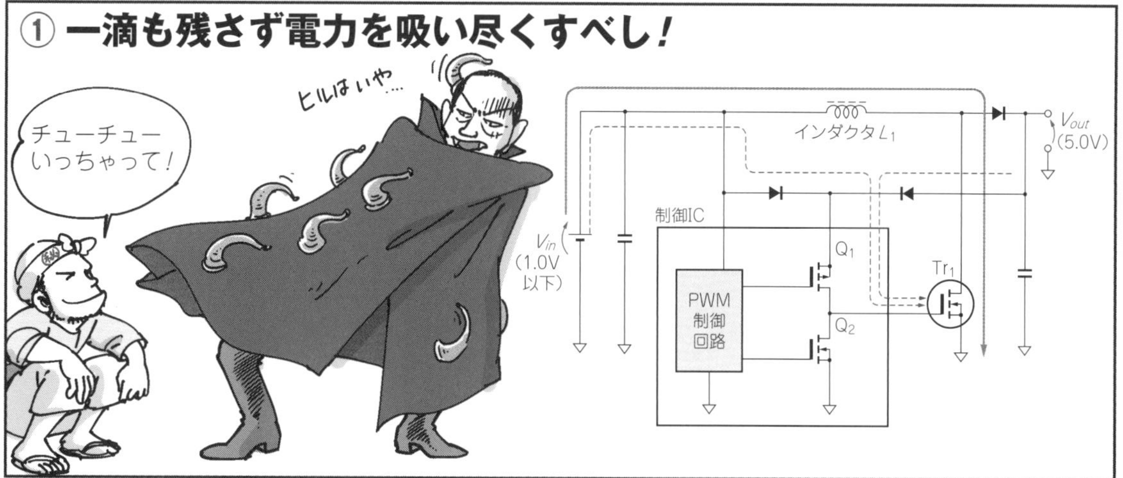

② 光，熱，振動，電波…なんでも電力に変えるべし！

③ ロー・パワー IC を使うべし！

(初出：「トランジスタ技術」2015年2月号)

第1部　マイクロワット回路の基礎知識

第1章 ①発電デバイス，②電源/電池，③ロー・パワーIC

電池も持たない手ぶらエレキ製作三種の神器

弥田　秀昭 Hideaki Yata

図1　マイクロワット級の電子回路の世界を旅する

第1部では，mW～μWクラスのマイクロワット電子回路の世界を旅します(**図1**)．数十mVから起動する電源の誕生やICの低消費電力化のおかげで，自然エネルギを電気に変える発電デバイスを使って，電池もケーブルもない自立電源をもつマイクロワット電子回路が作れるようになっています．

スパイ映画やSF映画に登場するヒーローたちは行きつけの工房に出かけ，秘密道具を仕入れます．そこには，機械仕掛けや電気仕掛けの腕時計や文房具，衣類がずらりと並べられていて，私たちをワクワクさせてくれます．

自然エネルギで動くエレキ・ガジェットはすでに身の回りにたくさんあります．たとえば，太陽電池を搭載した**写真1**に示す電卓や腕時計です．今の技術をもってすれば，高性能なマイクロワット電子回路を忍ばせて，映画監督も大喜びの秘密道具をヒーローに持たせてあげることができそうです．

来たるウェアラブル/IoT時代(Internet of Things)にも備えて，電池やケーブルがなくても動くミニ電源とマイクロワット電子回路の作り方のポイントを紹介します．〈編集部〉

(a) 太陽光で動く電卓　(b) 太陽光で動く腕時計

写真1[(1)(2)]　自然エネルギで動く電子回路の例

その① 「発電デバイス」
～自然のエネルギを電気に変える～

● 自然エネルギの利用はもう始まっている

▶光を電気に

写真2に示すのはおなじみの太陽電池です．

ダイオードは，P型とN型の半導体をつないで作られています．PN接合部に光を当てると電子が生まれて電流が流れ出てきます．太陽電池はこのP型半導体とN型半導体をたくさんつないで作った発電デバイスです．

太陽電池に光を当てるとPN接合1つ(1セル)あたり約0.5 Vが発生します．この電圧値はダイオードの順方向電圧とほぼ同じです．このセルを直列につないでいくと高い電圧を発生できます．

取り出せる電流は，光の照度とセルの面積に比例するので，ほしい電力に合わせてセル面積とセル直列数を選びます．発電量は天候によって大きく変動し，最大値近くの出力が得られるのは快晴の日でもほんの数時間です．

▶温度差を電気に

写真3に示すのは，電流を流し込むと一方の面が冷え，もう一方の面から熱が出て温まる半導体部品「ペルチェ」です．逆に，両面に温度差を与えると電圧を発生します．これをゼーベック効果と呼びます．この部品を使えばエンジンの廃熱などを電気に変換できます．

▶振動を電気に

写真4に示すのは振動で発電して点灯するLED懐中電灯です．**図2**に示すように，コイルの中にばねで支えられた磁石が置かれています[(3)]．本体を揺すると磁石がコイルの中を移動して，電磁誘導によって交流電流が発生します．これを整流してコンデンサに蓄電してパワーLEDを点灯させています．

▶圧力を電気に

代表的なものにピエゾ素子があります．ピエゾ素子

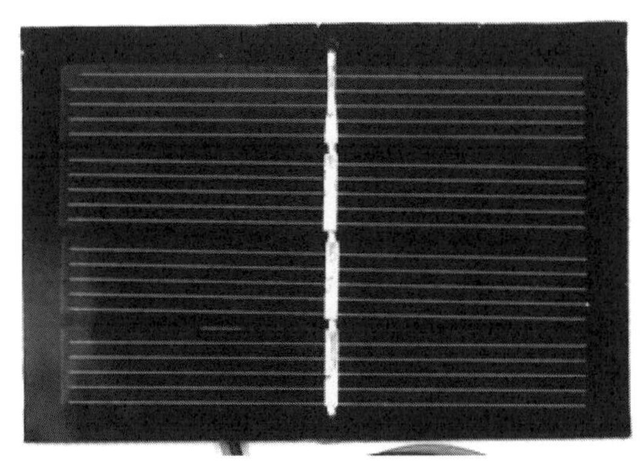

写真2　光を電気に変える「太陽電池」
太陽電池モジュール(4セル直列型，2.0 V，250 mA，Optosupply)

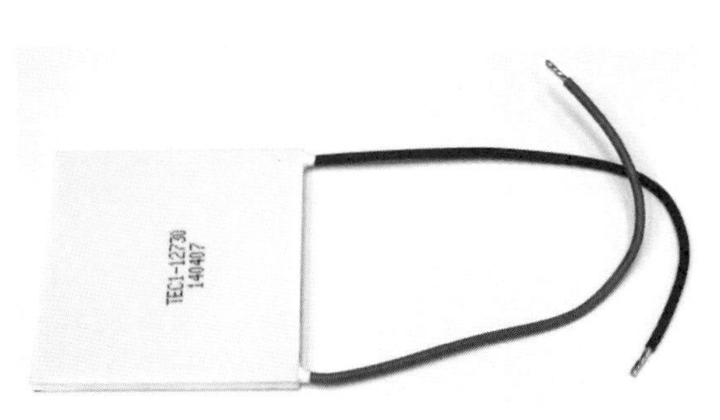

写真3　表面と裏面に温度差を与えると電圧を発生する「ペルチェ素子」
電気冷却モジュール(外寸62×62 mm，30 Aタイプ，Hebei I.T.co.,Ltd)

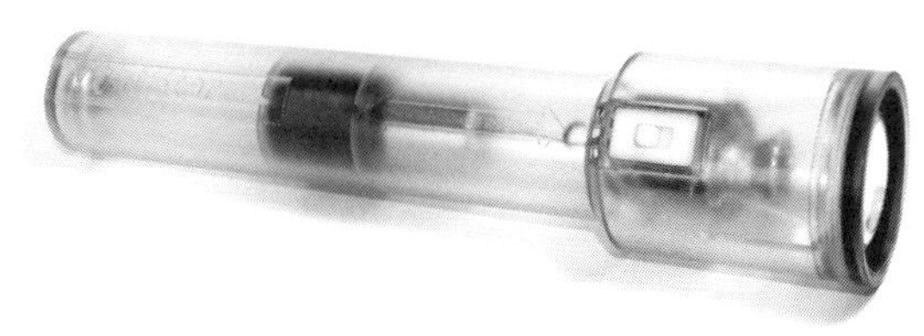

写真4[(3)]　振って発電して点灯させる電池レスLED懐中電灯(ナイトスター振動発電式LEDライト，大作商事)

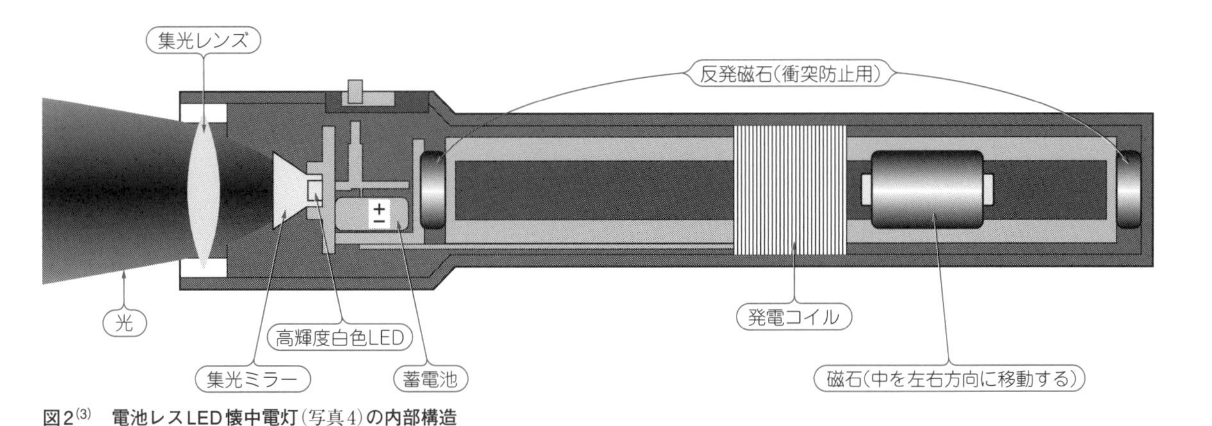

図2[(3)]　電池レスLED懐中電灯(写真4)**の内部構造**

図3　自然エネルギは気まぐれ…理想的な発電状態は続いてくれない

を敷き詰めた板に圧力を加えて変形させると電気エネルギが生じます．2006～2008年，実際に東京駅で自動改札機の床にピエゾ素子を取り付けて発電させる実証実験が行われました(4)．一人が通過すると4.3 Wsec（ワット秒）の電力が得られました．

● 1 cm²の太陽電池でできること

▶最大で15 mW…だけど一時的

日本の位置（緯度）で得られる太陽電池の発電量は，太陽光線が最も強まる南中時（12時）で，約1 kW/m²です．現在の単結晶シリコン太陽電池のエネルギ変換効率は15～20 %なので，仮に15 %とすると，1 cm²の太陽電池から取り出せる電力は15 mWです．数十μWで動く電子回路のエネルギ源としては十分そうです．

しかしこの発電量は，快晴で雲がなく，電池パネルが太陽光に垂直に置かれているという理想的な状態のときだけ得られます（**図3**）．この状態はとても一時的なものです．

▶平均で1.5 mWもない…貯金システムが必須

太陽は移動するので，太陽電池に入射する光の角度が刻々と変化すると発電量は大きく変化します．雨や曇りの日はガクンと発電量が減り，夜間はほとんど発電しません．これらを考えると，発電量の平均値は最大発電量の1/10以下と考えてよいでしょう．

電子回路が動き続けるためには，発電量の豊富なときに蓄電池にエネルギを充電しておいて，夜間や雨の日は，そのエネルギを少しずつ使って食いつなぐしかありません．

▶蛍光灯で発電できるのは太陽光の1/1000

350 lxの蛍光灯照明が放つ光のエネルギ密度は約1.0 W/m²で，太陽光の約1/1000です．

単結晶シリコン太陽電池は，感度がピークになる周波数が太陽光スペクトルの赤色側に調整されています．蛍光灯の光は，太陽光と同じように白く明るく見えますが，太陽光のように連続的な周波数のスペクトルをもっていません．**図4**に示すように，蛍光灯の光はRGBのたった3波でできていて，太陽光に比べて圧倒的にエネルギ・レベルが小さいのです(5)．

▶蛍光灯と組み合わせるならアモルファス系がいい

蛍光灯のような照明用光源には，人間の視感度に合わせた特性をもつアモルファス・シリコン太陽電池のほうが有利です．蛍光灯のスペクトルに最適化された，7.0 μW/cm²@200 lxの太陽電池もあります．数cm角の小さなものでも回路を動かせます．

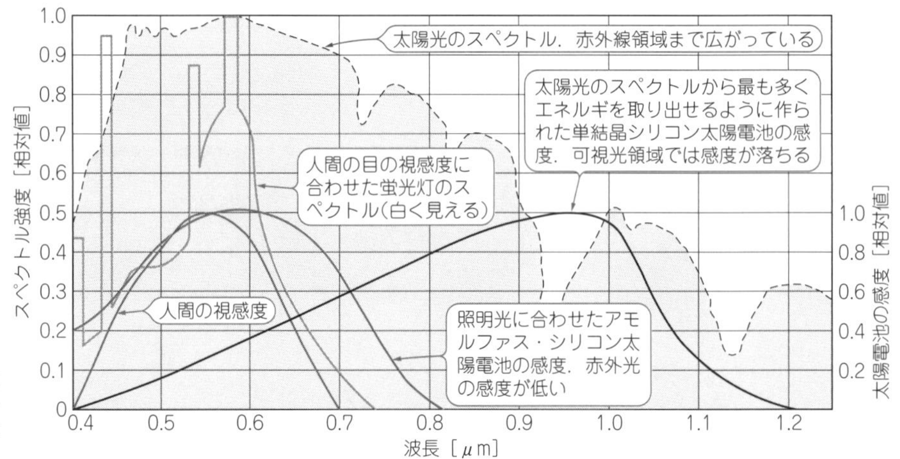

図4(5)　太陽光は蛍光灯と同じように白く見えるが，そのスペクトルは広範囲に分布していて，そのエネルギ・レベルは1000倍も大きい

身近な超ロー・パワー・マシン　Column 1

● 12 μW! 腕時計

太陽電池式の腕時計は光エネルギで動いています．正確な時を刻む電波時計も増えました．

腕時計は，光がなくても電池を交換することなく，24時間動き続ける必要があります．内部には，太陽電池(**写真A**)と蓄電池が格納されていて，光がないときは，蓄電池に貯めたエネルギで動き続けるしかけをもつタイプもあります．

太陽電池式の電波腕時計は，満充電で1～3カ月連続で動きます(ストップ・ウォッチ類の使用頻度による)．3か月動き続けたときの回路の平均消費電力を計算してみます．**図6**に示す蓄電池(MT621)を使ったときの公称電圧は1.5 V，公称容量は2.5 mAhです．太陽電池の発電が止まり，充電電圧が1.3 Vに低下します．電池の電力容量P_H［W］は，式(A)に示す値しかありません．

$$P_H = 1.3\ \mathrm{V} \times 2.5\ \mathrm{mAh} = 3.25\ \mathrm{mWh} \quad \cdots\cdots (A)$$

3カ月動作し続けたときの平均消費電力をP_{ave}［W］とすると，式(B)に示す値になります．

$$P_{ave} = 3.25\ \mathrm{mWh} \div (90日 \times 24時間) = 12.2\ \mu\mathrm{W} \quad \cdots\cdots (B)$$

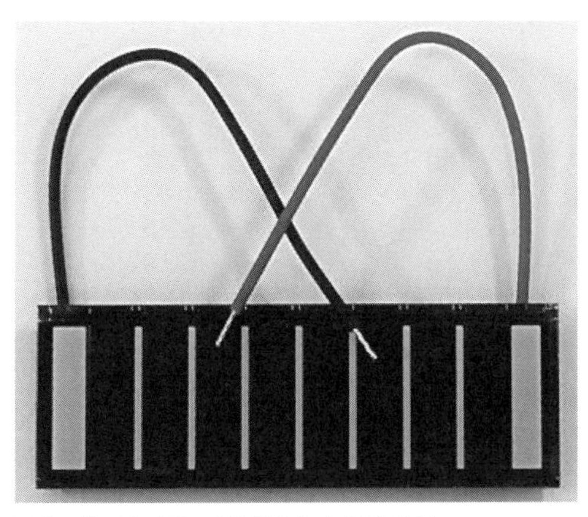

写真A[5]　腕時計にも格納される太陽電池(アモルファス・シリコン太陽電池，パナソニック)

● 43.1 μW! 10年間動作保証の火災報知器

住宅用の火災報知器(**写真B**)は，電池1個で10年間動き続けます．

消費電力を計算してみましょう．公称電圧3 V，公称容量が1600 mAhのマンガン・リチウム1次電池(CR-2/3AZ[8])が1個搭載されているとします．

図Aに示す電池の放電特性に回路の最低動作電圧(2.5 V)を照らし合わせると(室温20℃)，利用できるのは最大1400 mAhです．電池の平均出力電圧を2.7 Vとすると，使える電力量P_H［W］は，式(C)に，$V_B = 2.7$ V，$I_B t_B = 1400$ mAhを代入すると，式(D)のように求まります．

$$P_H = V_B I_B t_B \quad \cdots\cdots (C)$$

ただし，V_B：電池電圧［V］，I_B：出力電流［A］，t_B：使用時間［s］

$$P_H = 2.7\ \mathrm{V} \times 1400\ \mathrm{mAh} = 3.78\ \mathrm{Wh} \quad \cdots\cdots (D)$$

この容量で10年稼動するので平均消費電力P_{ave}［W］は，式(E)のように求まります．

$$P_{ave} = \frac{3.78\ \mathrm{Wh}}{10年 \times 365.25日 \times 24時間} \fallingdotseq 43.1\ \mu\mathrm{W} \quad \cdots\cdots (E)$$

定期点検や，10年後に確実に警報を出せること，電池の自己放電を考えると，許される消費電力はその7割(約30 μW)以下でしょう．ここまで消費電力が小さいなら，自然エネルギを利用して，電池を交換しなくても半永久的に動かせそうです．

〈弥田 秀昭〉

写真B[7]　10年間動作保証された火災報知器の推定消費電力は43 μW環境発電で動かせる可能性がある(火災報知器，パナソニック)

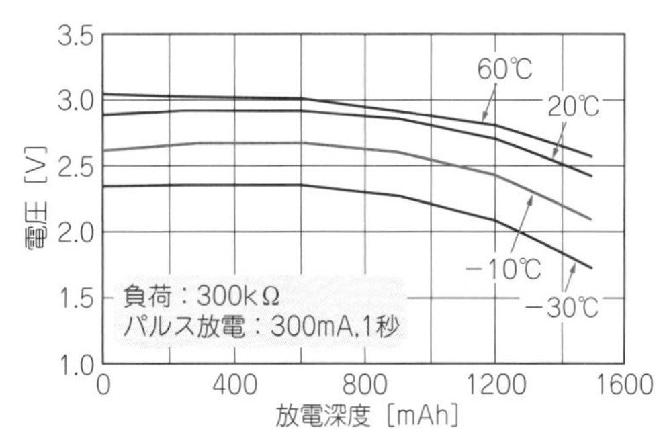

図A　この特性の電池が火災報知器(写真B)に使われていると仮定して消費電力を推定してみた

その②「電源／電池」

～電気をチュウチュウ吸って安定化する作戦～

蓄電素子は電池がいい？ それともコンデンサがいい？

蓄電池とコンデンサを比較すると，電池のほうが体積当たりの容量が大きく，価格も安いので，負荷の消費電力が大きいときは電池を選びます．電池の端子電圧は，満充電時から完全放電の直前までほぼ一定ですが，コンデンサは電荷量の減少に比例して電圧が低下するので，安定化する必要があります．

しかし，負荷の消費電力が小さいときは，電池とコンデンサのどちらがよいのでしょうか．

■ 消費10 μWの電子回路を10年以上連続で動かすと仮定

● 0.6 mAhの蓄電素子が必要

紹介した発電デバイスはいずれも，取り出せる出力が小さく，環境の変化でその出力が大きく変動するものばかりです．負荷に直流電圧を安定供給するには，低い電圧から起動して，発電デバイスから電気エネルギを積極的に取り出す電源が必要です(**図5**)．また，発電が止まってもエネルギ供給を止めないようにする蓄電システムが必要です．

平均消費電力が10 μWの回路を3日間動かし続けるのに必要な電力は式(1)のとおりです．

$$10\ \mu\text{W} \times 24\text{時間} \times 3\text{日} = 0.72\ \text{mWh} \quad \cdots\cdots\cdots (1)$$

この電力を供給できる蓄電素子の容量は充電電圧を1.2 Vとして，式(2)で求まります．

$$\frac{0.72\ \text{mWh}}{1.2\ \text{V}} = 0.6\ \text{mAh} \quad \cdots\cdots\cdots (2)$$

● 蓄電素子に電池を使うのは難しい

0.6 mAh程度なら，ボタン型の蓄電池(MT621，チタン・リチウム・イオン)で十分まかなえます(**図6**)．しかし蓄電池は，100～1000回しか充放電を繰り返せません．3日間で充放電を繰り返したら数年で寿命に達します．

蓄電容量を10倍の6 mAhにして，充電周期を長くすれば(1カ月に1回など)10年以上動かせそうですが，自然エネルギは気まぐれなので，1回の充電で満タンにできない可能性があります．電池は満タンにするのに1時間以上かかることがあります．特に小型な電池ほど，内部インピーダンスが高く(数十Ω)，充電に時間がかかります．

長時間，連続で電力を出力できる太陽電池など，1カ月に1回，1時間以上，充電を続けられる発電電源が必要です．パルス状の電流を発生する圧電デバイスと組み合わせるのは難しいでしょう．

● 蓄電素子にコンデンサを使った場合

▶2.59 W × 1秒 = 239 Jの蓄積量が必要

圧電デバイスのように，エネルギの発生時間が短く量も少ない発電デバイスを使うときは，コンデンサと組み合わせます．コンデンサは，蓄電容量が小さいですが，内部インピーダンスが低く，短時間で満充電になります．しかも，充放電回数に制限がありません．

図5　環境発電用の電源には，発電デバイスの出力電圧が低くても起動して，少しでも電気エネルギを取りに行く特性が要求される

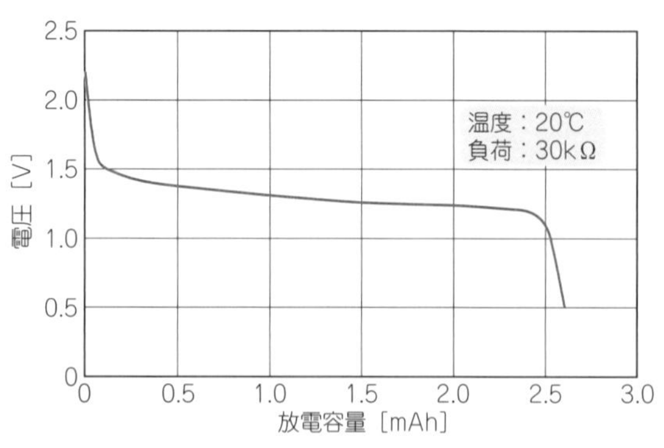

図6[6]　この特性の電池で，3日に1回の充電で消費10 μWの電子回路を10年以上動かせるだろうか？
3日に1回充電する設計では10年経過する前に寿命が来てしまう

10 μWの電子回路を10年以上動かすために必要なコンデンサの容量を求めてみます．消費電力が10 μWの電子回路が3日間動き続けるために必要なエネルギA［Wh］は，式(1)と同じく0.72 mWhです．

$$A = 10\ \mu W \times 24\text{時間} \times 3\text{日} = 0.72\ mWh$$

0.72 mWhを［J(ジュール)］に変換すると式(3)のようになります．

$$0.72\ mWh = 0.72\ mW \times 3600\text{秒} = 2.59J \cdots\cdots (3)$$

つまり，2.592 Wが3日以内に1秒間発生すれば動き続けることができます．

▶0.9～2.5 Vを利用するとして1 F以上必要

コンデンサに蓄積できるエネルギE［W］と，コンデンサの容量C［F］，充電電圧V_{chg}［V］の間には式(4)の関係があります．

$$E = \frac{1}{2} \times CV_{chg}{}^2 \cdots\cdots (4)$$

蓄積したエネルギを0 Vまですべて取り出すのは困難で，実際に使えるエネルギE_{use}［W］は満充電電圧V_{full}［V］のときのエネルギと放電電圧V_{dis}［V］のときのエネルギの差です．つまり式(5)のとおりです．

$$E_{use} = \frac{1}{2} \times CV_{full}{}^2 - \frac{1}{2} \times CV_{dis}{}^2 = \frac{1}{2} \times C(V_{full}{}^2 - V_{dis}{}^2) \cdots\cdots (5)$$

満充電時2.5 V，放電停止時0.9 Vとすると，2.59 Jのエネルギを蓄積するのに必要なコンデンサの容量C_X［F］は式(6)のとおりです．

$$C_X = \frac{2 \times E_{use}}{V_{full}{}^2 - V_{dis}{}^2} = \frac{2 \times 2.59}{2.5^2 - 0.9^2} = 0.95\ F \cdots\cdots (6)$$

以上の計算から，約1 Fが必要とわかりました．現実には，コンデンサ内部の抵抗成分(等価直列抵抗，ESR：Equivalent Series Resistance)によって，充放電時にロスが発生するため，1 F以上の容量が必要です．

このように使うエネルギ量が少ないときは，蓄電池よりも容量の小さいコンデンサが有効です．サイクル寿命が長く，10年以上動き続ける発電デバイスとの組み合わせに向いています．しかし，充電エネルギの供給が1カ月間断たれる可能性があるときは蓄電池がよいでしょう．

いち推しの蓄電用部品！ 電気二重層コンデンサ

● 環境発電にピッタリ

▶小型で大容量

前述のように発電応用には，1 F(＝1000000 μF)クラスの大容量コンデンサが必要です．電気二重層コンデンサ(EDLC：Electric Double - Layer Capacitor，電気二重層キャパシタとも呼ぶ)には，大容量で実用的なサイズの製品があります．

▶10秒で満タン！

発電デバイスが出力する電流がパルス状の場合は，短時間で充電できる蓄電デバイスを使わなければ貴重なエネルギを取りこぼしてしまいます．

数Aのパルス電流で充電したいときは，数秒で満充電になる等価直列抵抗が数十mΩの電気二重層コンデンサを使います．電池のように満充電までに1時間はかかりませんが，電解コンデンサのようにミリ秒［ms］で満充電にはできません．

▶10万回以上繰り返し充放電OK！

寿命の指標である充放電の繰り返し回数は10万回以上もあるので，年単位で長期運用できます．ただし，等価直列抵抗が比較的高いものが多く，容量の割には大電流で充放電できません．中には，容量と耐圧が1 F/2.5 Vで，等価直列抵抗が10 Ωもある電気二重層コンデンサもあります．

● 充電回路の作り方

発電デバイスの出力電圧が，電気二重層コンデンサの耐圧より高いときは，降圧型DC - DCコンバータやリニア・レギュレータを使用して電圧を制限します．簡易的には，**図7**に示すように抵抗とツェナー・ダイオードで電圧をクランプして，電気二重層コンデンサの定格電圧より高い電圧まで充電しないようにします．このとき使用するツェナー・ダイオードや逆流防止ダイオードのリーク電流による非充電時の電荷放電に注意が必要です．

● 環境発電にピッタリの低ESR電気二重層コンデンサ

等価直列抵抗が低い電気二重層コンデンサが誕生しています．

▶LP08152R7245(2.5 V，2.5 F，太陽誘電)[9]

写真5(a)に示します．等価直列抵抗が0.12 Ωと低く，急速充放電が可能です．

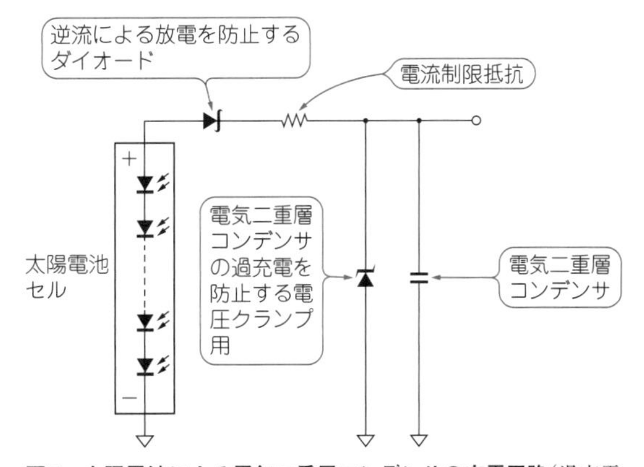

図7 太陽電池による電気二重層コンデンサの充電回路(過充電防止を考慮している)

▶EDLC262520 - 501 - 2F - 40(4.2V/ピーク5.5V, 0.5F, TDK)[10]

写真5(b)に示します．A級の大電流で充放電でき，1秒未満で満充電になります．

電気二重層コンデンサは，耐圧が2.5 V程度と低い弱点があります．高い蓄積能力を活用するには，低い電圧まで動く放電回路が必要です．EDLC262520 - 501 - 2F - 40は，1 F級の電気二重層コンデンサを内部で2個直列に接続しているので，耐圧が通常品の2倍あります．等価直列抵抗は2倍になりますが，それでも35 mΩしかありません．

蓄電素子と負荷をインターフェースする電源

蓄電池の充電電圧は，充電エネルギがなくなる直前に急速に低下しますが，それ以外はほぼ一定ですから，電圧が一定の領域で充放電を繰り返せば，負荷に安定した電圧を供給できます．**図8(a)**に示すように，3 Vの蓄電池と動作電圧が3.3 Vのマイコンは直結できます．入力電圧が負荷電圧より高いときは，**図8(b)**に示すようにリニア・レギュレータや降圧型DC - DCコンバータで電圧を下げます．

一方，コンデンサの充電電圧の変化は，電荷量の変化に比例するため，負荷への供給電圧は大きく変化します．マイコンを直結するのは難しいので，0 V近くまで変化する電圧を昇圧して安定化できる電源が必要です．

発電デバイスからエネルギを吸い出す電源

● 昇圧型DC - DCコンバータを使うのが基本

発電デバイスからエネルギを取り出す電源には昇圧型DC - DCコンバータが向いています．発電デバイスの出力電圧は充電電圧より低くなることが多いため，降圧型のDC - DCコンバータでは蓄電素子を充電することができません．環境発電システムを作る上で，昇圧電源はとても重要なので，第2章で詳しく解説します．

● 発電デバイスの出力が最大になるように，取り込む電力量を制御できること

出力電圧を帰還制御する一般的なDC - DCコンバータは，負荷の消費電流が増えて出力電圧が低下してくると，入力電流を増加させて出力電圧を一定に保とうとします．発電デバイス側からは，このDC - DCコンバータは負性抵抗性の負荷に見えます．

たいていの発電デバイスの出力には上限があるので，このような負性抵抗を負荷にすると，発電デバイスの出力電圧，つまりDC - DCコンバータの入力電圧が低

(a) 等価直列抵抗120mΩ，LP08152R7245，太陽誘電

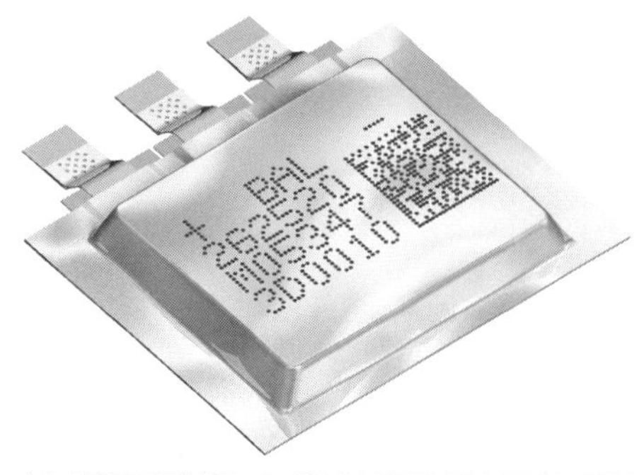

(b) 等価直列抵抗35mΩ，EDLC262520-501-2F-40，TDK

写真5[9][10]　環境発電にピッタリ！ 急速充放電が得意な低内部抵抗の電気二重層コンデンサ

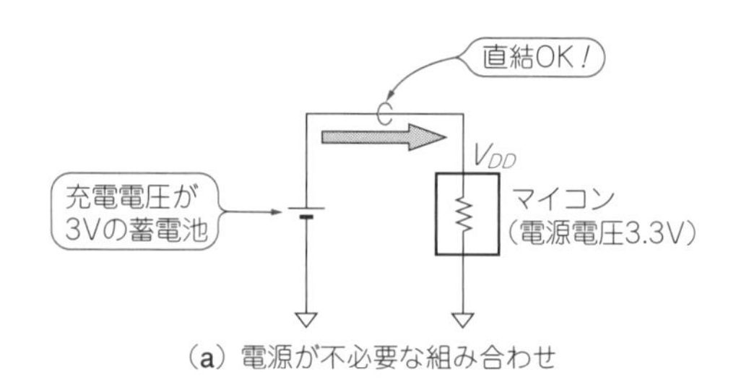

(a) 電源が不必要な組み合わせ

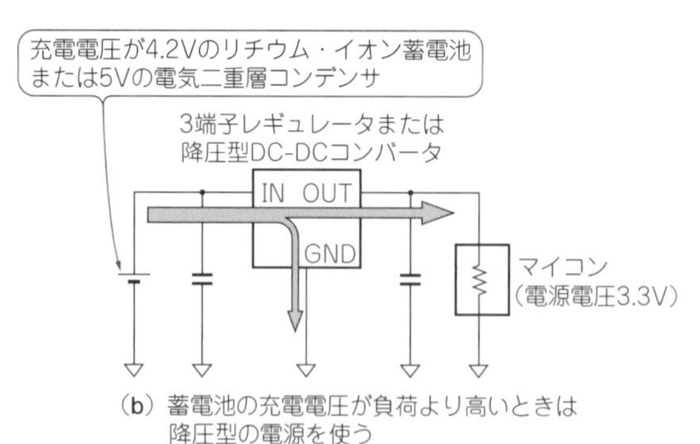

(b) 蓄電池の充電電圧が負荷より高いときは降圧型の電源を使う

図8　電池の電圧が負荷の電圧より高く，安定していれば，電源を使わず直結することもできる

環境発電はなにかと電圧の変動が大きいので，昇圧型または昇降圧型電源を必要とすることが多いが…

下して起動できなくなります．**図9**に示す入力電力を制御する最大電力点追従制御機能(MPPT：Maximum Power Point Tracking)を備えていなければなりません(第2章参照)．

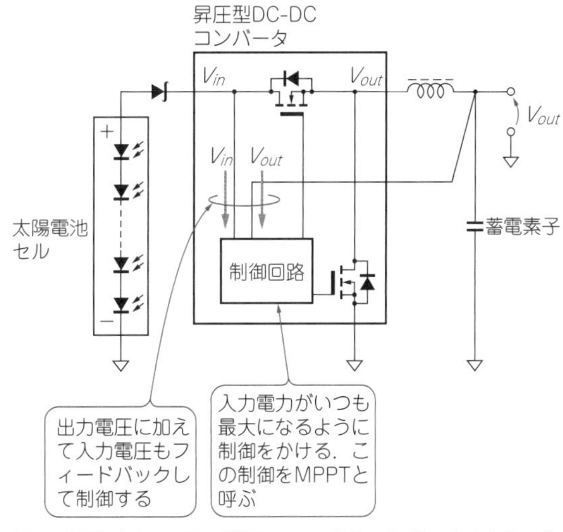

図9　発電デバイス用の電源ICは，確実に起動できるように入力電力(発電デバイスの出力電圧)を制御する追従機能を備えている必要がある

● 消費電流が小さいこと

発電デバイスから取り出したわずかな電力で長時間動かし続けるには，無駄な電力はいっさい排除しなければなりません．電圧変換が役割の電源回路が，負荷の消費電流より大きな電流を食っていたのでは意味がありません．

スイッチング・タイプの電源「DC-DCコンバータ」は，自己消費電流が小さくなく，リニア・レギュレータよりも大きくなることも多いです．しかし，80 %以上の高い変換効率が得られるDC-DCコンバータはやはり魅力です．

低自己消費とうたっているDC-DCコンバータの消費電流は約20 μAです．中には，mA(＝1000 μA)級の大きな電流を消費するものもあります．最新のものは自己消費が1 μA未満です．**図10**に示すように，同じDC-DCコンバータでも，低消費電力のものは自己消費が小さいだけではなく、電圧設定抵抗による電流損失にも配慮されています．

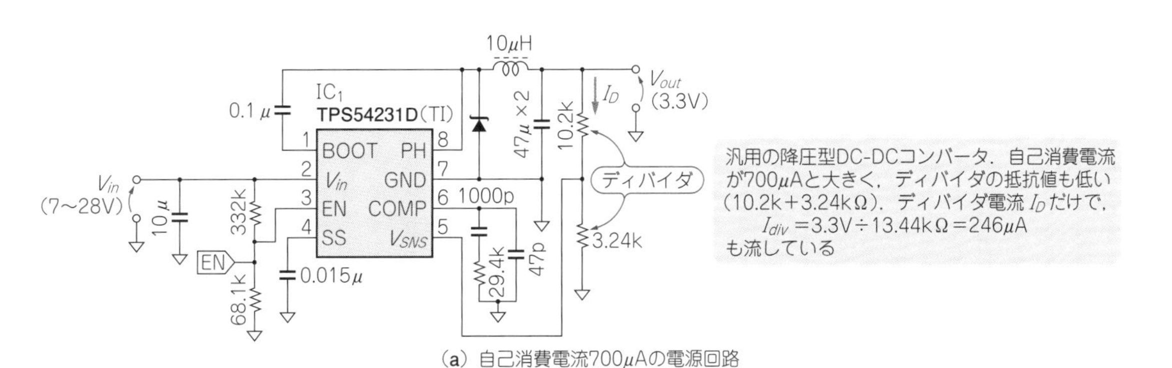

(a) 自己消費電流700μAの電源回路

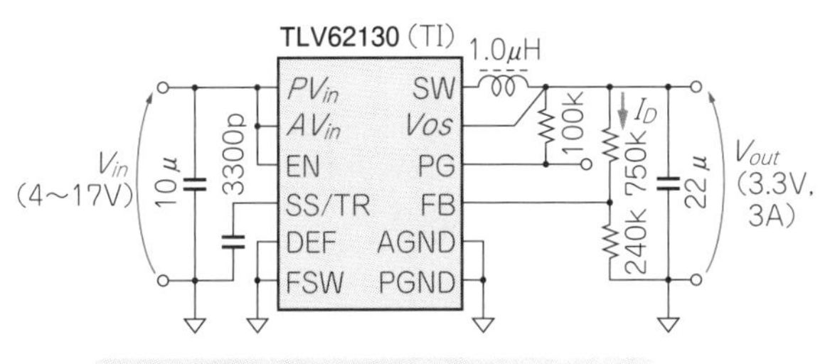

(b) 自己消費電流17μA

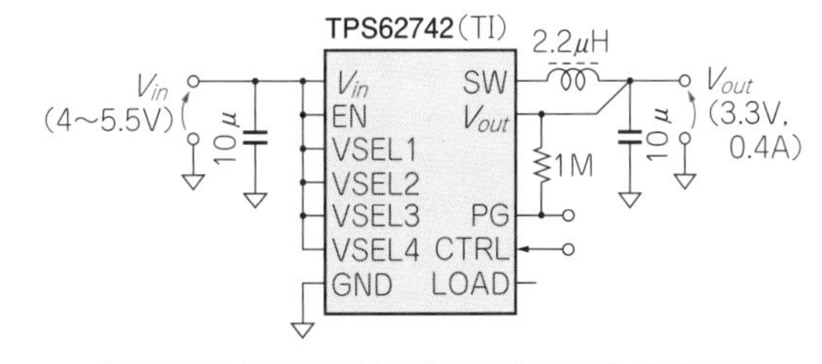

(c) 自己消費電流0.36μA

図10　環境発電用のDC-DCコンバータは自己消費電流が小さいだけでなく，外付けの抵抗による損失も小さくなるように作られている

その③「ロー・パワーIC」

～電気をものすごくケチケチ使う～

電源技術を駆使してわずかな電力を吸い取り，蓄電技術で安定化した貴重な電源を使ってマイコンなどの電子回路を動かすのですから，一滴の無駄も許したくはありません(**図11**)．半導体の消費電力はどのような理由で，どのくらい小さくなったのかを見てみましょう．

● 半導体の配線が70%に細くなると消費電力は50%に減る

(1) トランジスタのサイズが1/2になると消費電流も1/2になる

CMOSトランジスタのサイズは年々小さくなっています．半導体の製造技術の世代が進むたびに，トランジスタを構成する配線は70 %へと細くなり，トランジスタの面積は半分(0.49 = 0.7 × 0.7)ずつ小さくなっています．同じ処理能力で比べた場合は，面積が1/2になると，トランジスタの消費電流は半分になります(**図12**)．同じスペースに，2倍の数のトランジスタを作り込むことができるともいえます．

(2) 電源電圧が5 Vから1.8 Vに下がると消費電力は1/8に

微細化するとトランジスタを低い電源電圧で動かせるようになります．ICを構成しているCMOS回路の消費電流は，電源電圧に比例します．電源電圧V_{DD}を70 %に下げて動かすと消費電流I_{DD}は70 %に減ります．このときの消費電力P_X［W］を計算すると式(7)のようになります．

$$P_X = 0.7 \times V_{DD} \times 0.7 \times I_{DD} = 0.49 V_{DD} I_{DD} \quad \cdots (7)$$

つまり消費電力は半分になります．

このように，トランジスタ回路の消費電力は電源電圧の2乗に比例して小さくなります．電源電圧が5 Vから3.3 Vになると消費電力は1/2以下に，1.8 Vになると約1/8に減ります．最近のCPUは0.9 V程度で動いています．

(3) クロック周波数をダイナミックに変える

ICの消費電流は，クロック周波数にも比例します．

CMOSトランジスタ回路の消費電流はクロック周波数にも比例します．マイコンの動作周波数は，70 %微細化されるたびに2倍に上げることができます．電源電圧を70 %に下げれば，2倍の周波数で動かしつつ，消費電力を増やさずにすみます．

待機時は低速で動かして，高速な処理が必要なときだけクロック周波数を上げれば平均消費電流を下げる

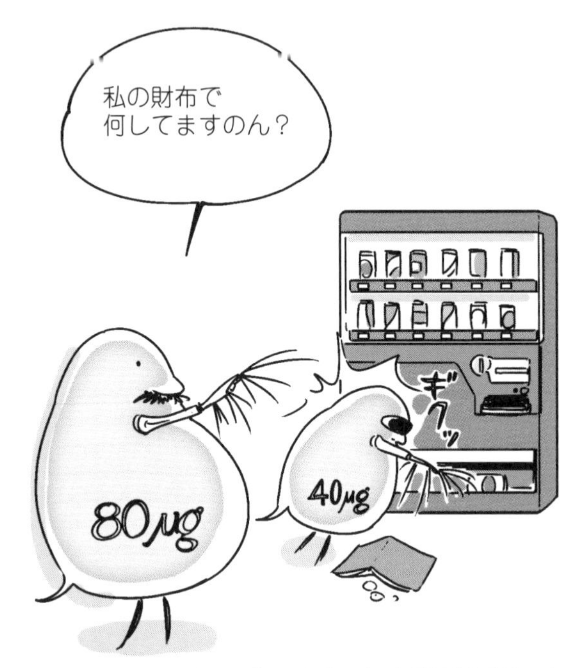

図11　自然エネルギはわずかで貴重…そんな電源を無駄遣いするヤツには喝!

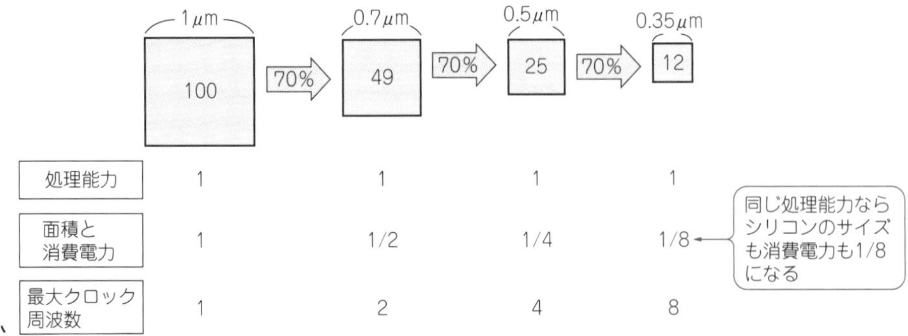

	1μm	0.7μm	0.5μm	0.35μm
処理能力	1	1	1	1
面積と消費電力	1	1/2	1/4	1/8
最大クロック周波数	1	2	4	8

図12　トランジスタが小さくなればなるほどICの消費電力は下がる

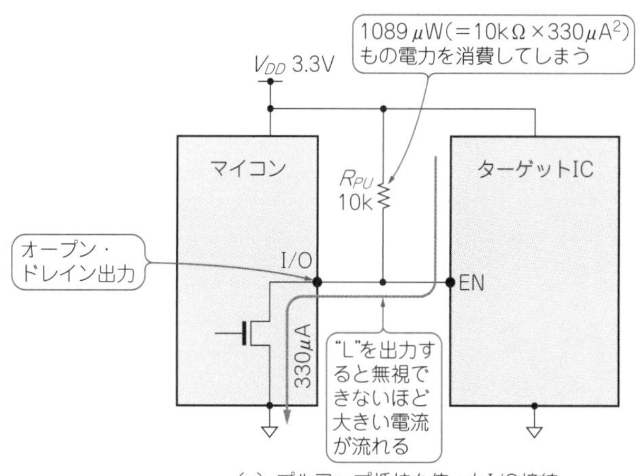

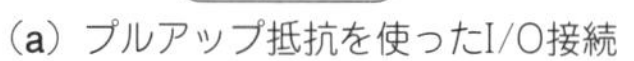
(a) プルアップ抵抗を使ったI/O接続

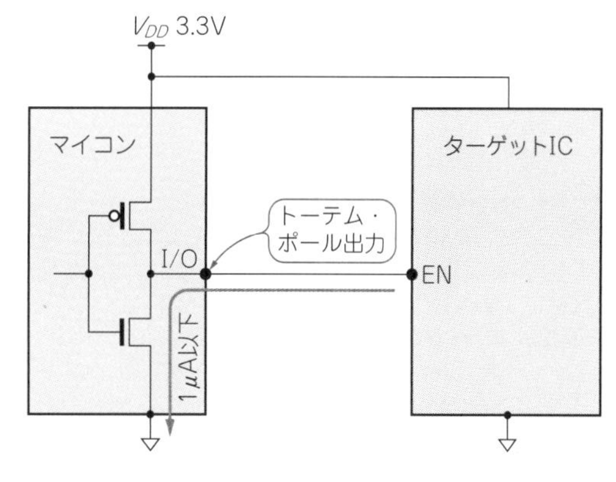

(b) プルアップ抵抗を使わないI/O接続

図13　ロー・パワー・マイコンを使っても周辺回路の消費電力も小さくしなければ宝の持ち腐れ

ことができます．実際，32 kHzの時計クロックによる低速動作と動作機能制限による待機モードで動作させて，1 μA未満まで消費電流を絞れるマイコンがあります．

● せっかくのロー・パワー性能！生かさにゃ損損

消費電力の小さいICを使うときに気をつけなければならないのは，IC周辺に外付けされたプルアップ/プルダウン抵抗に流れる電流です．

図13(a)に示すように，制御(EN)ピンを10 kΩでプルアップすると，Lレベルを出力したときに330 μAの電流が流れます．1 MΩの抵抗を使っても3.3 μA流れて，10.9 μWも消費してしまいます．プルアップ抵抗はできるだけ外付けしないで，**図13(b)**のように内蔵のプッシュプル出力回路を利用して，ターゲットのENピンのリーク電流(1 μA未満)で，L/Hを

常時？ それとも瞬時？ 消費電力は平均値だけじゃない　Column 2

消費電力と一口に言っても，電子回路によって消費の状況はさまざまです．

図Bに示すのは，2つの回路の消費電力の変化で，どちらも消費電力は10 μWで同じです．**図B(a)**の回路は，10 μW一定の電力を常時消費しています．**図B(b)**は稼働率が0.1 %の回路で，10秒ごとに0.01秒間だけ9 mW消費し，残りの9.99秒は1 μWの低消費で待機しています．時間で平均するとどちらも消費電力は10 μWです．

図B(a)のような負荷に最適化して作った電源は，**図B(b)**のように一時的な大電流を供給できず，出力電圧が落ちます．出力にコンデンサを追加して，一時的な放出に対処します．

〈弥田 秀昭〉

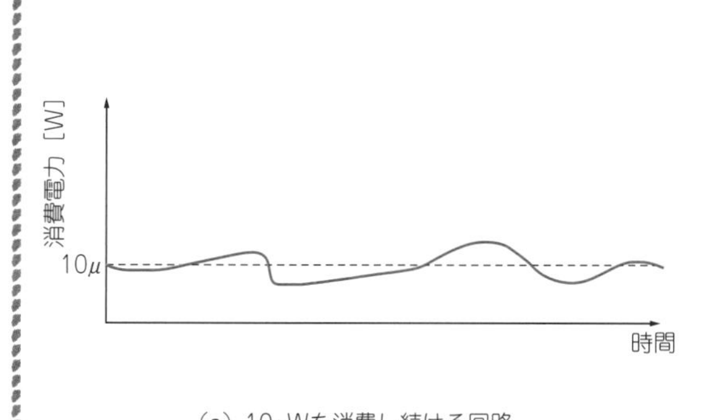

(a) 10μWを消費し続ける回路

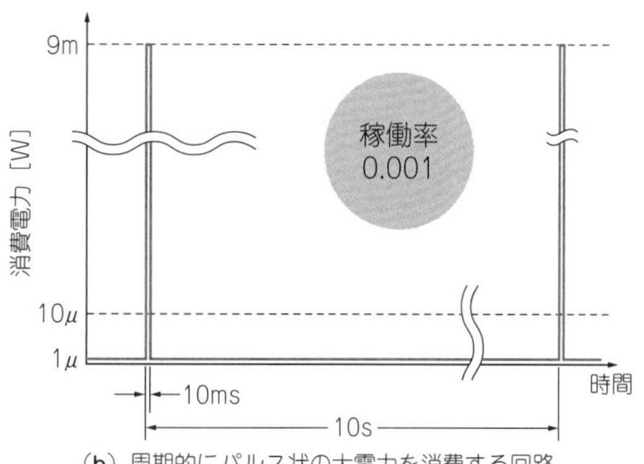

(b) 周期的にパルス状の大電力を消費する回路

図B　消費電力と一口に言っても常時なのか瞬時なのかで全然違う

制御します．

高抵抗は，外来ノイズを受けやすくなったり，リーク電流による誤差が無視できなくなったり，トラブルの元になりがちです．

◆参考・引用*文献◆

(1)* カシオ計算機；本格実務電卓 JS-20DT，
https://casio.jp/dentaku/products/JS-20DT/

(2)* カシオ計算機；フルメタルGPSハイブリッド電波ソーラー OCW-G1000-1AJF，
https://oceanus.casio.jp/collection/gps/

(3)* 大作商事；ナイトスター振動発電式LEDライト，
https://www.daisaku-shoji.co.jp/p_nightstar.html

(4) 武藤 佳恭，小林 三昭，林 寛子；人の歩行で電気を生み出す床発電システム，
http://neuro.sfc.keio.ac.jp/publications/pdf/yukaohm.pdf

(5)* パナソニック ソーラー アモルトン；アモルファス・シリコン太陽電池，
https://panasonic.co.jp/ls/psam/products/pdf/Catalog_Amorton_JPN.pdf

(6)* パナソニック；チタン・リチウム・イオン2次電池MT621カタログ，
https://industrial.panasonic.com/cdbs/www-data/pdf2/AAF4000/AAF4000C37.pdf

(7)* パナソニック；火災報知器，
https://panasonic.jp/fire-alarm/p-db/SH6000P.html

(8) パナソニック；マンガン・リチウム1次電池CR-2/3AZカタログ，
https://industrial.panasonic.com/cdbs/www-data/pdf2/AAA4000/AAA4000C264.pdf

(9)* 太陽誘電；シリンダ形電気二重層キャパシタ「LP08152R7245」，
https://ds.yuden.co.jp/TYCOMPAS/jp/detail?pn=LP08152R7245&u=M

(10)* TDK；電気二重層キャパシタ(EDLC/スーパーキャパシタ)「EDLC262520-501-2F-40」，
https://product.tdk.com/ja/search/capacitor/edlc/edlc/info?part_no=EDLC262520-501-2F-40

(初出：「トランジスタ技術」2015年2月号)

リチウム・イオン蓄電池の充電方法と太陽電池との組み合わせ　Column 3

図Cに示すのは，太陽電池を入力とするリチウム・イオン蓄電池の充電回路の基本形です．**図D**に示すように定電流で充電を始めます．1Cで定電流充電した場合(1Cとは，完全放電した蓄電池を1時間で満タンにできる充電電流値のことである．電池容量が10 mAhの場合，1Cは10 mAである)，端子電圧が満充電電圧の4.2 Vに達したら，充電制御を定電圧に切り替え，充電電流が0.05 C程度に減ったら満充電と判断します．

簡易的には，高精度リニア・レギュレータを使用し，全温度範囲で出力が4.10 V以下となるように設定して満充電にしない充電制御を行えば，充電終了判定や充電再開制御も不要となります．

満充電に近づき充電電流が0 Aになったあとの余ったエネルギは太陽電池で自己消費されるので，過剰エネルギの消費制御は不要です．〈弥田 秀昭〉

図C　太陽電池を電源とするときのリチウム・イオン蓄電池の充電回路

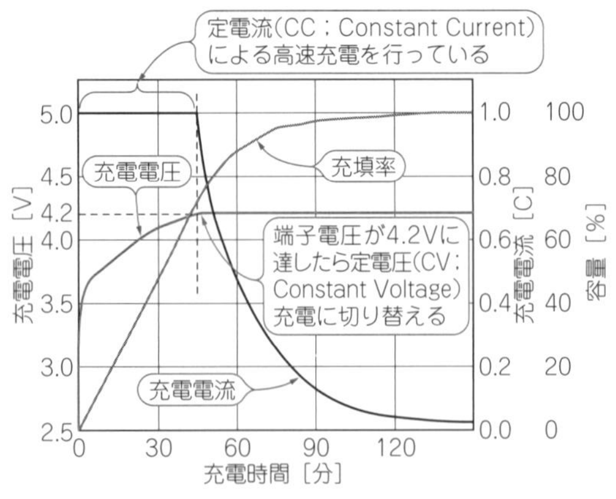

図D　リチウム・イオン蓄電池が満充電になるまで

Appendix 1

光/振動/熱/電波…そこらじゅうにあるエネルギをキャッチ
なんでも電気に変換! 発電デバイスの世界

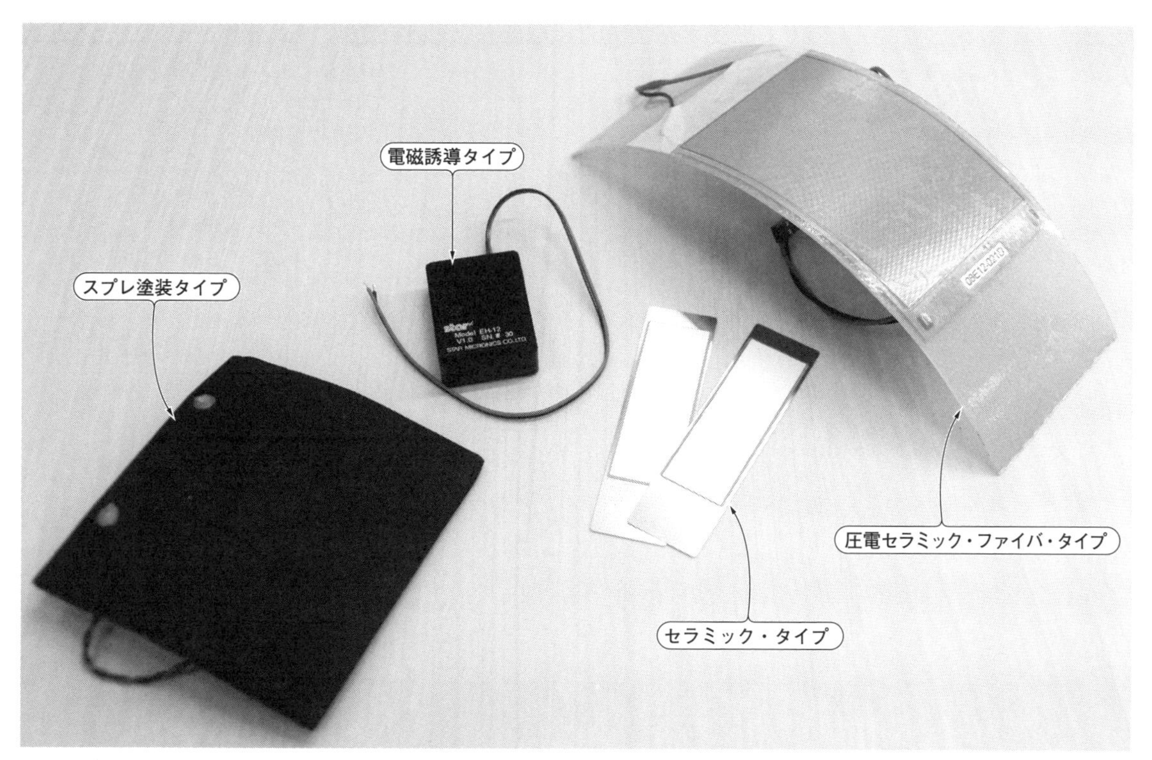

写真1　振動発電デバイスにもさまざまなタイプがある

● 発電デバイスがいろいろ手に入る時代がやってきた

一昔前まで発電デバイスというと屋外向けの太陽電池がほとんどでしたが，屋内光，振動，熱，電波などの自然エネルギから発電可能な素子がいろいろと発売されています．秋葉原のパーツ・ショップやインターネットで入手できるものもあります．

電源IC，マイコン，無線モジュールなどの部品は，5年前と比較すると，1/10程度まで低消費電力化が進んでいます．発電デバイス自体の高効率化や小型化も同時に進み，得られる電力だけで駆動する電子機器が作れるようになってきました．

これまで実現できなかった次のような電子工作の可能性が広がります．

- 屋内光のエネルギを使って，机の上に置くだけで半永久的にセンサ情報を送り続ける
- 人が歩いたときに発生する振動エネルギをリチウム・イオン蓄電池などに充電して緊急時のバックアップ電池として使う
- フライパンなどの調理器具の温度差エネルギを利用してタイマ情報などを液晶に表示する
- 電波のエネルギで携帯電話などが勝手に充電されていく機器

表1に各発電デバイスの種類と特徴を示します．値は代表的な素子から抽出しました．

● 振動発電デバイスにもさまざまなタイプがある

写真1に示すのは振動発電デバイスです．大きく次の4つのタイプに分かれます．

▶スプレ塗装タイプ

プラスチックや布などの柔軟な素材に樹脂系圧電性溶液がコーティングされています．

曲げる，たたく，弾く，振る，ねじるなどの単純な動作で発電できます．

▶電磁誘導タイプ

コイルとマグネットによる電磁誘導で，微弱な振動から電気エネルギを引き出します．特に人の歩行による振動での発電効率が高いことが特徴です．

▶セラミック・タイプ

セラミック(陶磁器)材料を使用し，力やひずみを加えることで電荷を発生する正圧電効果により発電します．電界を与えると逆圧電効果により力やひずみが発生するのも特徴です．人の歩行による振動や機械振動を利用したアプリケーションなどに利用されています．

表1 屋内光，振動，熱，電波をエネルギ源とする発電デバイスの例(2020年5月現在)
表中の“－”は，WEB上では入手できない発電素子である．評価したい場合には，別途代理店などに問い合わせる

発電デバイス	エネルギ源	使用環境	無負荷時の出力電圧	出力電流	出力電力	型　名
屋内用太陽電池	屋内光	屋内照度，50～5000ルクス	0.7～6.3 V_{DC}（1～9セル）	～0.1 mA @200ルクス	～0.6 mW @200ルクス	AM-1シリーズ
						BCS シリーズ
						Sol-Chip
						KSP-F12シリーズ
						－
						－
屋外用太陽電池	太陽光	屋外，10000 ～ 100000ルクス	0.9～27 V_{DC}（1～30セル）	～120 mA @50000ルクス	～700 mW @50000ルクス	AM-5シリーズ
						AM-7シリーズ
						AM-8シリーズ
						KXOBシリーズなど
						SP3-37など
						OPL20A25101
						LR0GC02など
						ETMPシリーズ
						MIKROE-651
ピエゾ・デバイスなど	振動	数Hz～数百kHzの振動環境，スイッチなど	～360 $V_{P\text{-}P}$	～0.5 mA	～10 mW	M8528-P2など
						KINEZ
						S118-J1SS-1808YBなど
						DTシリーズなど
						発電床ユニット
						振力電池
						MP-Gなど
電磁誘導デバイスなど			0.1～20 $V_{P\text{-}P}$	～1 mA	～10 mW	ECO 200
						Perpetuum Rail
						SPGA110100
ペルチェ・デバイスなど	熱	1～100℃程度の温度差による発電	～2 V_{DC}	～200 mA	～35 mW	YKシリーズ
						TGP-x5
						Power Puck
						TH-1
						EHAシリーズ
						－
レクテナ，Wi-Fiアンテナなど	電波	テレビ塔，基地局，ルータなどの電波を発する場所の近郊	0.01～数 V_{DC}（送信機との距離に依存）	0.001～500 mA（送信機との距離に依存）	0.001～500 mW（送信機との距離に依存）	RFD102A

▶圧電セラミック・ファイバ・タイプ

セラミック材とエポキシ樹脂をサンドイッチ状に並べたMFC(Macro Fiber Copmposite)と呼ばれる構造を持ちます．1996年にNASAが開発し，2002年より商用利用が可能となりました．アクチュエータやフラット・スピーカなどにも使われています．

〈府川 栄治〉

(初出：「トランジスタ技術」2015年2月号)

メーカ名	材料/モジュール/キット	メーカ拠点	参考価格	ショップ名	特　徴
パナソニック	集積型アモルファス・シリコン太陽電池	日本	170円～	Digi-key	セル段数により電圧設定，200ルクス程度に最大電力点を調整
TDK	フィルム太陽電池アモルファス・シリコン	日本	－	－	
Sol Chip	太陽電池セル	イスラエル	－	－	
スフェラーパワー	球状セル電子機器組込型太陽電池	日本	－	－	
ペクセル・テクノロジーズ	色素増感太陽電池 実験キット	日本	3,500円	ペクセル・テクノロジーズ	
フジクラ	低照度用色素増感太陽電池	日本	－	－	
パナソニック	集積型アモルファス・シリコン太陽電池	日本	549円～	Digi-key	セル段数により電圧設定，50000ルクス程度に最大電力点を調整
IXYS(現Littelfuse)	高効率IXOLAR SolarBIT太陽電池	アメリカ	232円～	Digi-key	
Powerfilm	太陽光充電器，薄膜太陽パネル	アメリカ	339円	Digi-key	
OptoSupply	太陽電池モジュール	香港	－	－	
シャープ	携帯機器用太陽光モジュール	日本	250円	秋月電子通商	
Goldmaster & Everstep	太陽電池モジュール	香港	250円	秋月電子通商	
mikroElektronika	太陽光パネル	EU	1,264円	Mouser Electronics	
Smart Material	マクロ・ファイバ・コンポジット(MFC)	アメリカ	－	－	振動周波数に共振させて発電
スライブ	高出力タイプのピエゾ・デバイス	日本	535円～	千石電商	
Mide	ピエゾ材	アメリカ	3,703円	Mouser Electronics	
Measurement Specialties(現タイコ エレクトロニクス)	ピエゾ・フィルムデバイス	アメリカ	－	－	
音力発電	圧電素子を使った発電ユニット	日本	7,800円～ 3,800円～	－	
ムネカタ	樹脂系圧電性溶液コーティング	日本	－	－	
EnOcean	スイッチ・モジュール用電磁誘導発電デバイス	ドイツ	1,236円	コアスタッフオンライン	振動周波数に共振，人の押す力などで発電
Perpetuum	電磁誘導発電デバイス	イギリス	－	－	
アルプスアルパイン	発電スイッチ	日本	2,188円	コアスタッフオンライン	
ヤマハ	ペルチェ・モジュール	日本	－	－	表面の温度差を利用して発電
Micropelt	熱エネルギ発電デバイス	ドイツ	－	－	
Perpetua	熱電技術	アメリカ	－	－	
KCF Technologies	熱発電デバイス	アメリカ	－	－	
Marlow Industries	熱エネルギ発電デバイス	アメリカ	2,912円～	Digi-key	
KELK	サーモ・モジュール	日本	－	－	
RF Diagnostics	無線環境発電モジュール	アメリカ	－	－	送信機との距離やRF規格により得られる電力は変わる

第2章 ① 低電圧起動，② 入力電力制御，③ 低自己消費電力

永久ミニ電源作りを可能にする3つのIC回路技術

弥田 秀昭 Hideaki Yata

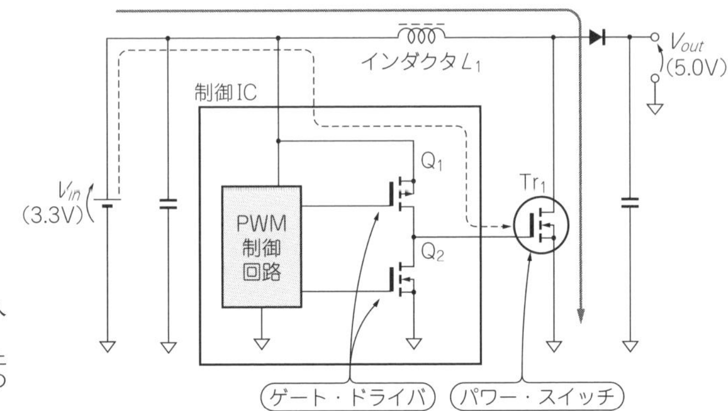

図1 通常の昇圧型DC-DCコンバータ回路(3.3 V入力，5.0 V出力)
MOSFETをONするためには，ゲート-ソース間に2V以上の電圧が必要．入力電圧が1V以下しかないとONしないので起動できない

マイクロワット電子回路作りのかぎを握っているのは電源です．通常の電源にはない次の3つの技術に支えられています．

(1) 1.0 V以下の超低電圧から起動して昇圧する
(2) 発電デバイスの出力，つまり電源の入力電力を最大にする制御
(3) 1 μA以下の自己消費電力

自然エネルギを電気に換える発電デバイスから得られる電圧は，負荷の要求より低いことが多いため，電圧を高めることができる電源回路「昇圧型DC-DCコンバータ」が必要です．

商用電源や電池につながれた昇圧型DC-DCコンバータは，負荷が必要とする電力を供給してもらえます．一方，発電デバイスは，取り出せる電力に限りがあるばかりではなく，出力(出力電圧と出力電流の積)が最大になるための条件があり，自然環境によって出力が時々刻々と変化します．負荷の要求に合わせて無理やり電力を引っ張り出すと，本来の能力を発揮できなくなり，取り出せるものも取り出せなくなります．

発電デバイスを最大効率で動かし続けるには，電源で入力電力を最大化するように制御します．また，発電デバイスの貴重な発生電力を無駄にしないように，昇圧型DC-DCコンバータ自体の消費電力(自己消費電力)を限りなくゼロにする必要があります．

本章では，マイクロワット電子工作の要である電源の技術を紹介します．

電源ICテクノロジ①

1.0 V以下の超低電圧から起動して昇圧する技術

● 発電デバイスと組み合わせるなら昇圧型を検討する

発電デバイスの起電圧はたいてい1 Vもありません．このような低電圧で動く回路はあまりありません．

複数の発電デバイスを直列に接続すれば，起電圧を逓倍できますが，構造が複雑になります．直列に接続したすべての素子の発電量が等しくないと，効率が悪くなりますが，そのバランス制御も簡単ではありません．

結局，1個の発電デバイスの出力をDC-DCコンバータで昇圧するのが確実です．

● 通常の昇圧型DC-DCコンバータが低電圧で起動しない理由

図1に示すのは，3.3 V入力，5.0 V出力の一般的な昇圧型DC-DCコンバータです．

最初に，MOSFET Tr_1がONして入力のエネルギ源からインダクタL_1に電流を流し込みエネルギを蓄えます．続いてTr_1をOFFすると，L_1にたまったエネルギが吐き出されて負荷に向かって電流が流れ出します．

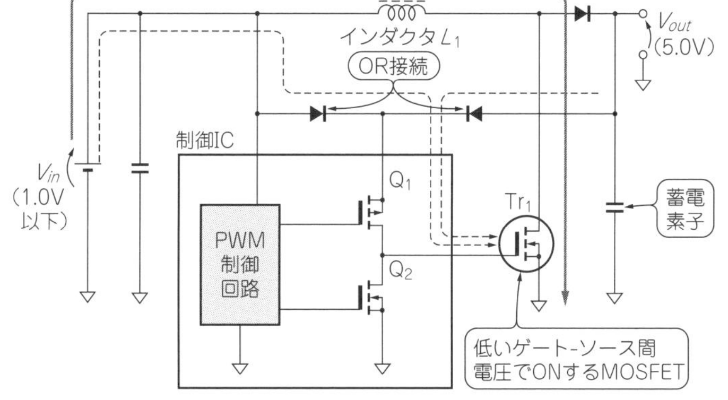

図2　1V以下の入力電圧で起動する昇圧型DC-DCコンバータ
MOSFETのゲートしきい値電圧が0.5Vと低ければ，入力電圧が1V以下でも起動する

写真1　1V以下で起動する環境発電用 昇圧型DC-DCコンバータ制御IC TPS61200（テキサス・インスツルメンツ）

Q_1のゲート-ソース間には，2V以上の電圧を加えて完全にONする必要があります．完全なONとは，ドレイン-ソース間の抵抗値が十分小さな値に低下した状態です．

もし，入力電圧(V_{in})が1V以下しかないと，ゲート-ソース間に加わる電圧が2Vに満たないため，ドレイン-ソース間の抵抗値が十分に下がりません．これでは，ドレイン電流が流れないので，L_1に十分なエネルギが貯まらず，出力電圧は立ち上がりません．

MOSFETのゲートしきい値電圧が低ければ，入力電圧が1V未満でも起動して，オン抵抗は高い状態ではありますがONして，インダクタに電流が少しは流れます．この状態でONとOFFを繰り返すと，出力電圧が少しずつ上昇していき，いずれ入力電圧より高くなります．

● 1V以下の入力電圧で起動する昇圧型DC-DCコンバータ

図2に示すように，ダイオードで入力電圧(V_{in})と出力電圧(V_{out})をOR接続すると，制御ICは出力電圧からも電源供給を受けて動くようになります．出力電圧が上がると，Tr_1のゲート-ソース間に加わる電圧も上がり，MOSFETのオン抵抗が下がってドレイン電流が増えます．出力電圧が約2.5Vまで上がると，Tr_1は規定のドレイン電流を流すことが可能になって，一気に出力電圧が5.0Vに立ち上がります．

● 実際の低電圧起動型の制御IC

電源制御ICのデータシートの中には，自己消費電流がとても小さく記されていることがありますが，安心してはいけません．実際に動かしてみると，予想以上に消費電流が多くなることがあります．理由を説明しましょう．

図3に示すのは，1V以下の入力電圧で起動する昇圧型DC-DCコンバータ制御IC TPS61200(**写真1**，テキサス・インスツルメンツ)です．いったん起動すると，入力電圧が0.3Vまで低下しても動き続けます．

ゲート-ソース間電圧がたったの0.5VでONする小さなMOSFET(Q_1)を内蔵しています．電源が入ると，Q_1をON/OFFさせてインダクタ(L_1)にエネルギを蓄えます．貯まったら，内部回路に最低減必要なエネルギを供給してQ_2とQ_3を駆動し，出力電圧を立ち上げます．内部の制御回路につながる出力端子(V_{out})の電圧が立ち上がると，制御回路(V_{CC}制御)は電源を入力から出力に切り替えます．

電源が起動すると，入力端子(V_{in})に流れ込む電流はわずかになり，動作に必要な電流(消費電流)のほとんどを出力(V_{out})から引き込むようになります．制御ICの消費電流は，V_{in}端子が引き込む電流とV_{out}端子から引き込む電流の合算です．

計算してみましょう．入力電圧0.5Vを10倍に昇圧して5Vが出力されているとします．出力から制御ICが引き込む電流が1mAだったとすると，自己消費電力は5mW(＝5V×1mA)です．この5mWは，V_{in}(0.5V)から供給されているので，V_{in}から流れ出す電流は10mAです．これに損失と制御ICの入力端子が引き込む電流が加わるので，制御ICは負荷が電流を消費していないスタンバイ状態でも10mA以上を消費します．

● 発電デバイスが出力する低電圧の昇圧はロスとの闘い

起電圧はとても低いけれど，出力インピーダンスが低く大電流を出力できる発電デバイスを使うときは，次のような抵抗成分を小さくしてロスをできるだけ減らす必要があります．

- インダクタの直流抵抗
- MOSFETのオン抵抗
- プリント・パターンの抵抗

開放電圧が0.55V，最大電力点が0.4V，1000mA(400mW)の太陽電池(1セル)の出力を5Vに昇圧します．最低起動電圧0.5V，起動後動作電圧0.3Vの制御

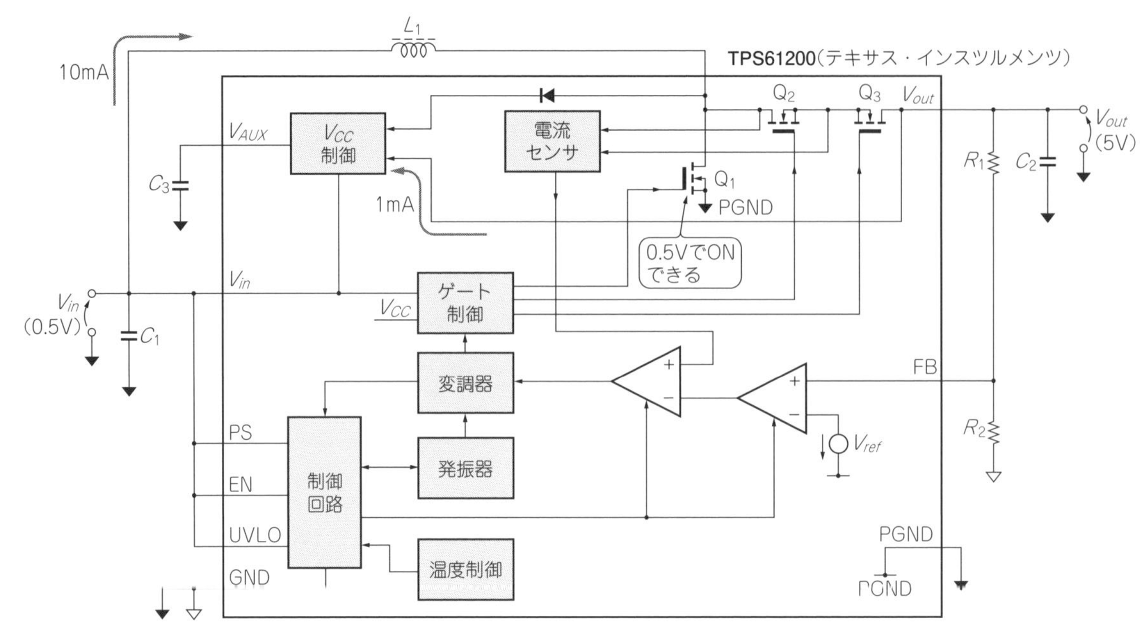

図3　1V以下の入力電圧で起動する昇圧型DC-DCコンバータ
いったん起動すると入力電圧が0.3Vまで低下しても動き続ける

IC(TPS61200)を使って実験しました.

効率を100%とすると, 5V, 80mAを出力できるはずですが, 評価基板を改造してMPPT回路を追加して実験してみると, 約30mAしか取り出すことができませんでした. 原因を調べてみました.

図4に示すように, インダクタとMOSFETに1A流れると, 100mΩの直流抵抗で0.1V, 100mΩのオン抵抗で電圧が0.1V降下します. 合わせて0.2Vの電圧が降下する影響で, インダクタには, 0.4Vではなく0.2Vしか加わりません. 0.4Vから5Vに昇圧されているのではなく, 0.2Vから5Vに, 約25倍昇圧されていたわけです. これ以外の損失がゼロだったとしても, 取り出せる電流は最大40mAです. さらに, TPS61200がMOSFETをON/OFFする駆動回路とMPPT回路も電流を食うので, 出力は30mAにまで減っていました.

このように, 低電圧から昇圧するときは, インダクタの抵抗による電圧降下が大きな問題になるので, 直流抵抗の低い大型のインダクタを使うのが基本です.

MOSFETのオン抵抗も損失の要因ですが, オン抵抗の小さいMOSFETは大型で, 大きいゲート駆動電流を必要とします. それでも大型MOSFETを使ってオン抵抗を下げたいときは, スイッチング周波数を下げます. スイッチング周波数を下げると, インダクタンスを大きくする必要があり, 巻き数が増えて直流抵抗が増します. この直流抵抗を低くするにはさらにサイズの大きいインダクタが必要です.

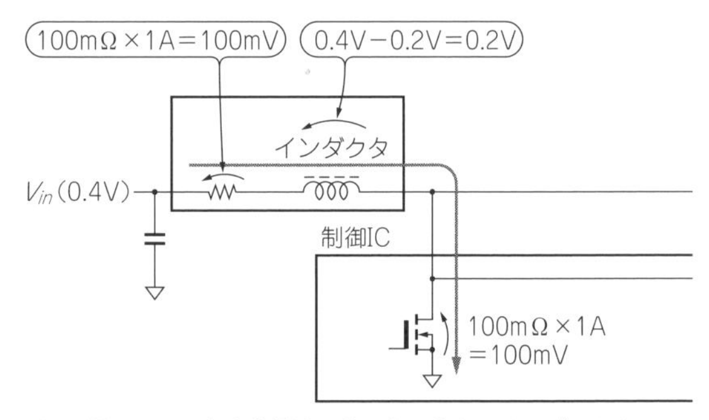

図4　思ったよりも出力電流がとれないときはインダクタやMOSFETの内部抵抗が原因だったりする
400mWの太陽電池を入力電源とした昇圧型DC-DCコンバータは5V, 80mAを出力できるはずだったが, 実験してみると30mAしか取れなかった

電源ICテクノロジ②
入力電力が最大になるように制御する電源技術「MPPT」

■ 出力を制御する従来の電源は使えない

● 発電デバイスの出力特性は山なり

図5に示すのは, 太陽電池から取り出せる電圧と電流です.

出力電流が0Aのときの出力電圧を開放電圧といいます. 出力電流が増加すると電圧は徐々に低下します. ある点から急に電圧が低下し, 最大電流点では電圧が0Vまで低下します. このときの電流を短絡電流といいます．開放電圧と短絡電流は，太陽電池パネルの発電能力の指標の1つです．

商用電源や電池などから電源に供給される電圧は一定なので，取り出される電力（電源の入力電力）は破線のように負荷電流に比例して直線的に増加します．

しかし，太陽電池の出力電力（＝出力電圧×出力電流）の曲線は，実線のように山なり状です．最初は，電流の増加とともに取り出せる電力は直線的に増えますが，ピーク（最大電力点，MPP：Maximum Power Point）を超えると急激に低下します．

● 負のスパイラル

▶発電デバイスは電力をとり過ぎるとなえる

通常，電源を作るときは，負荷が要求する電力を賄えるように作ります．このとき，入力側の電源容量は十分にあり，負荷が要求する電力は必ず取り出せる，という前提があります．ところが，発電デバイスは取り出せるエネルギ量に限界があります．

図5に示す出力特性をもつ発電デバイスに従来のDC-DCコンバータをつなぐとどうなるのでしょうか？

発電デバイスが出力できる最大値（最大電力点，後述）以上の電流を取り出そうとすると，発電デバイスの出力電圧が低下します．DC-DCコンバータは，入力電圧が低下すると，出力電流（出力電力）を一定に保つために，より多くの電流を引き込もうとします．すると，発電デバイスの出力電圧がよりいっそう下がり，DC-DCコンバータはさらに発電デバイスから電流を引き込もうとします．この悪循環は止むことなく続き，DC-DCコンバータの出力電力はゼロに向かいます．

■ 非力な発電デバイスに優しいMPPT制御

● 発電デバイスの限界に合わせて取り出す量を制御する

発電デバイスは非力ですから優しさが必要です．負荷に合わせて出力する電力を制御する電源ではなく，発電デバイスから取り出せる電力に合わせて，引き込む電力を制御する電源でなければなりません．

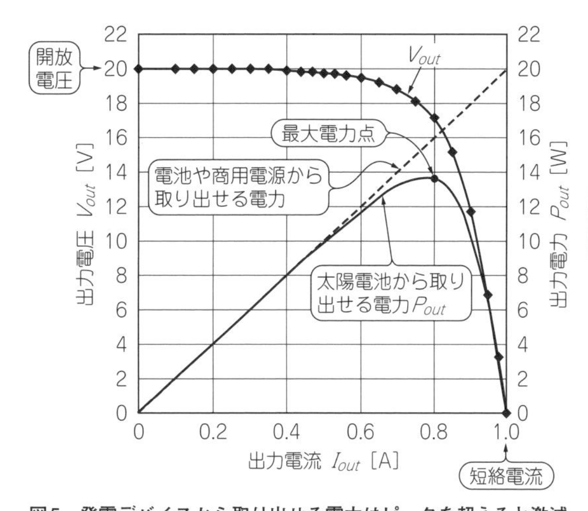

図5　発電デバイスから取り出せる電力はピークを超えると激減する
発電デバイス用の電源は，通常の電源のように，出力に必要な電力はすべて入力から取り出せるという前提が通用しない

この機能を実現する回路を，電力追従制御回路MPPT（Maximum Power Point Tracking）と呼びます．MPPTは，電源の入力電流と入力電圧をモニタして，入力電流を最大電力以上に増加させないように制限をかけ，発電デバイスの出力を常に最大にキープします．

最大電力点MPPは，自然環境によって時々刻々と変化し，太陽電池の電圧，電流，そして内部インピーダンスも変化します．MPPTは，そのときそのときの最大電力点を探し出し，最大値が続くように，取り出す電圧と電流を制御します．

● 発電デバイス専用の電源ICが備えるシンプルなMPPT

▶発電デバイスの出力電圧を80％に制御する

MPPT制御は，**図6**に示すようにマイコンで実現できます．しかし，発電デバイスからは大きな電力を取り出せないので，消費電力の大きいマイコンは使いたくありません．発電デバイス用の電源ICの中には，

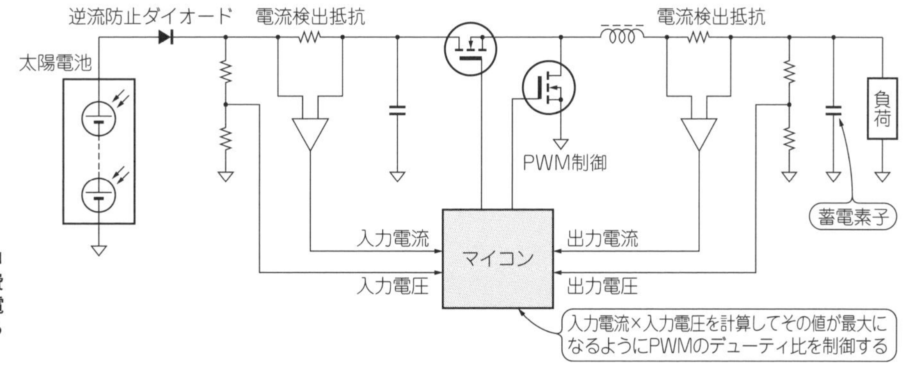

図6　MPPT制御はマイコンでも実現できるが消費電流が大きいので，発電デバイスと組み合わせるのはいまいち…

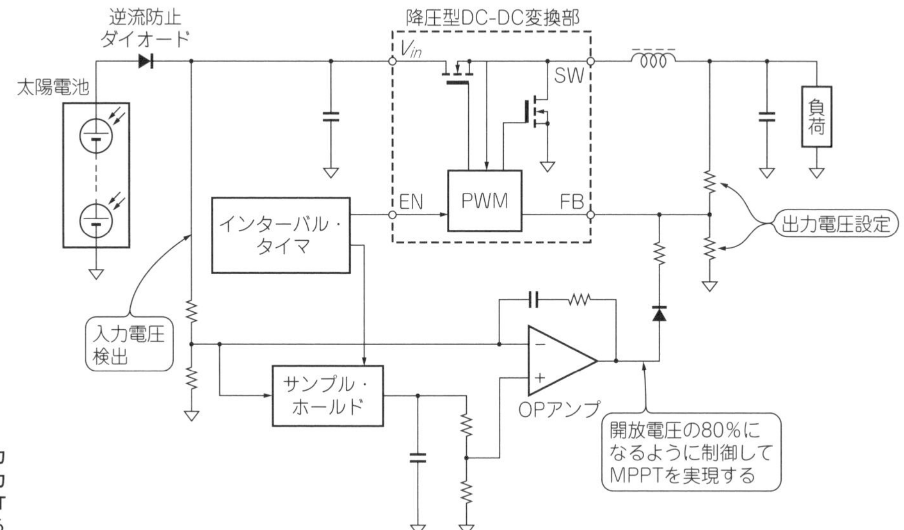

図7　発電デバイスを入力源とする電源は，消費電力の小さい簡易的なMPPT回路で入力電力を制御する

少ない消費電力で制御できる簡易的なMPPTを搭載したものがあります．

最大電力点を計算しながらサーチし続けるのではなく，入力電圧が太陽電池の開放電圧の80％前後になるようにシンプルに制御するのです．

図7にこの簡易MPPT回路を示します．この回路は，マイコンを使うMPPTより消費電力が小さく，小規模の太陽電池システムにも使えます．

電源の電力変換動作を定期的に止めながら，太陽電池の開放電圧をチェックします．そして，入力電圧が開放電圧の80％になるように入力電流を制御します．もう少し詳しく説明しましょう．

インターバル・タイマで定期的にDC-DCコンバータを停止させ，開放電圧をサンプル・ホールド回路で保持します．エネルギ源が太陽電池のときは，サンプリングした開放電圧の80％になるように制御動作点を設定します．

写真2に示すのは，実際の電源制御IC(bq25505)がMPPT制御しているところです．16秒ごとにスイッチングを止めて開放電圧をサンプリングし，V_{IN_DC}の電圧が開放電圧2.4 Vの80％(1.9 V)になるように入力電流を制御しています．

蓄電素子の電圧が低いときにDC-DCコンバータ(CVCC制御出力)を起動すると，定電圧または定電流で動作して出力電流が増します．すると，電源の入力電流が増えて発電デバイスの出力電圧(電源の入力電圧)が下がります．入力電圧がサンプル・ホールドされた電圧の80％未満に下がると，OPアンプの出力からダイオード経由で，DC-DCコンバータのフィードバック端子(FB)に電流加算が行われて出力電流の増加が抑制されます．このしくみで，電源への入力電流が増えすぎるのが食い止められ，入力電圧が開放電圧の80％あたりでキープされます．

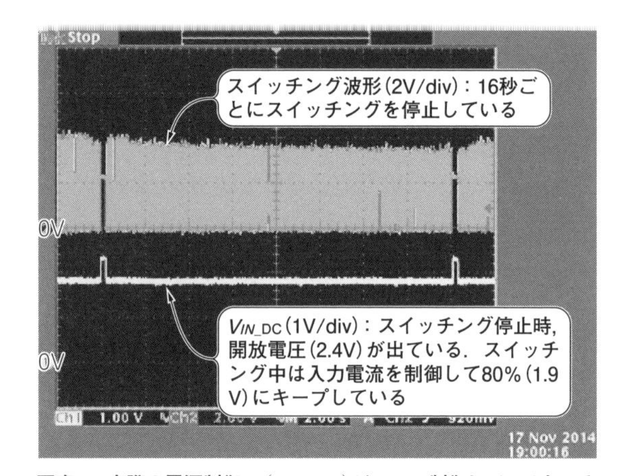

写真2　実際の電源制御IC(bq25505)がMPPT制御しているところ

蓄電素子が満充電に近づくと，充電電流が減少して入力電流も減ります．入力電流がMPPTで抑制された電流リミットを下回ると，太陽電池の出力電圧が上昇します．すると，OPアンプによる制御への介入がなくなり，MPPT制御から外れて，太陽電池から負荷が必要とする電力が供給されます．

DC-DCコンバータの出力電圧は，蓄電池の満充電電圧に，過電流制限は蓄電池の定電流充電値に設定します．

電源ICテクノロジ③

1 μA以下の超低自己消費電力

● 自己消費0.3 μAの発電デバイス用電源IC

図8に示すのは，低電圧，小電力の発電デバイスの出力を昇圧して充電制御する専用IC bq25505(**写真3**,

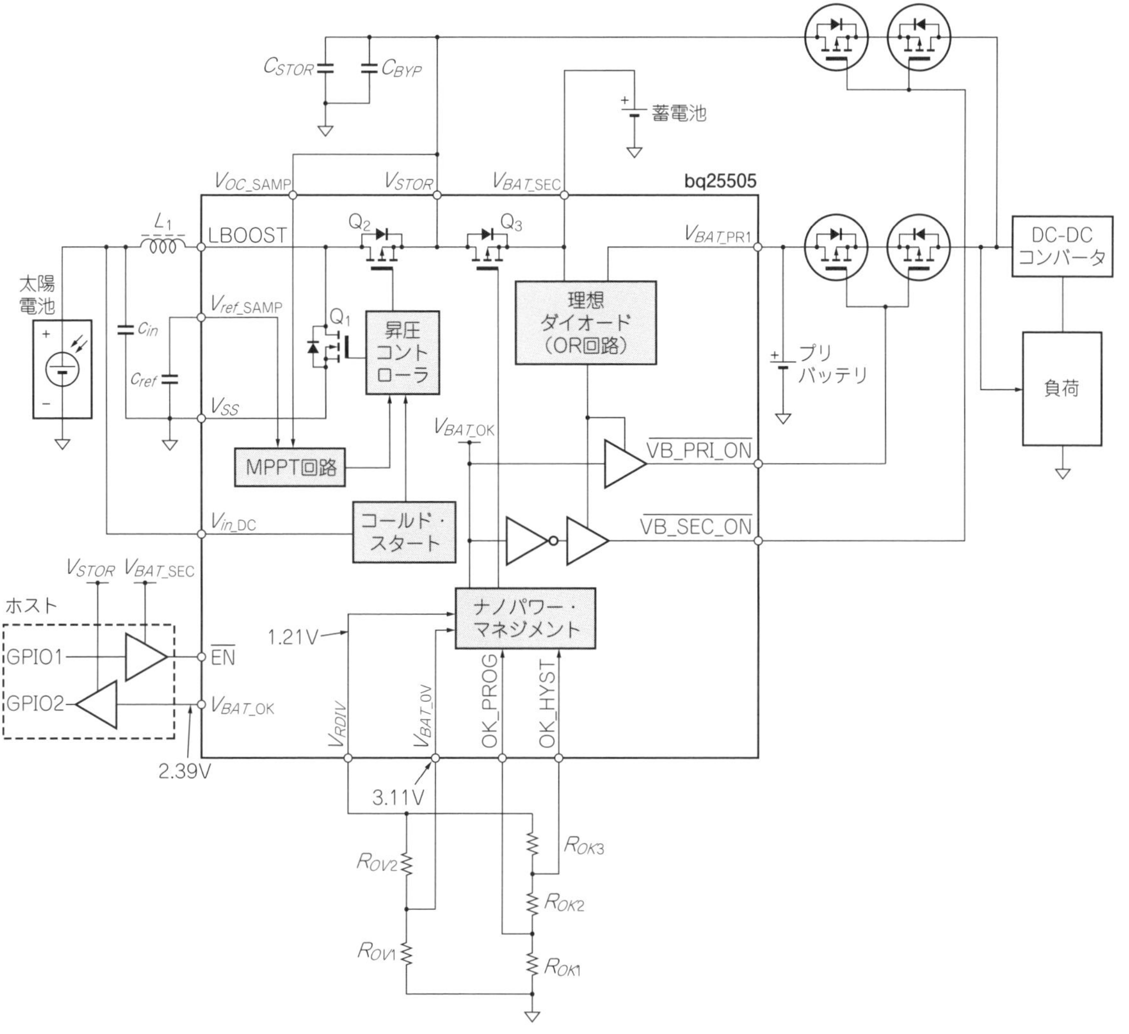

図8　自己消費325 nAの充電制御付き昇圧型DC-DCコンバータ制御IC bq25505
0.33 Vから起動して，起動後は0.1 Vまで低下しても動作を継続する

テキサス・インスツルメンツ)です．

このICの自己消費電流はたったの325 nAです．0.33 Vから起動し，起動後は0.1 Vまで低下しても動き続けます．充電制御機能もあります．

基準電圧の分圧抵抗(R_{OV}やR_{OK})で次のような項目を設定できます．

- 充電電圧：エネルギを蓄積する蓄電池の満充電電圧やコンデンサの耐圧から決める
- MPPTを行う制御電圧(%値)
- 電池電圧の使用範囲(充電時と放電時の電圧)

基準電圧V_{bias}(1.21 V)は，V_{RDIV}端子から供給されます．R_{OV}やR_{OK}で分圧した電圧を設定端子に戻します．この抵抗には次式で求まる電流I_X [A] が流れます．

$$I_X = \frac{1.21\ \mathrm{V}}{R_{OV1} + R_{OV2} + R_{OK1} + R_{OK2} + R_{OK3}}$$

基準電圧に1 MΩの抵抗をつけると，ICの自己消費

写真3　自己消費325 nAの充電制御付き昇圧型DC-DCコンバータ制御IC bq25505(テキサス・インスツルメンツ)
入力電圧0.33 V以上で起動し，いったん起動すると0.1 Vまで止まらない

電流(325 nA)よりはるかに大きい1.21 μAの電流が流れます．設定用抵抗の合計($R_{OV1} + R_{OV2} + R_{OK1} + R_{OK2} + R_{OK3}$)は，13 MΩ以上にします．ノイズの影響を受けないように，抵抗の配置は設定端子の直近に配置して抵抗が構成するループの面積が最小となるように配置します．

図8の回路は，$\overline{\mathrm{EN}}$端子をHレベルにすると，V_{STOR}端子とV_{BAT_SEC}の間にあるPチャネルMOSFET(Q_3)

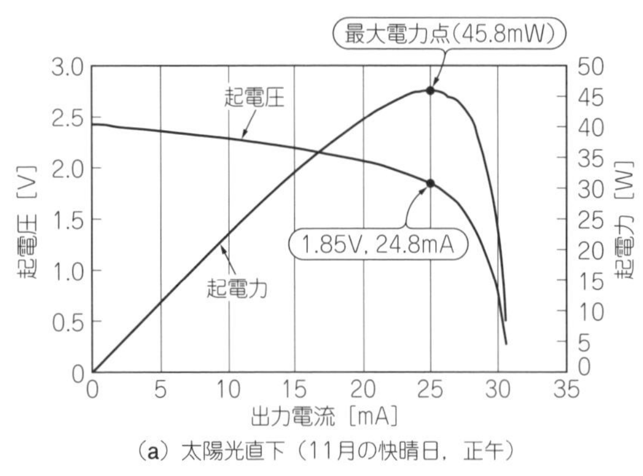

(a) 太陽光直下 (11月の快晴日, 正午)

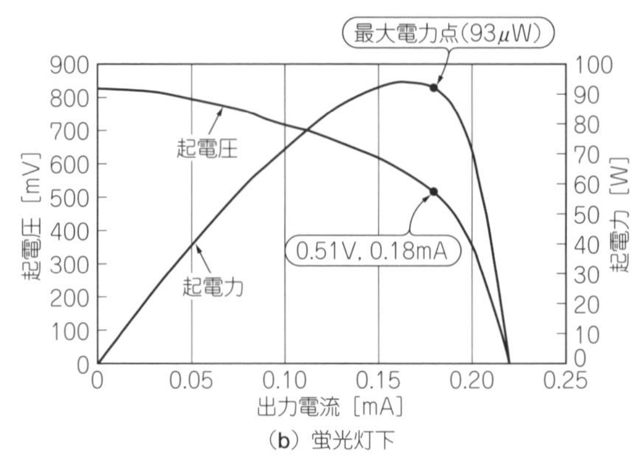

(b) 蛍光灯下

図9　環境発電用電源制御IC bq25505の動作テストで得られた太陽電池の出力特性

写真4　bq25505(写真3)に太陽電池をつないで, 太陽光や蛍光灯の光を当てて出力電流を調べてみた

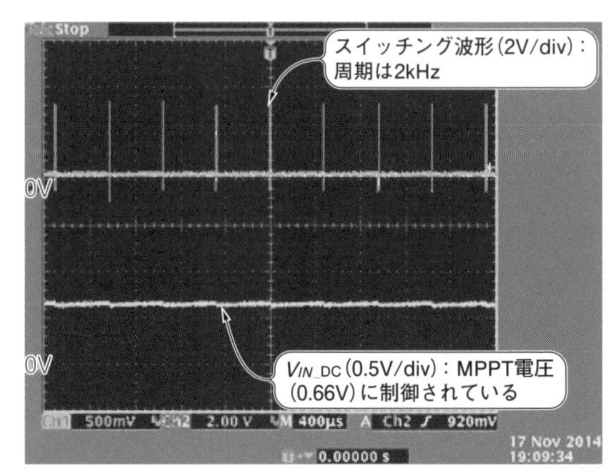

写真5　太陽電池に蛍光灯を当てたときのbq25505(写真3)のMPPT動作

がシャットダウン時にOFFします. 蓄電池が昇圧回路と負荷回路から切り離されるので, シャットダウン時の消費電流は5 nAまで低下し, 蓄電池が放電するのを防止しています.

● 太陽電池をつないで取り出せる電力を調べてみた

bq25505に, ガーデン・ソーラ・ライトから取り外した小型太陽電池(**写真4**, 4セル直列, 30 mm × 36 mm)をつなぎ, リチウム・イオン蓄電池を充電しながら, 電源から取り出せる電流を実測しました.

▶太陽光×リチウム・イオン蓄電池(充電電圧3.7V)

11月の快晴日, 正午の太陽光直下で測ると, 開放電圧は2.42 V, 短絡電流は31.9 mAでした [**図9(a)**]. 最大電力点は, 1.85 V(開放電圧の76 %), 24.8 mAのときで45.8 mWです.

MPPT制御は, 開放電圧の80 %(1.94 V)以上で働きます. 1.94 Vのときの充電電流は23.0 mA(44.6 mW)で, 最大電力点の3 %以内にバッチリ制御されています.

電池電圧が3.7 Vの状態のリチウム・イオン蓄電池に流れ込む充電電流を測ると11 mAでした. この理想的な日照条件が続くなら, 消費電流11 mAまでの負荷を動かすことができます. 1時間充電すると, 平均負荷電流10 μA の回路を1000時間動かせる計算です.

このときの昇圧型DC-DCコンバータの効率ηは, 充電電力と発電電力の比なので, 次式から91 %です.

$$\eta = \frac{3.7\ \mathrm{V} \times 11\ \mathrm{mA}}{1.94\ \mathrm{V} \times 23\ \mathrm{mA}} \fallingdotseq 0.91$$

なお, 実験時の条件の3.7 Vはリチウム・イオン蓄電池の標準電圧で(満充電電圧は4.2 V), この状態が最も長くなります. 昇圧型DC-DCコンバータで充電するときに電池に流れ込む電流は, 充電電圧が低いときは増し, 高いときは減ります.

▶蛍光灯×リチウム・イオン蓄電池(充電電圧3.7 V)

30 Wのサークライン蛍光灯の直下50 cmに太陽電池を置くと, 開放電圧は0.83 V, 短絡電流は0.22 mAとなりました [**図9(b)**]. 太陽電池1セルあたりの起電力は0.21 Vととても低いです.

内部抵抗の高い発電デバイスの最大電力点は開放電圧の50％あたり　Column 1

ペルチェと太陽電池じゃ違う

本文で説明したとおり，一般的な太陽電池の最大電力点は開放電圧の70～80％ですが，ペルチェなど内部インピーダンスの高い発電デバイスは，開放電圧の50％のときに取り出せる電力が最大になります．MPPT制御するときは，入力電圧が開放電圧の50％になるように入力電流を制御します．

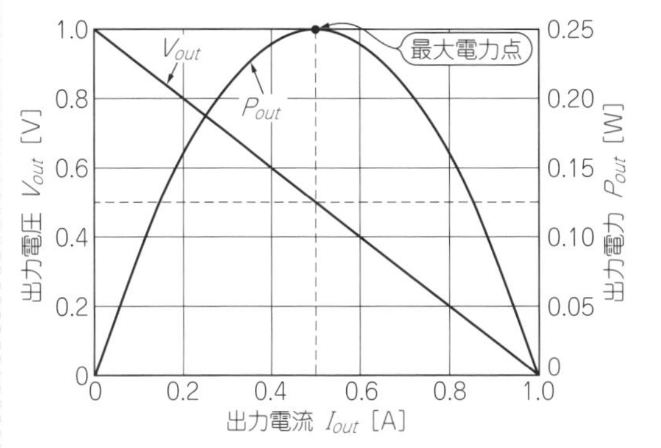

図A　出力インピーダンスの高い発電デバイスの出力特性
開放電圧の50％のときに取り出せる電力が最大になる．MPPT制御はこの前後で効かせればいい

図Aに示すのは，出力インピーダンスの高い発電デバイスの出力特性です．

発電デバイスの起電圧V_{gen}［V］，内部インピーダンスR_{out}［Ω］，出力電流I_{out}［A］，出力電圧V_{out}［V］の間には，次の関係があります．

$$V_{out} = V_{gen} - I_{out} R_{out}$$

つまり，取り出す電流を増やすと出力電圧は低下します．

出力電力P_{out}［W］は次式で求まります．

$$P_{out} = V_{out} I_{out} = (V_{gen} - I_{out} R_{out}) I_{out}$$

取り出せる最大電流$I_{O\max}$［A］は次のとおりです．

$$I_{Omax} = \frac{V_{gen}}{R_{out}}$$

このときの出力電圧V_{out}は0 Vなので，取り出せる電力は0 Wです．

出力電力P_{out}が最大になるのは，V_{out}が$V_{gen}/2$のときです．このときの出力電流は次式のとおりです．

$$I_{out} = \frac{V_{gen}}{2R_{out}}$$

これ以上電流を取り出すと出力電力が減少します．

〈弥田 秀昭〉

最大電力点は，0.51 V，0.18 mA，93 μWです．最大電力点の電圧は開放電圧の61％です．80％(0.66 V)でも，0.13 mAで86 μWの電力は取り出せています．**写真5**はこのときのbq25505のスイッチング波形と入力電圧波形です．

ここまで供給電力が小さくなると回路の自己消費が無視できなくなりますが，3.7 Vのリチウム・イオン蓄電池に20 μAを充電できました．消費電流が20 μA以下の負荷なら，蛍光灯下で永久に動かせます．

面積の等しい1セルの太陽電池を使うと，出力電流は4倍になりますが，出力電圧が1/4の0.21 Vに低下します．これはbq25505の最低起動電圧の0.33 V以下なので起動しません．蛍光灯でも起動できたのは，4直セルの太陽電池だったからです．

▶太陽光×電気二重層コンデンサ(完全放電状態)

容量1 F，耐圧5.5 Vの電気二重層コンデンサでも動かしてみました．

コンデンサに蓄積されるエネルギは$(1/2)CV^2$です．充電電圧が高いほど，蓄積エネルギは大きくなります．しかし，充電電圧が高すぎると寿命が短くなります．そこで，リチウム・イオン蓄電池と同じ4.2 Vで実験しました．

電気二重層コンデンサを完全に放電したのち，太陽光直下で充電すると，約240秒(4分)で4.15 Vに達し，間欠スイッチングになりました．

4.15 Vに充電された1 FのコンデンサのもつエネルギE［J］は次のとおりです．

$$E = (1/2) \times CV^2 = 0.5 \times 1\,\mathrm{F} \times 4.15\,\mathrm{V}^2 \fallingdotseq 8.61\,\mathrm{J}$$

これを充電に要した時間で割って平均充電電力P_{ave}［W］を求めると次のようになります．

$$P_{ave} = 8.61\,\mathrm{J}/240\,\mathrm{sec} \fallingdotseq 35.9\,\mathrm{mW}$$

太陽電池からの供給電力は約45 mWなので，約80％の効率で充電されたことになります．

(初出：「トランジスタ技術」2015年2月号)

Appendix 2

変動しまくりのわがままなエネルギを一滴残らずGET！

わずかな入力電圧で起動！ 各半導体メーカの発電デバイス用電源IC

● 発電デバイス用の電源ICが増えてきた

表1に示すのは発電デバイス用の電源ICです．昇圧や降圧だけのシンプルなものだけではなく，MPPTやバッテリ充電機能を内蔵したものまであります．

MPPT(Maximum Power Point Tracking)は，発電デバイスに太陽電池を使う上で重要な機能です．

太陽電池は照度や温度によって出力電圧と出力電流が変動します．常に最大出力を得るため，出力電圧×出力電流の値(最適動作点)を自動で調整するのがMPPTの役割です．

● 自己消費電流は低いにこしたことはない

発電デバイスから得られる電力は，わずかで不安定なので，電源ICが食いつぶしてはいけません．発電デバイス用の電源ICは，数百n～数十μAと消費電流が低いのも特徴です．

〈**武田 洋一**〉

● 使用する発電デバイスの特性を考えて電源ICを選ぶ

図1は縦軸を電圧，横軸を電流にして各発電デバイスの特徴を示した図です．発電デバイスは，屋内向け太陽電池，屋外向け太陽電池，圧電デバイス，熱電デバイス，電波(レクテナ)，電磁誘導などに分類されます．

図1に記載されている降圧型，昇圧型の文字は発電デバイスに接続する電源ICのタイプです．大電圧を出力する圧電デバイスなどを使用する場合，降圧型の電源ICが必要です．超低電圧を出力する熱電デバイスなどを使用する場合，昇圧型の電源ICが必要です．

発電デバイスの種類によって得られる電圧と電流は大きく異なるので，特性を考えて電源回路を作ります．AC100V以上を出力する発電デバイスに接続する電源回路は，専用の電源ICもあります．

〈**府川 栄治**〉

(初出：「トランジスタ技術」2015年2月号)

表1 各半導体メーカの発電デバイス用電源IC(2020年5月現在)
各社のデータシートから抜粋して筆者がまとめたもの．詳細はデータシートで確認のこと

型 名	メーカ名	発電デバイス	昇降圧	特 徴	入力電圧	コールド・スタート電圧	連続動作最低電圧	自己消費電流	出力電圧	出力電流
ADP5090	アナログ・デバイセズ	太陽電池，熱電	昇圧	充電池保護，MPPT，シャットダウン電圧，充電電圧が設定可能，出力プログラム可能	80 mV～3.3 V	380 mV	0.1 V	320 nA	プログラム可能	800 mA
ADP5091		太陽電池，熱電発電	昇圧	MPPT内蔵，充電管理機能付き，超低消費電力，超軽負荷時に最大効率のヒステリシス・モード，マイコンからのシャットダウン入力端子，低光密度出力端子	80 mV～3.3 V	380 mV	0.08 V	510 nA	1.5～3.6 V	150 mA
ADP5092		太陽電池	昇圧	MPPT内蔵，充電管理機能付き，超低消費電力，超軽負荷時に最大効率のヒステリシス・モード，マイコンからのシャットダウン入力端子，パワーグッド出力端子	0.08～3.3 V	380m V	0.08 V	510 nA	1.5～3.6 V	150 mA
LT8490		太陽電池	昇降圧	自動MPPT内蔵，多くのバッテリに対応した定電流/定電圧充電プロファイルを実装	6～80 V	－	6 V	2.65 mA	1.3～80 V	－
LT3652		太陽電池	降圧	MPPT内蔵，充電機能付き	4.95～32 V	出力電圧＋3.3 V	4.95 V	－	最大14.4 Vまで設定可能	2 A
LT3652HV		太陽電池	降圧	MPPT内蔵，充電機能付き	4.95～34 V	出力電圧＋3.3 V	4.95 V	－	最大18 Vまで設定可能	2 A
LTC4000-1		太陽電池	降圧	高耐圧・大電流MPPC内蔵，高精度フロート電圧	3～60 V	3 V	3 V	0.4 mA	3～60 V	外付けFETによる
LTC4013		太陽電池	降圧	MPPT内蔵，60 V耐圧同期整流式バッテリ・チャージャ，鉛バッテリ・リチウム・リン酸鉄・NiMH・NiCd対応	4.5～60 V	4.5 V	4.5 V	480 μA	2.4～60 V	外付けFETによる
LTC4015		太陽電池	降圧	MPPT内蔵，I2Cインターフェース内蔵，鉛バッテリ・リチウム・リン酸鉄・NiMH・NiCd対応	3.1～35 V	3.1 V	4.5 V	112 μA	35 V_{max}	外付けFETによる

(a) バッテリ・チャージャ(バッテリ充電管理機能付き)

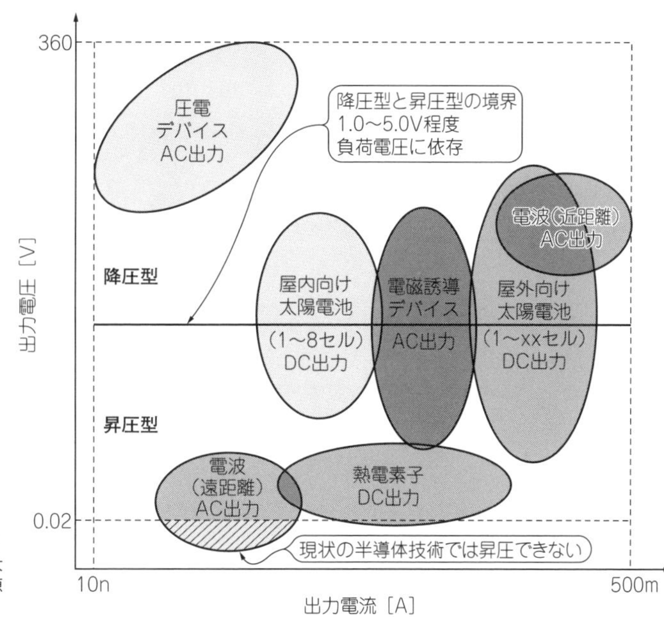

図1　発電デバイスのいろいろと出力電圧対出力電流
発電デバイスの種類によって得られる電圧値，電流値は大きく異なるので，各デバイスの特性を考慮して最適な電源回路を作る

型　名	メーカ名	発電デバイス	昇降圧	特　徴	入力電圧	コールド・スタート電圧	連続動作最低電圧	自己消費電流	出力電圧	出力電流
LTC4020	アナログ・デバイセズ	太陽電池	昇降圧	55 V昇降圧チャージャ，不良バッテリ検出，鉛バッテリ・リチウム・リン酸鉄・NiMH・NiCd対応	4.5～55 V	4.5 V	4.5 V	3 μA	55 V_{max}	外付けFETによる
LTC4070		太陽電池	降圧（シャント）	動作電流470 nA，シャント方式のリチウム電池充電，間欠的や低電力充電源に適応，ローバッテリ・ハイバッテリ状態出力	3.96 V_{min}	－	－	450 nA	4.0/4.1/4.2 V	50 mA（外付けFETで500 mA）
LTC4071		太陽電池	降圧（シャント）	動作電流550 nA，シャント方式のリチウム電池充電，間欠的や低電力充電源に適応，ローバッテリ切断機能	3.96 V_{min}	－	－	550 nA	4.0/4.1/4.2 V	50 mA
LTC4121		太陽電池	降圧	MPPT内蔵，定電流/定電圧の同期整流式，リチウム充電池・鉛蓄電池	4.4～40 V	－	－	142 μA	0～18 V	充電電流を50～400 mAで設定可能
LTC4121-4.2		太陽電池	降圧	MPPT内蔵，定電流/定電圧の同期整流式，リチウム充電池・鉛蓄電池	4.4～40 V	－	－	142 μA	0～4.2 V	充電電流を50～400 mAで設定可能
BQ24210	テキサス・インスツルメンツ	太陽電池	昇降圧	リチウム・イオンおよびリチウム・ポリマ充電器管理IC，電流制限，温度・ショート保護	3.5～18 V	－	－	－	4.2 V	0.8 A
BQ24650		太陽電池	昇降圧	MPPT，高効率，同期整流，スイッチ・モード・チャージャ・コントローラ - 太陽光バッテリ・チャージャ，リチウム・鉛，リン酸鉄電池対応	5～28 V	－	－	－	2.1～26 V	外付けFETによる
BQ25504		太陽電池，熱電	昇圧	MPPT内蔵	0.13～3 V	600 mV以上	130 mV	330 nA	外部抵抗で設定	0.2 A

（a）バッテリ・チャージャ（バッテリ充電管理機能付き）（つづき）

表1　ぞくぞく登場! 発電デバイス用電源IC(2020年5月現在)(つづき)
各社のデータシートから抜粋して筆者がまとめたもの．詳細はデータシートで確認のこと

型　名	メーカ名	発電デバイス	昇降圧	特　徴	入力電圧	コールド・スタート電圧	連続動作最低電圧	自己消費電流	出力電圧	出力電流
BQ25505	テキサス・インスツルメンツ	太陽電池，熱電	昇圧	MPPT内蔵，過電圧保護，電圧低下保護，2次電池など充電機能	0.1～4 V	600 mV以上	100 mV以上	325 nA	外部抵抗で設定	100 mA
BQ25570		太陽電池，熱電	昇降圧	MPPT内蔵，過電圧保護，電圧低下保護，2次電池など充電機能	0.1～4 V	600 mV以上	100 mV以上	488 nA	外部抵抗で設定	110 mA
SPV1040	STマイクロエレクトロニクス	太陽電池	昇降圧	MPPT内蔵，同期ブースト，過電流，加熱保護，入力逆極性保護，出力電源容量は400 mW～3W	0.3～5.5 V	－	－	60 μA	2～5.2 V	$1.8\ A_{max}$
SPV1050		太陽電池，熱電	昇降圧	MPPT内蔵，バッテリ充電機能，LDO2個内蔵	75 mV～18 V	－	－	2.4 μA	バッテリ充電：2.6～5.3 V LDO：1.8/3.3 V	バッテリ充電電流70 mA

(a) バッテリ・チャージャ(バッテリ充電管理機能付き)(つづき)

型　名	メーカ名	発電デバイス	昇降圧	特　徴	入力電圧	コールド・スタート電圧	連続動作最低電圧	自己消費電流	出力電圧	出力電流
ADP5304	アナログ・デバイセズ	太陽電池	降圧	自己消費電流260 nA，イネーブル，パワーグッド端子，急速放電(オプション)	2.15～6.5 V	2.15 V	2.15 V	260 nA	1.2～3.6 V，0.8～5.0 V	50 mA(ヒステリシス・モード)
LTC3103		太陽電池	降圧	超低静止電流，高効率，自動Burstモードと強制連続モード，熱過負荷保護，パワーグッド信号など	2.5～15 V	－	－	1.8 μA	0.6～13.8 V	300 mA
LTC3104		太陽電池	降圧	超低静止電流，高効率，自動Burstモードと強制連続モード，熱過負荷保護，パワーグッド信号など，LDO付き	2.5～15 V	－	－	2.8 μA	0.6～13.8 V	300 mA
LTC3105		太陽電池，熱電，燃料電池	昇圧	低起動電圧250 mV，パワーグッド信号，ソフトスタート機能あり，MPPT/補助LDO内蔵	225 mV～5 V	250 mV	225 mV	24 μA	1.5～5.25 V	400 mA
LTC3106		太陽電池，温度差	昇降圧	MPPT内蔵，広い入力電圧範囲で静止電流が低い同期整流式昇降圧コンバータ	0.85～5.1 V	0.85 V/0.3 V	－	1.6 μA	1.8/2.2/3.3/5 V	100～725 mA
LTC3107※		熱電，サーモパイル	昇圧	小型の昇圧トランスを併用，1次電池の長寿命化，20 mVで動作，補助LDO内蔵	20 mV～500 mV	20 mV	20 mV	無負荷時発電素子からの電流3 mA	接続した1次電池に追従．内蔵LDO出力2.2 V	LDO：20 mA
LTC3108※		熱電，サーモパイル，小型太陽電池	昇圧	小型の昇圧トランスを併用，パワーグッド信号，20 mVで動作，LDO：2.2 V/3 mA	20 mV～500 mV	20 mV	20 mV	無負荷時発電素子からの電流3 mA	2.35/3.3/4.1/5 V	4.5 mA
LTC3108-1※		熱電，サーモパイル，小型太陽電池	昇圧	小型の昇圧トランスを併用，パワーグッド信号，LDO：2.2 V/3 mA	20 mV～500 mV	20 mV	20 mV	無負荷時発電素子からの電流3 mA	2.5/3.0/3.7/4.5 V	4.5 mA
LTC3109※		熱電，サーモパイル	昇圧	小型の昇圧トランスを併用，パワーグッド信号，±30 mVで動作，LDO：2.2 V/5 mA	±30 mV～±500 mV	±30 mV	±30 mV	無負荷時発電素子からの電流6 mA	2.35/3.3/4.1/5.0 V	15 mA
LTC3119		太陽電池	昇降圧	MPPC内蔵，Burstモード動作，シャットダウン電流3 μA未満	0.25～18 V	2.5 V	0.25 V	3 μA	0.8～18 V	降圧モード5 A，昇圧モード3 A
LTC3129		太陽電池	昇降圧	MPPC内蔵，低静止電流，同期整流式，出力電圧は外部抵抗で設定	1.92～15 V	2.42 V	1.92 V	1.3 μA	1.4～15.75 V	降圧モード200 mA

※巻き線比1：100のトランスを入力に接続する　　(b) レギュレータ/コンバータ

型　名	メーカ名	発電デバイス	昇降圧	特　徴	入力電圧	コールド・スタート電圧	連続動作最低電圧	自己消費電流	出力電圧	出力電流
LTC3129-1	アナログ・デバイセズ	太陽電池	昇降圧	MPPC内蔵，低静止電流，同期整流式，固定電圧選択	1.92～15 V	2.42 V	1.92 V	1.3 μA	2.5/3.3/4.1/5.0/6.9/8.2/12/15 V	降圧モード 200 mA
LTC3130		太陽電池	昇降圧	MPPC内蔵，低静止電流，等電圧を安定化	2.4～25 V	2.3 V/0.6 V	1 V未満	1.2 μA	1～25 V	降圧モード 600 mA
LTC3330		圧電，太陽電池，電磁誘導	昇降圧	デュアル入力，シングル出力DC-DC，1次電池と環境発電の電源を一体化，LDOポスト・レギュレータ/スーパ・キャパシタ・バランサ内蔵，超低静止電流：750 nA，出力プログラム可能	発電デバイス：3.0～19 V，1次電池入力：1.8～5.5 V	1.8 V	1.8 V	750 nA	1.8/2.5/2.8/3.0/3.3/3.6/4.5/5.0 V	50 mA
LTC3331		圧電，太陽電池，電磁誘導	昇降圧	デュアル入力，シングル出力DC-DC，1次電池とエナジ・ハーベスト電源を一体化，スーパ・キャパシタ・バランサ内蔵，超低静止電流：950 nA，出力プログラム可能	発電デバイス：3.0～19 V，1次電池入力：最大4.2 V	1.8 V	1.8 V	950 nA	シャント・レギュレータ：3.45/4.0/4.1/4.2 V	50 mA
LTC3388-1		圧電，太陽電池，磁気	降圧	ナノパワー，デジタル出力電圧設定，定電圧ロックアウト機能	2.7～20 V	–	2.3 V	720 nA@V_{in}=4 V	1.2/1.5/1.8/2.5V	50mA
LTC3388-3		圧電，太陽電池，磁気	降圧	ナノパワー，デジタル出力電圧設定，定電圧ロックアウト機能	2.7～20 V	–	2.3 V	720 nA@V_{in}=4 V	2.8/3.0/3.3/5.0V	50mA
LTC3526L		圧電，太陽電池，磁気	昇圧	出力切断回路内蔵，$V_{in} > V_{out}$動作，ロジック制御のシャットダウン，アンチリンギング制御	0.5～5 V	0.68 V	0.5 V	9 μA（自動 Burstモード）	1.5～5.25 V	550 mA
LTC3534		圧電，太陽電池，磁気	昇降圧	出力切断回路内蔵，V_{in}>, <, = V_{out}で安定化出力	2.4～7 V	2.2 V	2.4 V	＜1 μA	1.8～7 V	500 mA
LTC3535		圧電，太陽電池，磁気	昇圧	出力切断回路内蔵，独立したデュアルチャネル同期整流式，ロジック制御のシャットダウン	0.5～5 V	680 mV	0.5 V	＜1 μA	1.5～5.25 V	550 mA
LTC3588-1		圧電，太陽電池，電磁誘導	降圧	入力消費電流950 nA（出力安定時，無負荷），入力保護シャント内蔵（20 V）	2.7～20 V	–	–	450 n/950 nA	1.8/2.5/3.3/3.6 V	100 mA
LTC3588-2		圧電，太陽電池，電磁誘導	降圧	入力消費電流1500 nA（出力安定時，無負荷），入力保護シャント内蔵（20 V）	14～20 V	–	–	830 n/1500 nA	3.45/4.1/4.5/5.0 V	100 mA
TPS61200	テキサス・インスツルメンツ	燃料，太陽電池	昇圧	0.5 Vでも起動，3.3/5 V固定電圧タイプあり	0.3～5.5 V	0.5 V	0.3 V	55 μA	1.8～5.5 V（3.3 V,5 V固定電圧タイプあり）	1.35 A
S6AE101A	サイプレスセミコンダクタ	太陽電池	降圧	マルチプレクサ内蔵，パワー・ゲーティング出力×1	2.0～5.5 V	1.2 μW_{max}（起動電力）	–	250 nA	1.1～5.2 V	–
S6AE102A		太陽電池	降圧	マルチプレクサ/LDO/コンパレータ内蔵，パワー・ゲーティング出力×2，タイマ×1	2.0～5.5 V	1.2 μW_{max}（起動電力）	–	280 nA	1.1～5.2 V	–
S6AE103A		太陽電池	降圧	マルチプレクサ/LDO/コンパレータ内蔵，パワー・ゲーティング出力×2，タイマ×3	2.0～5.5 V	1.2 μW_{max}（起動電力）	–	280 nA	1.1～5.2 V	–

（b）レギュレータ/コンバータ（つづき）

第3章 消費電力を抑えつつ，ノイズにも負けないセンサ・アナログ回路を作る

nA級ロー・パワーOPアンプの使い方

中野 正次 Masatsugu Nakano

● マイコンを利用してセンシングするにはアンプやフィルタが要る

低消費電力化を図る常套手段は，回路（主にCPU）を短時間のみ動作させ，大半を休止状態にしておくことです．CPU自体，必要のない内部の回路ブロックを動かさないなど省エネ機能が充実しています．休止状態から起き上がるときに使われるタイマも，特別に消費電力が少なくなる工夫がなされています．

しかし，常にタイマで休止状態から復帰する動作で良いとは限りません．低消費電力が必要な例として，何かの現象を常時監視して，異常があったら知らせる，といった応用も考えられます．CPUは外界の変化をセンサなどで感知する必要があり，そのセンサは常時動いている必要があります．

センサとマイコンをつなぐ場合，ディジタル出力のセンサが使えれば手軽ですが，すべてのセンサがディジタル化しているわけではありません．それどころか，出力電圧が小さかったり，出力インピーダンスが高かったりして，アンプなしではマイコンに内蔵されたA-Dコンバータに直結できないこともよくあります．そんなときは何らかのアンプ，フィルタ，インピーダンス変換回路などが必要です．

本章では，A-Dコンバータの前に入れるアンプ（フィルタなども含む）をプリアンプと呼び，消費電力の小さいプリアンプの作り方について解説します．

図1 マイコンを使ったセンシング・システムを低消費電力化したいならアナログ回路の電源をOFFできる回路が有効
コンデンサ結合の交流アンプは，電源が入ってから動作点が安定するまでに時間がかかる．電源のバイパス・コンデンサにたまった電荷で回路は動き続けるので，短時間にON/OFFしても省エネにならない

スリープさせるのが基本

プリアンプを常時動作させると，当然消費電力が増えます．データのサンプリング頻度が低ければ，アンプ部も休止させたほうが有利です．このような間欠動作にはいくつかの方法が考えられます．

❶電源をON/OFFする

図1のようなコンデンサ結合の交流アンプを，電源ON/OFFで低電力化する場合は，思ってもみないところで電流が消費されます．

図1のC_1とC_2は，信号にかかわらずA_1の動作点を一定に保つためのものです．電源OFF時には電荷がないので，ON後に動作点まで変化します．この変化が許容誤差の範囲に落ち着くまでには，CPUの動作スピードから見るとかなりの時間がかかります．

C_3はアンプの安定動作上必要なものですが，大容量にするとアンプは動作したままになって消費電力は減りません．

❷アンプやA-D変換の安定をスリープで待つ

プリアンプの出力が安定するまでの時間が長い場合，CPUを動作させた状態で待っていると，余分な電力を費やします．このようなときは，**図2**のようにアナログ電源をONにした後，いったんCPUをスリープに戻して待つ方法もあります．

これが有効かどうかは，システムの時間配分によります．つまり，間欠動作の周期が極端に短かったり，逆にとても長い場合などは，効果が薄いことがあります．

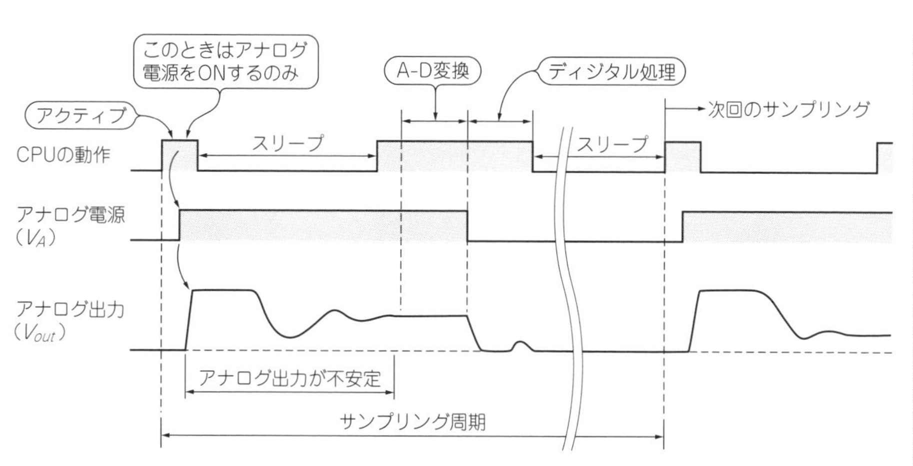

図2　アナログ回路の不安定時間をスリープで待つとCPUの消費電流を減らせる

アナログ出力が安定になる時間を考慮しないといけないことと同様に，プリアンプ内蔵の低速A-Dコンバータや，A-D変換機能を内蔵したセンサには，起動してから正しいデータが得られるまで，無駄な時間が存在します．これらに使用されているA-Dコンバータは$\Delta\Sigma$方式で，通常はディジタル・フィルタを併用しているので，入力信号を正しく反映した出力が得られるまでに数サンプルの遅れがあります．このため，動作を休止している状態から，動作開始後に正しいデータを得るまでにはかなりの時間がかかります．

このような場合にも，まずA-D変換のみ動作させておき，正しい出力が出るまでの間はCPUをスリープさせて待つ方法が有効です．

❸消費電流を変えられるOPアンプを使う

プリアンプの電源をON/OFFしても，待ち時間が長くなりすぎて，電力を思ったほど減らせない，というケースもあり得ます(要求される周波数特性などによる)．このようなときは，電源をON/OFFするのではなく，アンプをスリープ(OFFではない)させる方法も考えられます(そのような機能を備えたOPアンプは多くはないが，かつては古参のバイポーラ構造のものが存在した)．

図3がその回路例です．LM4250は動作時の電源電流を設定できるプログラマブルOPアンプで，動作時の電源電流を0.5 μ～200 μAに調節できます(なお，残念ながらLM4250は製造中止となっている)．

図3ではスリープ時0.3 μA，動作時50 μAに設定しています．動作電流が多いと，高い周波数まで対応できるので，測定に必要な周波数特性に合わせて増減します．温度など変化がそれほど速くない用途では，もっと動作電流を少なくすることもできます．

OPアンプが動作状態に移行するとき，出力の変動はすぐにはゼロに収束しません．交流信号を解析するために最低でも十数サンプルをA-D変換して取り込みます．周波数を測ったり振幅を計算するディジタル信号処理では，直流のオフセットや緩やかな直流電位の変化は無視できます．

ただしLM4250は古典的な設計なので，最近のデバイスのようなレール・ツー・レールの動作は望めず，入出力とも電源電圧に近付くことができません．したがって，単電源で直流アンプを作るのは，かなりの工

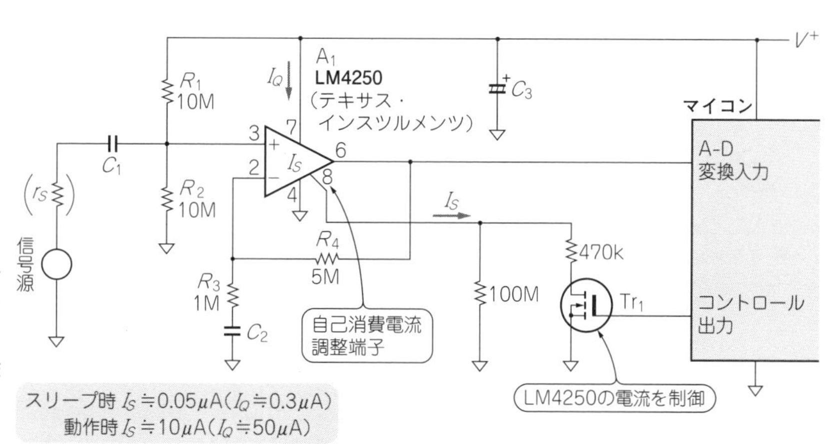

図3　動作電流を変更できるOPアンプを使って待機時の消費電流を減らす
動作電流を変えると周波数特性が大きく変わるが，直流動作はわずかしか変わらない．非動作時の電流を下げれば，コンデンサの電荷を保持したままで，動作点を維持できる

夫が必要です．

● 間欠動作がマッチしないシステムもある

上記のような間欠動作を行っても，消費電流が下がらないケースもあります．データ採取の周期が短い場合や，データの採取が不定期な場合です．特定の現象を監視して，限界値を超えたら割り込みが発生するようなシステムも，これに相当します．

これらの場合には，常時動作のアナログ処理が不可欠になってきます．しかし，CPUの省エネ機能を駆使しても，アナログ部分で大半の電力を消費してしまっては台無しです．そこで，アナログ回路自体をできる限り低電力化する必要が出てきます．

消費電流1 μA以下のロー・パワーOPアンプ

アナログ回路の要は，やはりOPアンプです．低電力OPアンプも多種作られています．

表1に示すOPアンプはその例で，いずれも消費電流1 μA以下という低さです．多くの場合，電池の自己消費(無負荷でも消費している相当の)電流を下回ります．

ただし，高速・広帯域などの特性は望めません．ノイズも多く，超高精度の性能も通常は得られません．あくまで，低電力が最優先の課題になっている場合の選択肢です．

各OPアンプの特徴を次に示します．

表1　低消費電力OPアンプの主特性(1)(2)

型　名	メーカ名	電源電圧	消費電流(標準値)	帯域(標準値)
LPV521	テキサス・インスツルメンツ	1.6～5.5 V	345 n～351 nA	6.1 k～6.2 kHz
MAX406	マキシム・インテグレーテッド・プロダクツ	2.5～10 V	1 μA	8 kHz 40 kHz(位相補償を減らしたとき)

超低消費電力OPアンプの応用

● ハイ・インピーダンスのセンサ回路

低消費電力回路では，インピーダンスは高いほうが設計時に有利です．サーミスタのような基準抵抗値の選択範囲が広いものも，できる限りハイ・インピーダンスを選びます．

インピーダンスが高ければ，信号線の抵抗値は十分低いので無視できます．細い電線が使え，絶縁物を含めて質量もコストも下がります．しかし，ハイ・インピーダンスの信号線はハムを拾いやすいです．**図A(a)**のような方法で，ハム成分を測定ビット以下まで下げます．

● 差動トランス用回路

位置検出用の差動トランスの消費電力を少なくするには，インピーダンスを上げて，駆動電力を下げます．

差動トランスはトランスの一種なので，駆動電源は交流で，出力も同じ周波数の交流信号です．コア入りの開放型のトランスですから，誘導磁界からもハムが入ります．

この場合，**図A(b)**のようにノッチ・フィルタやハイパス・フィルタを使えば信号レベルよりはるか

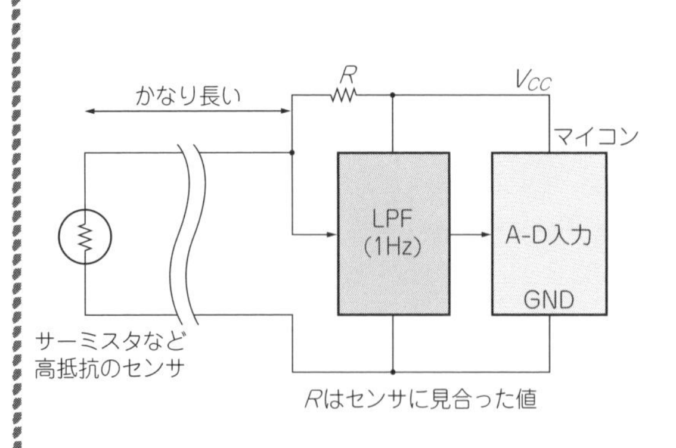

(a) 高インピーダンスのセンサ(直流測定)

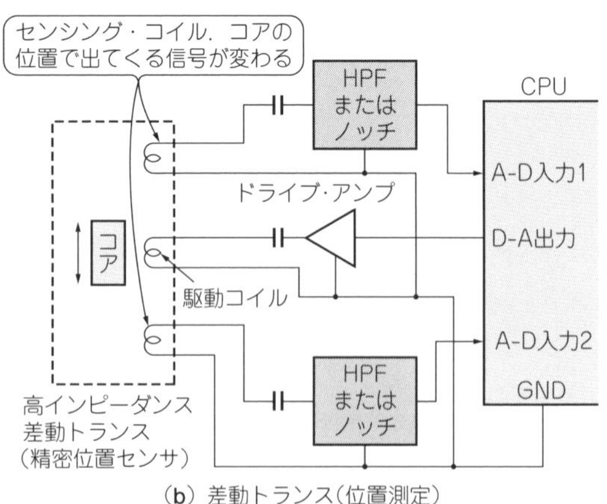

(b) 差動トランス(位置測定)

図A　超低消費電力アンプ回路の用途

▶LPV521

25℃での消費電流が400 nA以下です．その分，帯域も限られているので，周波数特性は一般的なOPアンプほど伸びません．また，CMOSの低電圧設計なので，高電圧は扱えません．

入出力ともレール・ツー・レールなので応用範囲が広いのですが，コモン・モード電位によって消費電流やオフセット電圧が変化することも留意点となります．

▶MAX406

これもMOSFET入力ですが，入力はレール・ツー・レールではなく，コモン・モード電位はV_S − 1.1 Vまでに制限されます．出力は電源近くまで振れます．

電源電圧は，許容値としては12 Vとなっていますが，7 Vを超えるとゲインが低下します．高性能が得られる範囲は7 Vまでです．

周波数特性は2段階に切り替え可能で，安定ゲインが2倍以上(Decompensated Mode，ボルテージ・フォロワは不可)の場合は，5倍の帯域と4倍のスルー・レートが得られます．これでも消費電流が変わらないので，用途によっては高性能化ができます．

ロー・パワーOPアンプの使いこなし

低消費電力OPアンプを見つけて，これでOK…かというと，そうではありません．通常のOPアンプ回路集のフィルタなどをそのままOPアンプの名前だけ書き換えても，低電力動作はできません．

その理由は，インピーダンスにあります．

● 1 MΩ以下の抵抗なんか低すぎて使えない

低消費電力OPアンプは，負荷の駆動能力が低く，低インピーダンス負荷には対応できません．それに，低インピーダンスは多くの電力を必要とし，負荷の電力はOPアンプ自体を通して電源から供給されるわけですから，結局，消費電力が増えます．

必然的に，低消費電力化には高インピーダンス設計が要求されます．また，OPアンプ回路には必須の帰還回路も，負荷の一部になりますから，周りのインピ

Column 1

に大きいハムを除去できますが，完全には消えません．しかし，微弱な信号をCPUに取り込むとき，A-Dコンバータの飽和を防ぐ働きがあります．

● 小型電池の充放電管理

小容量の電池やスーパー・キャパシタなどの充放電電流の管理に，ハイサイド(通常はプラス端子側)の抵抗で検出するケースがあります．

充電電圧が10 V以下ならCMOSのレール・ツー・レールOPアンプが使えますが，20 Vを超えると難しいです．ここにハイ・インピーダンスの差動アンプを使えば［図A(c)］，広範囲の電位にある信号をそのまま(ゲイン1倍)グラウンド電位に移動できます．

ハイ・インピーダンスにすることで，電流測定のための電池の消費電流も低く抑えられます．たとえば，差動回路の抵抗値を100 MΩにした場合，29 Vの電池では消費電流がたったの290 nAです．

〈中野 正次〉

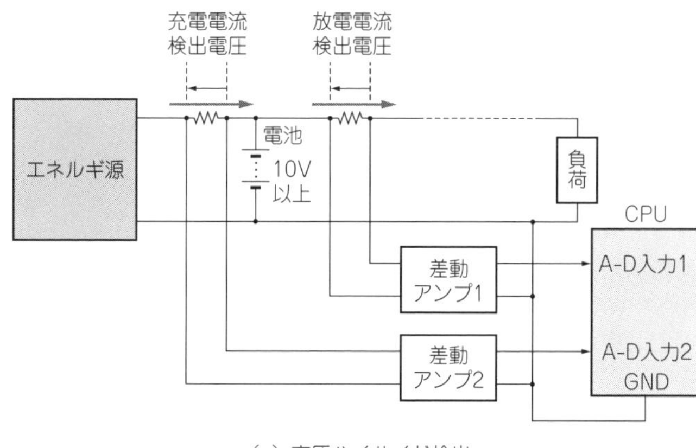

(c) 高圧ハイサイド検出

ーダンスをすべて高く設定しないと低消費電力化は実現しないのです．

では，たとえば100 kΩは高インピーダンスと言えるでしょうか？

OPアンプ自体の消費電流が1 μA以下となると，負荷抵抗に1 MΩは使えません．その理由は，1 MΩに1 Vが加わると1 μAが流れるからです．合計の消費電流が2倍に激増するのです．5 Vのシステムでは6倍にもなり得るわけです．

これでは低電力化は望めません．普通に考えると1 MΩでも十分高抵抗ですが，それが低すぎることになってしまうのが低電力システムです．常識は捨てなければなりません．

● ハム・ノイズや寄生容量と戦う

このようにインピーダンスが高い回路では，実装時に部品間，配線間，プリント・パターン間などのわずかな静電容量が動作に影響します．また，コラムにあるように，ハム・ノイズを非常に拾いやすくなります．この結果，回路設計や実装法はハムとの戦い(ハムを混入させない)にならざるを得ないのです．

ハム・ノイズ対策

■ センサが出力する信号の周波数によって対策を変える

● 20～200 Hzはあきらめるか，ハムをフィルタで落とす

扱う信号(以降，センサ出力信号)の周波数によって，ハムの除去に適した方法が異なります．また，ハムを避ける都合上，20～200 Hz(50/60 Hzの高調波も考慮)を信号として使うのは難しくなります．

● センサの出力信号が直流を含む広帯域のとき

どうしても必要であれば，A-D変換後のディジタル処理で補正します．

この場合でも，A-D変換前にアナログ信号が飽和してしまっては，ディジタルで回復することはできません．大きすぎるハムなどに対しては，OPアンプを飽和させないよう，何らかのフィルタで除去します．

これに適しているのがノッチ・フィルタです．ノッチ回路には，OPアンプを利用したものと，抵抗とコンデンサ(*CR*)で構成したものがあります．ノッチ・フィルタ自体が飽和してしまっては元も子もないので，*CR*のみのほうが有利です．しかも，*CR*のみなら電源電流を消費しません．

ただし，*CR*のみで構成したノッチ・フィルタは，

0.001 pFが無視できないロー・パワー・アンプの世界　Column 2

ハム・ノイズが出まくる…100 MΩと50 Hzを遠ざけるのは至難

回路を低電力化するには，高インピーダンスにならざるを得ません．本章の回路にも高抵抗100 MΩを使用しています．この100 MΩにどれだけハムが混入するかを考えます．

仮に**図B**のように，AC100 V(50 Hz)が0.3 pFの静電容量を通して結合すると，1 Vが混入することになります．1 Vは実効値ですから2.83 V_{P-P}であり，CPUなどが3 Vで動いているシステムではフルスケールに相当します．これではハムに測定したい信号がうずもれてしまい，計測システムは成立しません．

結合*C*を0.01 pFと微小な値にしても約0.1 V_{P-P}が混入し，無視できません．高インピーダンス回路では，0.001 pFでも無視できません．高周波回路ではないのですが，このあたりの『感覚の切り替え』が必要です．

ちなみに，シールド・ケースに調整ドライバ用の穴を開けると，そこがハムの侵入経路になり，ドライバ自体も(絶縁ドライバでも！)浮遊容量を増やします．絶縁物の誘電率は高いのです．〈**中野 正次**〉

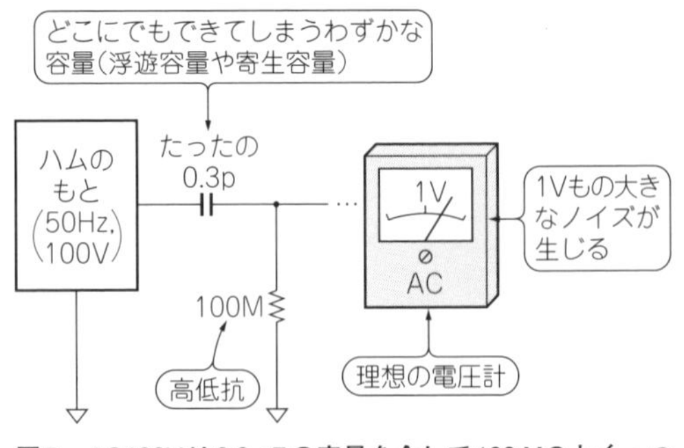

図B　AC100Vは0.3 pFの容量を介して100 MΩとくっつくと3 V_{P-P}もの巨大なノイズになって現れる
高インピーダンスな低消費電力回路では感覚の切り替えが必要

広範囲に減衰します．たとえば，－3 dBの減衰幅が，ざっと中心周波数の1/3～3倍程度です．目的のセンサ出力の周波数も減衰するならば，ディジタル処理での補正は不可欠です．

● センサの出力信号が直流値のとき

常時動作のローパス・フィルタ(以降，LPF)で電源周波数の成分を80 dB以上減衰させておけば，1回のA-D変換でデータ採取ができます．LPFなら50 Hzだけでなく，高調波やその他の交流ノイズも低減できて好都合です．

LPFは，遮断周波数を2.7 Hz(－3 dB)とした場合，3次構成で80 dB以上の減衰が得られます．遮断周波数を下げれば，さらに電源周波数の減衰量を増やせます．

ただし，LPFは容量の大きなコンデンサを使うため，電源を入れてから出力が安定するまで時間がかかります．そのため，電源をON/OFFさせる使い方では安定になる時間に留意して利用します．

50 Hz用のLPFは，60 Hzでもそのまま使用可能です．

● センサ出力信号が500 Hz以上のとき

ハイパス・フィルタ(以降，HPF)で電源周波数成分を40 dB程度減衰させておけば，A-D変換回路はハムによって飽和しなくなります．飽和しなければ，センサ出力信号は干渉されないので，A-D変換後の処理(ディジタル・フィルタ)で不要成分を取り除けます．

ハイパス・フィルタ(HPF)では50 Hzの高調波は大きく減衰しないので，CPUに取り込んだ後ディジタル・フィルタで取り除きます．フィルタの性能を高くするには，多くのデータ(サンプル数)が必要で，アナログ回路，CPUとも動作時間が長くなります．

HPFの出力は，使用しているコンデンサの容量が小さいので，電源をONにした後すぐに安定します．高い周波数だけが処理の対象なので，データを取り込む時間が短くて済みます．したがって，データを取り込む間隔が長ければ，プリアンプの稼働率が下がり，低消費電力ではないOPアンプを使っても許容電力内に収まる場合があります．

高域特性を伸ばしたい場合は，超低消費型OPアンプ以外の選択肢もありなのです．

■ ハム・ノイズが除去できる回路

● 遮断周波数1 HzのLPF(センサ出力が直流のとき)

温度のようなほぼ直流の信号を扱うときは，カットオフ周波数の低いLPFを使うのがベストです．

低周波のLPFでは，使用OPアンプのゲイン帯域幅が伸びていないなどの影響はわずかです．また，ゲイ

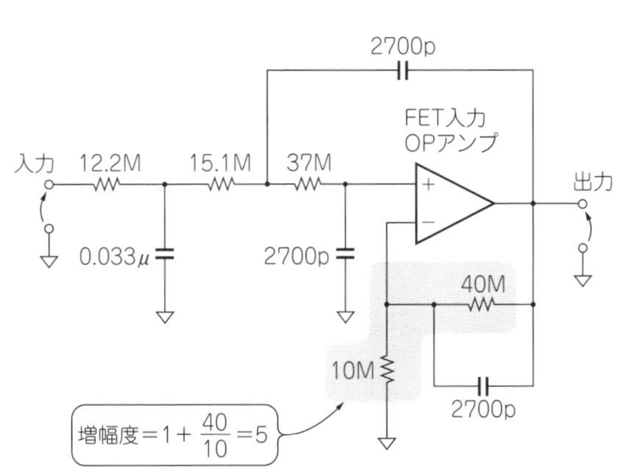

図4　出力信号がほぼ直流(0 Hz)の温度センサなどとの組み合わせにちょうどいい遮断周波数1 Hzのハム・ノイズ対策用ローパス・フィルタ
ゲイン5.0倍，シミュレーションで動作確認した．1 Hz以下を通す3次フィルタで，ハム・ノイズとなる50 Hzを108 dB以上落とすことができる

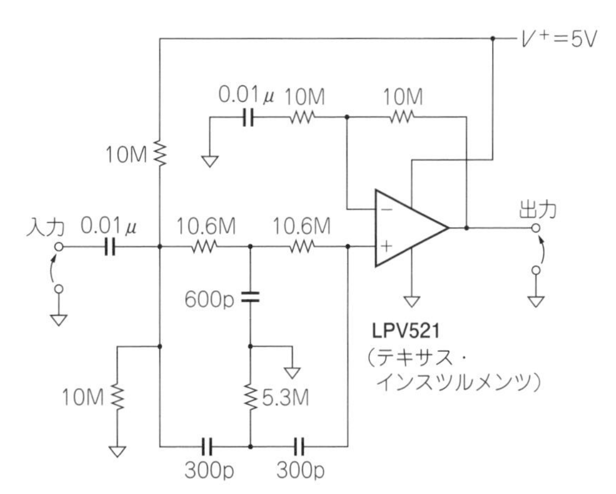

図5　センサの出力信号がハム成分(50 Hzなど)とかぶる20～200 Hzを含むときに使えるノッチ・フィルタ
周波数上限は使用OPアンプで決まる．ノッチの減衰量は理論上は無限大だが，高抵抗やコンデンサの精度に限りがあり，現実にはそれほど減衰してくれない

表2　出力信号がほぼ直流(0 Hz)の温度センサなどとの組み合わせにちょうどいい遮断周波数1 Hzのハム・ノイズ対策用ローパス・フィルタ(図4)のゲイン-周波数特性(シミュレーション，直流で0 dB)

周波数［Hz］	0.43	0.81	0.95	0.99	1	1.08	3	5	10	50	100	150
減衰量［dB］	0.41	－0.36	0.49	1	1.22	3	33.3	47.2	65.7	108.1	126.2	136.7

ンを上げることもできます．**図4**は直流ゲインが5倍のLPFアンプの例です．減衰特性のシミュレーション結果は**表2**のようになりました．

このように，50 Hzを108 dB減衰させることができます．ただし，実装上は浮遊容量や共通インピーダンスに注意しないと計算どおりの特性は得られません．

● 50 Hzノッチ・フィルタ（センサ出力が数百Hzのとき）

数十～数百Hzの信号を扱う場合は，プリアンプに50 Hz/60 Hzのハム・ノイズだけを除去するノッチ・フィルタを使うのが現実的です．

図5は，LPV521のデータ[1]に出ている2電源60 Hzのノッチ・フィルタ回路を，単電源50 Hzに設計変更したものです．単電源動作にしたので，動作点を直流入力と無関係にし，交流アンプに変更しています．

▶ノッチ・フィルタを使うときはハム・ノイズが残留したり平坦でない周波数特性になったりすることを覚悟する

図中の*CR*値では，計算上50.049 Hzが最大減衰になるはずですが，実際には**写真1**および**表3**のように，51.85 Hzになっています．これは，高抵抗に高精度のものがなく，コンデンサも小容量なので，浮遊容量の影響が強いためです．配線パターンも大きく影響します．

おかげで，50 Hzは40 dB程度しか落ちていません．*CR*の値を調整して合わせることも理論上は可能ですが，高抵抗は安定度も低いので，今日調整しても明日はずれてしまいます．

この種のフィルタは広範囲に減衰するので，フラットな部分はありません．高域で減衰しているのはフィルタの特性ではなく，OPアンプの特性です．ノッチ・フィルタやHPFはOPアンプの特性が大きく影響するのです．交流アンプにしたので，直流も落ちています．

▶現実的な対策

上記の問題はCPUに取り込んだ後ディジタル・フィルタで対策します．しかし，アナログ信号を常時監視し続けるような用途では，すべてアナログのみで処理しきる必要性もあるでしょう．そのような場合は，アナログ・フィルタを重ねるしかありません．

アナログ回路が増えても，各段の消費電流が十分小さければ，全体としても許容範囲に収まってくれます．

▶60 Hz用の素子値

図5の*CR*値は50 Hz用になっていますが，次のように変更すれば60 Hz用になります．

10.6 MΩ→9.8 MΩ，5.3 MΩ→4.9 MΩ，
300 pF→270 pF，600 pF→540 pF

● 遮断周波数1 kHzのHPF（センサ出力が500 Hz以上のとき）

500 Hz程度より上の信号を扱う場合，ハムの除去

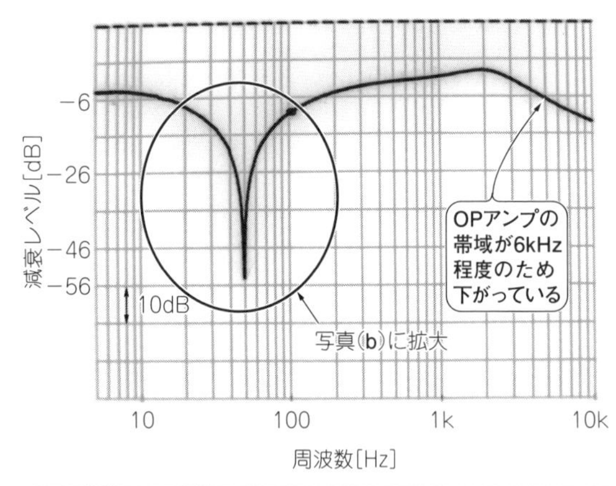

49.92 Hzに−64.24 dBのノッチがあるように見えている．ゲインの平坦部分はない．1.92 kHzのピーク（約7 dB）はOPアンプの特性による

(a) 表示範囲5 Hz～10 kHz

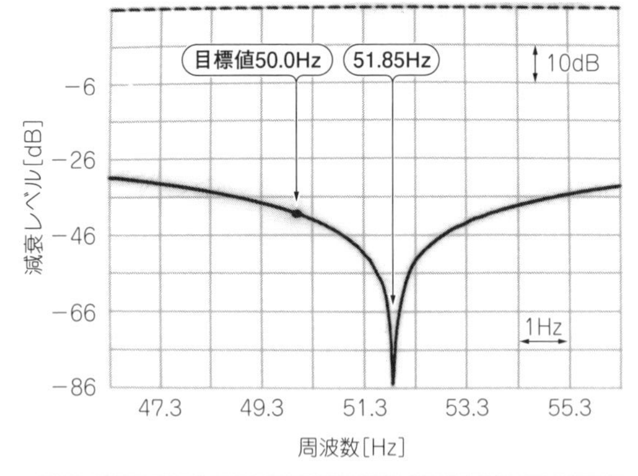

ノッチは51.85 Hzで−84.97 dB（1.26 kHzに対して）と悪くはないが，50 Hzでは−40.31 dBとそこそこの値．ノッチ中心±0.1 Hzでは60 dB以上が得られている

(b) 表示範囲51.3±5 Hz

写真1　センサの出力信号がハム成分（50 Hzなど）とかぶる20～200 Hzを含むときに使えるノッチ・フィルタのゲイン-周波数特性（実測）

表3　写真1の測定時に読み取った値

周波数［Hz］	20	50	51.75	51.85	51.95	100	1.262 k	1.922 k
減衰量［dB］	8.2	40.3	64.18	84.97	66.55	10.5	0	−1.03

にはノッチ・フィルタを使うのではなく，低域をまるごと除去するHPFを使います．ノッチではハムの高調波(100，150，200 Hz…)には大きな効果がありません．この点でまとめて除去できるHPFが有利です．

図6はLPV521とMAX406で構成した回路です．単電源動作です．LPV521の動作特性は**写真2**，MAX406の動作特性は**写真3**のようになりました．

どちらも50 Hz以下では十分減衰し，200 Hzでも35 dBが得られています．100 Hzが10.5 dBしか減衰しないノッチと比較して，ハム・ノイズの高調波にも有効です．ただし，400 Hz以下はセンサ出力信号として使えません．

▶OPアンプの特性が効く

両OPアンプでの特性は，減衰域では大差ありません．しかし，3 kHzを超えるとLPV521では下がり始めるのに対して，MAX406では8 kHz程度まで下がりません．この差がOPアンプ自体の特性の違いです(**表1**)．その分，MAX406の消費電流は大きくなっています．

▶スルー・レートに注意

写真2，**写真3**はそれぞれ同じ回路を20 dB差の信号レベルで測定しています．その結果，高レベルのほうが高域で下がっています．これはスルー・レートの限界によって制限されたものです．これは，高域では大きな信号を扱えないことを意味しています．

スルー・レートの限界は，すべてのOPアンプに存在しますが，特に低消費電力OPアンプでは限界の周波数が低いです．

◆参考文献◆

(1) テキサス・インスツルメンツ；LPV521 Nanopower,1.8V, RRIO,CMOS Input,Operational Amplifier.

(2) マキシム・インテグレーテッド・プロダクツ；1.2 μA Max, Single/Dual/Quad, Single - Supply Op Amps, MAX406/MAX407/MAX409/MAX417 - MAX419.

(初出：「トランジスタ技術」2015年2月号)

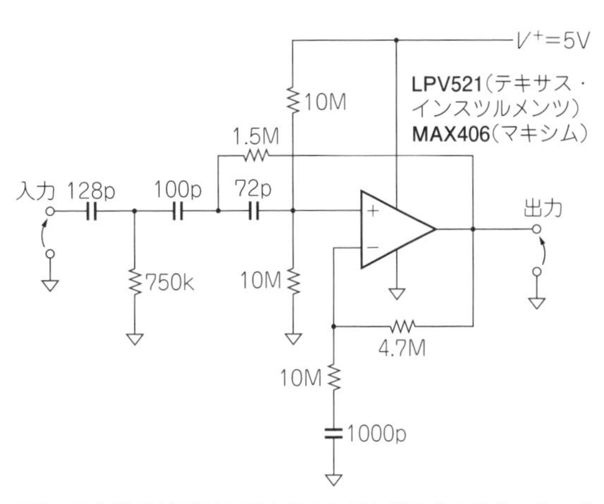

図6 出力信号が500 Hz以上のセンサと組み合わせるハム・ノイズ対策用ハイパス・フィルタ
周波数上限は使用OPアンプで決まる

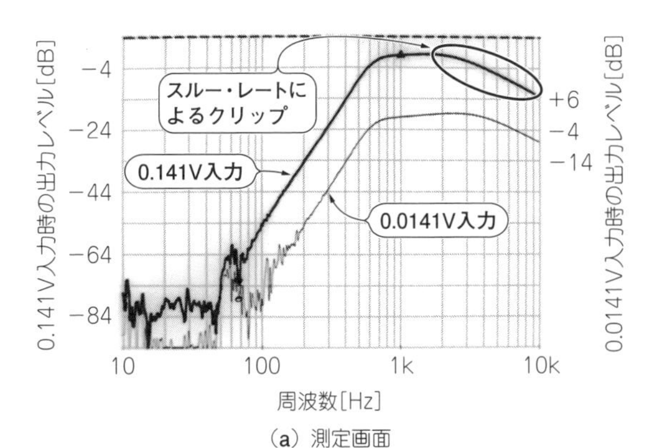

(a) 測定画面

周波数 [Hz]	30	50	100	150	200	726	1 k	2.39 k	4.08 k
減衰量 [dB]	81	77	55	43	35	1	0	− 1.3	0

(b) フィルタ減衰量(1 kHzに対して)

写真2 LPV521で構成したハム・ノイズ対策用ハイパス・フィルタの周波数特性(実測)
出力信号が500 Hz以上のセンサと組み合わせる

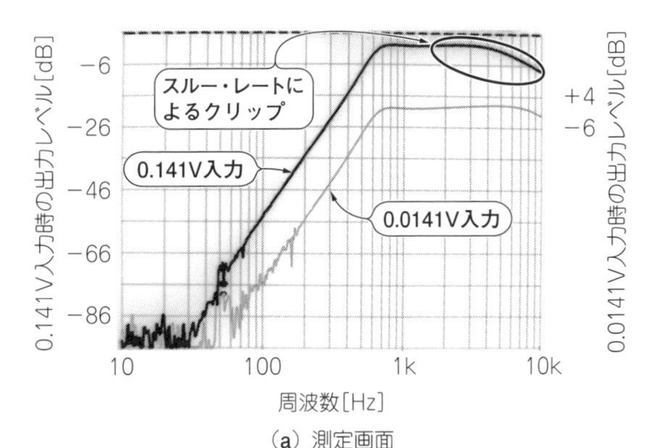

(a) 測定画面

周波数 [Hz]	30	50	100	150	200	666	1 k
減衰量 [dB]	103	76	54	43	35	1	0

(b) フィルタ減衰量(1 kHzに対して)

写真3 MAX406で構成したハム・ノイズ対策用ハイパス・フィルタの周波数特性(実測)
出力信号が500 Hz以上のセンサと組み合わせる

Appendix 3

OPアンプ/コンパレータ/基準電圧IC/マイコン…部品選びでとことん切り詰める！

消費電流1 μA以下！ ロー・パワーICセレクション

● OPアンプ…使用する周波数帯域を考えて選ぶ

表1に示すのは，消費電流1 μA以下で動作するOPアンプです．回路数が1，2，4のタイプがあります．

注意が必要なのは周波数特性です．消費電流1 μA以下のOPアンプはゲイン帯域幅積が10 kHz程度です．ゲインに関しては1 Hz程度までしか理想OPアンプとして使えないので，直流信号処理用として使いこなす必要があります．この点ではOPA349，OPA2349(テキサス・インスツルメンツ)が70 kHzと抜きんでています．

表1　消費電流1 μA以下で動作するOPアンプ

回路数	型　名	メーカ名	消費電流* [μA]	スルー・レート [V/μs]	ゲイン帯域幅積 [kHz]	入力バイアス電流 [pA]	入力オフセット電圧 [μV]	電源電圧 [V]
1	NJU77000/1	新日本無線	0.29	0.0008	1.1	1.0	350	1.5～5.5
	ISL28194	ルネサス エレクトロニクス	0.33	0.0012	3.5	15	100	1.8～5.5
	BU7411	ローム	0.35	0.0024	4.0	1.0	1000	1.6～5.5
	BU7265		0.35	0.0024	4.0	1.0	1000	1.8～5.5
	BU7205		0.40	0.0025	2.5	1.0	1000	1.8～5.5
	MCP6441	マイクロチップ・テクノロジー	0.45	0.0030	9.0	1.0	4500(最大)	1.4～6.0
	LPV521	テキサス・インスツルメンツ	0.48	0.0024	6.2	0.04	100	1.6～5.5
	MCP6141/3	マイクロチップ・テクノロジー	0.60	0.0240	100(G>10)	1.0	3000(最大)	1.4～6.0
	MCP6041/3	マイクロチップ・テクノロジー	0.60	0.0030	14.0	1.0	3000(最大)	1.4～6.0
	OA1NP	STマイクロエレクトロニクス	0.65	0.0030	8.0	1.0	100	1.5～5.5
	TSU101		0.65	0.0030	8.0	1.0	100	1.5～5.5
	AD8500	アナログ・デバイセズ	0.75	0.0040	7.0	1.0	235	1.8～5.5
	MAX4470	マキシム・インテグレーテッド	0.75	0.0020	9.0	200	500	1.8～5.5
	MAX4464		0.75	0.0200	40(G>5)	200	500	1.8～5.5
	OPA369	テキサス・インスツルメンツ	0.70	0.0050	12.0	10	250	1.8～5.5
	TLV2401		0.88	0.0025	5.5	100	390	2.5～16
	MCP6031/3	マイクロチップ・テクノロジー	0.90	0.0040	10.0	1.0	150(最大)	1.8～5.5
	MAX4036	マキシム・インテグレーテッド	0.90	0.0040	4.0	1.0	200	1.4～3.6
	LT6003	アナログ・デバイセズ	1.00	0.0008	2.0	5.0	185	0.6～16
	MAX406	マキシム・インテグレーテッド	1.00	0.0050	8.0	0.5	750	2.5～10
	MAX409		1.00	0.0050	150(G>10)	0.5	750	2.5～10
	OPA349	テキサス・インスツルメンツ	1.00	0.0200	70.0	0.5	2000	1.8～5.5
	TLV2241		1.00	0.0020	5.5	100	600	2.5～12
	LT1494	アナログ・デバイセズ	1.00	0.0010	2.7	250	150	2.1～36
2	NJU77002	新日本無線	0.29	0.0008	1.0	1.0	350	1.5～5.5
	BU7266	ローム	0.35	0.0024	4.0	1.0	1000	1.8～5.5
	MCP6442	マイクロチップ・テクノロジー	0.45	0.0030	9.0	1.0	4500(最大)	1.4～6.0
	MCP6042		0.60	0.0030	14.0	1.0	3000(最大)	1.4～6.0
	MCP6142		0.60	0.0240	100(G>10)	1.0	3000(最大)	1.4～6.0
	OA2NP	STマイクロエレクトロニクス	0.65	0.0030	8.0	1.0	100	1.5～5.5
	TSU102		0.65	0.0030	8.0	1.0	100	1.5～5.5
	OPA2369	テキサス・インスツルメンツ	0.70	0.0050	12.0	10	250	1.8～5.5
	AD8502	アナログ・デバイセズ	0.75	0.0040	7.0	1.0	500	1.8～5.5
	MAX4471	マキシム・インテグレーテッド	0.75	0.0020	9.0	200	500	1.8～5.5
	MAX4474		0.75	0.0200	40(G>5)	200	500	1.8～5.5
	TLV2402	テキサス・インスツルメンツ	0.88	0.0025	5.5	100	390	2.5～16
	MCP6032	マイクロチップ・テクノロジー	0.90	0.0040	10.0	1.0	150(最大)	1.8～5.5
	LT6004	アナログ・デバイセズ	1.00	0.0008	2.0	5.0	185	0.6～16
	MAX407	マキシム・インテグレーテッド	1.00	0.0050	8.0	0.1	1000	2.5～10
	MAX417		1.00	0.0800	150(G>10)	0.1	1000	2.5～10
	OPA2349	テキサス・インスツルメンツ	1.00	0.0200	70.0	0.5	2000	1.8～5.5
	TLV2242		1.00	0.0020	5.5	100	600	2.5～12
	LT1495	アナログ・デバイセズ	1.00	0.0010	2.7	250	150	2.1～36
4	NJU77004	新日本無線	0.29	0.0008	1.0	1.0	350	1.5～5.5
	MCP6444	マイクロチップ・テクノロジー	0.45	0.0030	9.0	1.0	4500(最大)	1.4～6
	MCP6144		0.60	0.0240	100(G>10)	1.0	3000(最大)	1.4～6
	MCP6044		0.60	0.0030	14.0	1.0	3000(最大)	1.4～6

＊：1回路あたりの値

● コンパレータ…低消費電力をとことん追求するならプッシュプル出力タイプ

表2に示すのは，消費電流1 μA以下で動作するコンパレータです．1，2，4タイプのほか，基準電圧を内蔵したタイプもあります．伝搬遅延時間は，入力レベルによる違いがあるので参考値です．

出力は，プッシュプルとオープン・ドレインがあります．出力側の電源が2 Vのとき，オープン・ドレイン・タイプを使うと，100 kΩでプルアップしても20 μAを消費します．低消費電力を追求するときは，プ

表1　消費電流1 μA以下で動作するOPアンプ(つづき)

回路数	型　名	メーカ名	消費電流* [μA]	スルー・レート [V/μs]	ゲイン帯域幅積 [kHz]	入力バイアス電流 [pA]	入力オフセット電圧 [μV]	電源電圧 [V]
4	OA4NP	STマイクロエレクトロニクス	0.65	0.0030	8.0	1.0	100	1.5～5.5
	TSU104		0.65	0.0030	8.0	1.0	100	1.5～5.5
	MAX4472	マキシム・インテグレーテッド	0.75	0.0020	9.0	200	500	1.8～5.5
	AD8504	アナログ・デバイセズ	0.75	0.0040	7.0	1.0	500	1.8～5.5
	TLV2404	テキサス・インスツルメンツ	0.88	0.0025	5.5	100	390	2.5～16
	LT6005	アナログ・デバイセズ	1.00	0.0008	2.0	5.0	185	0.6～16
	MCP6034	マイクロチップ・テクノロジー	0.90	0.0040	10.0	1.0	150(最大)	1.8～5.5
	TLV2244	テキサス・インスツルメンツ	1.00	0.0020	5.5	100	600	2.5～12
	MAX418	マキシム・インテグレーテッド	1.00	0.0050	8.0	0.1	1000	2.5～10
	MAX419		1.00	0.0800	150(G>10)	0.1	1000	2.5～10
	LT1496	アナログ・デバイセズ	1.00	0.0010	2.7	250	150	2.1～36

表2　消費電流1 μA以下で動作するコンパレータ

回路数	型　名	メーカ名	消費電流* [μA]	出力タイプ	最大入力オフセット電圧 [mV]	最大入力バイアス電流 [nA]	伝搬遅延 [μs]	電源電圧 [V]
1	TLV3691	テキサス・インスツルメンツ	0.15	プッシュプル	15.0	0.1	35	0.9～6.5
	TS881	STマイクロエレクトロニクス	0.45	プッシュプル	6.0	0.01	16	0.85～5.5
	ISL28915	ルネサス エレクトロニクス	0.60	プッシュプル	2.0	0.03	150	1.8～5.5
	TLV3401	テキサス・インスツルメンツ	0.64	オープン・ドレイン	3.6	0.25	70	2.7～16.0
	MAX9119	マキシム・インテグレーテッド	0.80	プッシュプル	5.0	1	40	1.6～5.5
	MAX9120		0.80	オープン・ドレイン	5.0	1	45	1.6～5.5
	LPV7215	テキサス・インスツルメンツ	0.98	プッシュプル	6.0	0	30	1.8～5.5
	MCP6541/3	マイクロチップ・テクノロジー	1.00	プッシュプル	7.0	0.001(標準)	8	1.6～5.5
	MCP6546/8		1.00	オープン・ドレイン	7.0	0.001(標準)	8	1.6～5.5
	LMC7215	テキサス・インスツルメンツ	1.00	プッシュプル	6.0	5×10^{-6}(標準)	24	2.0～8.0
	LMC7225		1.00	オープン・ドレイン	6.0	5×10^{-6}(標準)	29	2.0～8.0
	TLV3701		1.00	プッシュプル	5.0	0.25	36	2.7～16.0
1(基準電圧内蔵)	MAX9060/1	マキシム・インテグレーテッド	0.10	オープン・ドレイン	6.0	100	25	1.0～5.5
	LTC1540	アナログ・デバイセズ	0.68	プッシュプル	12.0	1	60	2.0～11.0
	MAX9062/3	マキシム・インテグレーテッド	0.70	オープン・ドレイン	6.0	40	25	1.0～5.5
	MAX9064		0.70	プッシュプル	6.0	40	25	1.0～5.5
	MAX917		0.8(標準)	プッシュプル	5.0	1	30	1.8～5.5
	MAX918		0.8(標準)	オープン・ドレイン	5.0	1	35	1.8～5.5
	MAX9117		1.0(電源1.6V)	プッシュプル	5.0	1	40	1.6～5.5
	MAX9118		1.0(電源1.6V)	オープン・ドレイン	5.0	1	45	1.6～5.5
2	TS882	STマイクロエレクトロニクス	0.45	プッシュプル	6.0	0.01	16	0.85～5.5
	NCS3402	オン・セミコンダクター	0.64	オープン・ドレイン	3.6	0.25	220	2.5～16.0
	TLV3402	テキサス・インスツルメンツ	0.64	オープン・ドレイン	3.6	0.25	70	2.7～16.0
	MCP6542	マイクロチップ・テクノロジー	1.00	プッシュプル	7.0	0.001(標準)	8	1.6～5.5
	MCP6547		1.00	オープン・ドレイン	7.0	0.001(標準)	8	1.6～5.5
	MAX44269	マキシム・インテグレーテッド	1.00	オープン・ドレイン	5.0	0.15(標準)	35	1.8～5.5
	TLV3702	テキサス・インスツルメンツ	1.00	プッシュプル	5.0	0.25	36	2.7～16.0
4	TS884	STマイクロエレクトロニクス	0.45	プッシュプル	6.0	0.01	16	0.85～5.5
	TLV3404	テキサス・インスツルメンツ	0.64	オープン・ドレイン	3.6	0.25	70	2.7～16.0
	MCP6544	マイクロチップ・テクノロジー	1.00	プッシュプル	7.0	0.001(標準)	8	1.6～5.5
	MCP6549		1.00	オープン・ドレイン	7.0	0.001(標準)	8	1.6～5.5
	TLV3704	テキサス・インスツルメンツ	1.00	プッシュプル	5.0	0.25	36	2.7～16.0

＊：1回路あたりの値

(a) 回路数が1～4のコンパレータ

機能	型　名	メーカ名	消費電流 [μA]	出力タイプ	検出電圧 [V]	伝搬遅延 [μs]	電源電圧 [V]
電源電圧検出	MAX9060/1	マキシム・インテグレーテッド	0.10	オープン・ドレイン	電源電圧が検出電圧となる	25	1.0～5.5
	XC6126シリーズ	トレックス・セミコンダクター	0.80	プッシュプル，オープン・ドレイン両タイプ	1.5～5.5(0.1 Vステップ)	25	0.7～6.0

(b) バッテリ充電量モニタに使える(電源電圧判定用)

ッシュプルを選択します．**表2(b)**に示すのは電源電圧判定用のコンパレータです．バッテリ充電量モニタ回路に使えます．

● 基準電圧IC…A-Dコンバータのリファレンスに

表3に示すのは，消費電流1 μA以下で動作するシャント型とシリーズ型の基準電圧ICです．間欠動作させたA-Dコンバータと組み合わせると，精度を落とさずに低消費電力でA-D値を取得できます．

● マイコン…消費電流は処理内容により変動する

表4に示すのは，間欠動作を行ったときの待機電流が数μA以下と思われるマイコンの一例です．最近のマイコンには，A-Dコンバータ，液晶ドライブ回路，USBインターフェースなどが内蔵されています．これらのI/O状態，メモリ量，動作電圧によっても待機電流と動作電流は変化するので，**表4**の値は目安として見ていただければと思います．

ロー・パワー・マイコンを使うときは，動作電流も重要です．**表4**に示した動作電流は，クロック周波数1 MHzあたりの消費電流です．命令によって必要なクロック数が異なるため，処理内容により大きく変動します．

マイコンを間欠動作ではなく外部入力で起動させると，内部クロックを止めることができるため，さらに数分の1から1桁ほど待機電流を小さくできます．フラッシュ・メモリを搭載したマイコンの場合は，RAM上にプログラムを置くと動作電流をさらに小さくできる可能性があります．

▶MSP430シリーズ(テキサス・インスツルメンツ)

電源電圧0.9 Vで動作するMSP430L09 x，間欠動作時の待機電流が0.3 μAと低いMSP430F2 xx，FRAMを搭載したMSP430FR5 xxxなど，ロー・パワー・マイコンがそろっています．データシートによるとFRAMが待機から復帰するまでの時間は，フラッシュ・メモリより数十μsほど長いようです．

表3　消費電流1 μA以下で動作する基準電源IC

型　名	メーカ名	消費電流 [μA]	基準電圧 [V]	初期精度 [mV]	温度係数 [ppm/℃]
MAX6006 *2	マキシム・インテグレーテッド	1.0	1.250	2.5	30
REF1112	テキサス・インスツルメンツ	1.0	1.250	2.5	30
MAX6007 *2	マキシム・インテグレーテッド	1.0	2.048	4.1	30
MAX6008 *2	マキシム・インテグレーテッド	1.0	2.500	5.0	30
MAX6009 *2	マキシム・インテグレーテッド	1.0	3.000	6.0	30
ZXRE330 *2	Diodes Incorporated	1.0	3.300	16.5	150
LT1389 *1	アナログ・デバイセズ	1.0	5.000	2.5	10

(a) シャント型

＊1：基準電圧，初期精度，温度係数が異なるタイプもある
＊2：初期精度，温度係数が異なるタイプもある

型　名	メーカ名	消費電流 [μA]	基準電圧 [V]	初期精度 [mV]	温度係数 [ppm/℃]	電源電圧 [V]
ISL60002 *1	ルネサス エレクトロニクス	0.35	2.048	± 1.0	20	2.7～5.5
X60003 *1	ルネサス エレクトロニクス	0.50	4.096	± 1.0	10	4.5～9.0
X60008 *2	ルネサス エレクトロニクス	0.50	5.000	± 0.5	20	4.5～9.0

(b) シリーズ型

＊1：基準電圧，初期精度，温度係数が異なるタイプもある
＊2：初期精度，温度係数が異なるタイプもある

ロー・パワーICの落とし穴　Column 1

回路の消費電流を下げるには，ロー・パワーICを使うのが効果的です．ただし，データシートに記載された消費電流は，入力電圧が規定範囲内のときの値なので注意が必要です．

図Aに示すのは，3端子レギュレータTPS780シリーズ(テキサス・インスツルメンツ．無負荷のときの消費電流は0.5 μA)の，出力が2.2 Vのときの入力電圧と消費電流です．入力が2.0 Vのとき，消費電流が5 μA程度まで増加しています．増加した消費電流の絶対値が低ければ回路全体への影響も少ないですが，注意が必要です．　〈野田 龍三〉

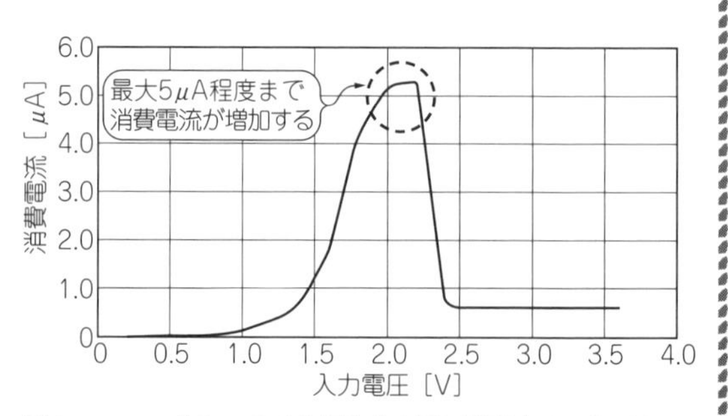

図A　ロー・パワーICでも電流を大量に消費することがある
TPS780シリーズ(テキサス・インスツルメンツ)を例に示す

▶ML610400シリーズ(ラピスセミコンダクタ)

電源電圧の最小値が1.1 Vと他のマイコンより低いのが特徴です．単3電池1本で動かせそうです．液晶ドライブ回路を内蔵しているので，腕時計，歩数計など液晶表示機能の付いた小型携帯機器に向いています．

▶RL78シリーズ(ルネサス エレクトロニクス)

RL78/G13，G14，L13，I1Bは電源電圧が1.6～5.5 Vと他社より広めなのが特徴です．

▶PIC16シリーズ(マイクロチップ・テクノロジー)

動作電流が25 μA/MHzと他社より低い値になっています．ただし，8ビットなので処理時間が長くなる可能性があります．動作電流が他のマイコンより小さくならないかもしれません．

▶EFM32シリーズ(シリコン・ラボラトリーズ)

32ビットでありながら，間欠動作時の待機電流は1 μA前後で，動作電流も16ビット・マイコンに見劣りしません．Giant Geckoに内蔵された大容量のフラッシュ・メモリ(1024 Kバイト)を生かして演算処理をテーブル化すると，プログラムの実行時間を劇的に短くできます．他のマイコンより平均消費電流を小さくできそうです．

〈野田 龍三〉

(初出：「トランジスタ技術」2015年2月号)

表4　待機電流が数μA以下と思われるマイコンの一例
第4～5章に関連記事あり

メーカ名	シリーズ名	電源電圧 [V]	待機電流 [μA]	動作電流 [μA/MHz]	ビット幅 [ビット]	最大クロック周波数[MHz]	フラッシュ・メモリ [Kバイト]	SRAM [Kバイト]
テキサス・インスツルメンツ	MSP430L092	0.9～1.65	3.0	45	16	4	－	0.13～2
	MSP430FR572x	2.0～3.6	6.3	125	16	8～24	4～16	0.5～1
	MSP430FR573x	2.0～3.6	6.3	92	16	8～24	4～16	0.5～1
	MSP430FR58xx	1.8～3.6	0.4	100	16	8～16	32～64	1～2
	MSP430FR59xx	1.8～3.6	0.4	100	16	8～16	32～64	1～2
	MSP430FR69xx	1.8～3.6	0.4	100	16	8～16	32～64	1～2
	MSP430G2xx	1.8～3.6	0.5～0.7	220～250	16	16	0.5～56	0.13～4
	MSP430F1xx	1.8～3.6	0.7～1.6	160～330	16	8	1～60	0.13～10
	MSP430AFE2xx	1.8～3.6	0.5	220	16	12	4～16	0.25～0.5
	MSP430F2xx	1.8～3.6	0.3～0.7	220～365	16	16	1～120	0.13～8
	MSP430F4xx	1.8～3.6	0.7～1.3	200～400	16	8～16	4～120	0.25～8
	MSP430F5xx	1.8～3.6	1.1～2.6	224～404	16	20～25	8～512	1～66
	MSP430F6xx	1.8～3.6	2.2～2.9	330～370	16	20～25	16～512	1～66
	MSP430F67x	1.8～3.6	1.7～2.9	320～360	16	25	16～512	1～66
ラピスセミコンダクタ	ML6104xx	1.1～3.6	0.5～	200	8	4.2	8～128	0.19～7
	ML6205xx	1.8～5.5	0.45	～250	16	16	32～128	2～12
ルネサス エレクトロニクス	RL78/G13	1.6～5.5	0.57	66	16	32	16～512	2～32
	RL78/G14	1.6～5.5	0.6	66	16	32	32K～256	4～24
	RL78/G1A	1.6～3.6	0.6	66	16	32	16～64	2～4
	RL78/G1C	2.4～5.5	0.57	71	16	24	32	2
	RL78/I1B	1.9～5.5	0.61	66	16	24	64～128	6～8
	RL78/L13	1.6～5.5	0.68	113	16	24	16～128	1～8
	RL78/L1C	1.6～3.6	0.68	113	16	24	64～256	8～16
マイクロチップ・テクノロジー	PIC16LF1503	1.8～3.6	0.6	25	8	16	3.5	0.13
	PIC16F1503	2.3～5.5	0.8	40				
	PIC16LF1823	1.8～3.6	0.6	50	8	32	3.5	0.13
	PIC16F1823	2.3～5.5	0.8	81				
	PIC16LF1827	1.8～3.6	0.6	75	8	32	3.5～14	0.38
	PIC16F1827	2.3～5.5	0.8	100				
	PIC18LF14K22	1.8～3.6	0.65	131	16	64	8～16	0.5
	PIC18F14K22	2.3～5.5	1.8	231				
	PIC18LF46J50	2.0～3.6	0.84	280	12	48	16～64	3.8
	PIC18F46J50		0.9	280				
	PIC24F16KA102	1.8～3.6	0.66	275	16	32	8～16	1.5
	PIC24FJ128GB204	2.0～3.6	0.42	178	16	32	64～128	8
	PIC24FJ128GA310	2.0～3.6	0.44	153	16	32	128	8
	PIC24FJ128GC010	2.0～3.6	0.42	180	16	32	128	8
シリコン・ラボラトリーズ	EFM32 Zero Gecko	2～3.8	0.9	114	32	32	4～32	2～4
	EFM32 Tiny Gecko	2～3.8	1.0	150	32	32	4～32	2～4
	EFM32 Gecko	2～3.8	0.9	180	32	32	16～128	8～16
	EFM32 Leopard Gecko	2～3.8	0.95	211	32	48	64～256	32
	EFM32 Giant Gecko	2～3.8	1.1	219	32	48	512～1024	128
	EFM32 Wonder Gecko	2～3.8	0.95	225	32	48	64～256	32

第4章 待機時の消費も許さない…あの手この手で確実に追い詰める

ギュウーッ! マイコンを絞り上げる10の常套手段

圓山 宗智 Munetomo Maruyama

発電デバイスや小型バッテリで長時間動作させるアプリケーションには，極めて低いマイクロワット級の消費電力が要求されます．消費電力がかなり低いとされるマイコン(MCU：Micro Controller Unit)でも通常動作するときの消費電力は，数百μ～数mWにおよびます．

本章では，マイクロワット級の超低消費電力を要求するアプリケーションでマイコンを使いこなすために，マイコンの動作のどこで電力が消費されるのかを理解した上で，どうすれば電力の消費を削減できるのかについて解説します．

環境発電を生かすには低消費電力マイコンが不可欠

● μW級で動くマイコンが求められる時代

センサ装置や遠隔モニタリング装置においては外部から電源供給が得られないため，装置近傍にある光エネルギ・振動エネルギ・熱エネルギ・電磁波エネルギを電力に変換する発電デバイス，または小さいボタン電池だけで長期間動作することが求められます．

発電デバイスや小型バッテリから得られるエネルギの大きさを**表1**に示します．これらのエネルギ源からはマイクロワット級の電力しか得られないので，アプリケーション側には極めて低い消費電力が要求されま

表1　発電デバイスや小型バッテリから得られるエネルギはごくわずか

エネルギの種類	エネルギ源		取り出せるエネルギ量
発電デバイス	環境光	色素増感太陽電池など	10 μW/cm²
	体温	熱電素子など	10 μW/cm²
	振動	圧電素子，電磁誘導，静電誘導など	10 μW/cm²
	電波	アンテナ(公衆無線，電力伝送など)	1 μW/cm²
リチウム電池	CR2032	3.0 V，220 mAh	3.7 μW・20年

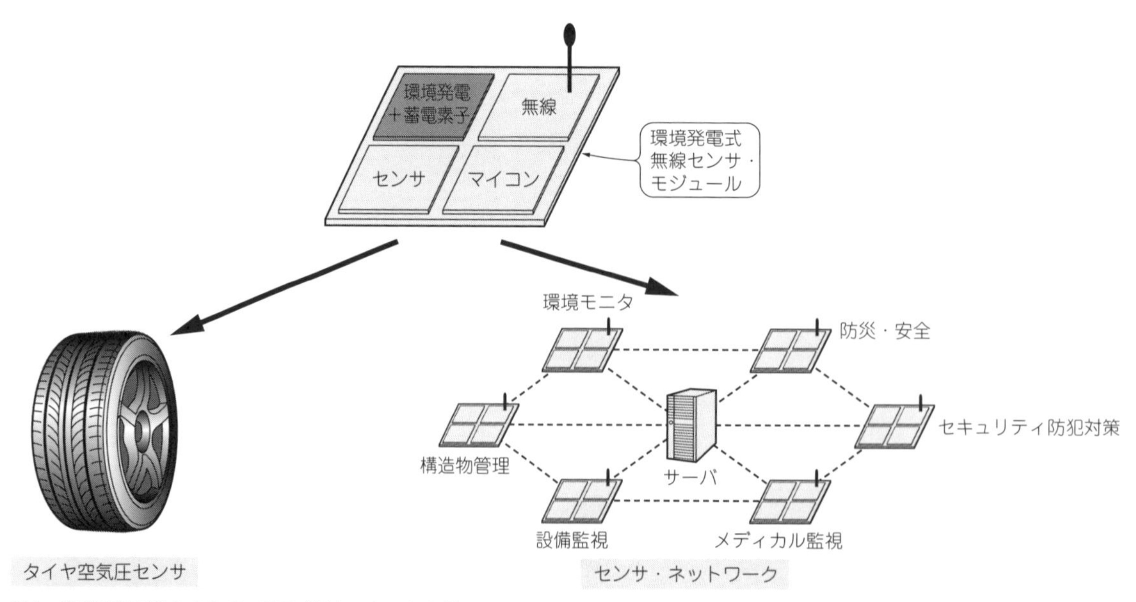

図1　環境発電が生かされているアプリケーションの例

す．

例えば，自動車のタイヤ圧力センサ，あるいはセンサ・ネットワーク（遠隔メディカル・モニタ，工場や農場での監視モニタなど）では，無線通信機能や履歴記録（ログ）機能などインテリジェントな動作が必要であり，ほとんどのケースでマイコンが必要とされます（**図1**）．こうしたマイコンにも当然，マイクロワット級の消費電力が求められます．

● 高機能化はできても低消費電力化はなかなか難しい

組み込み機器に使われるマイコンは，ハイエンド向けの多機能で高性能な製品から，ローエンド向けの機能を絞ったコンパクトな製品まで，幅広いアプリケーションに向けて，多くのベンダから数多く製品化されています．各社とも，CPUアーキテクチャ，通信やタイマなどの周辺機能，A-D変換器などのアナログ機能，内蔵フラッシュ・メモリの容量など，きめ細かくさまざまな工夫をこらした製品をリリースしてきました．

ここでどのベンダも口をそろえて主張するのは，

(1) CPU処理性能の高さ
(2) メモリ容量や周辺機能の充実
(3) 低消費電力
(4) 低コスト

の4点です．

マイコンというデバイスを設計する立場から言うと，実は，CPU性能を上げたり，周辺機能を高機能化するのは簡単なことです．それなりに必要な回路リソースを追加すればいいからです．

低コスト化についても，回路リソースの追加によりチップ面積が増えることと相反しますが，ターゲット価格に見合う仕様に抑えたり，安いプロセスを選択したり，ウェハを大口径化したり，あるいは出荷検査のためのテスト時間を短縮するなど，何をやればいいかが具体的にわかっているので，開発初期段階でかなり高精度なコスト設計が可能です．

● ICの消費電力を狙って削減できるようになったのは最近のこと

低消費電力化というのは，マイコンの設計者にとっては結構，難しい課題でした．消費電力というものは，動作周波数，電源電圧，動作温度に加えて，論理構造やゲーテッド・クロックの状態，アクティブ状態にある回路の種類，アナログ回路の特性，外部回路との関係など，非常に多くの要素や条件に依存するものなので，やってみなければわからない領域だった時代が長くありました．

近年になって，半導体の設計ツール（EDA：Electric Design Automation）が発達し，設計の初期段階で消費電力が正確に推定できるようになってきたので，消費電力もかなりしっかり「設計」できるようになってきました．

常時動作させないといけないアナログ的なモジュール，例えばパワー・オン・リセット回路，低電圧検知回路，内蔵電圧レギュレータなどについては，極力消費電流を抑えるための回路的な工夫が極めて重要です．地味なモジュールですが，こうした箇所で製品の差別化を図るケースが多くなってきています．

● CPUの消費電力の現状はmWがいいところ

現在では，8ビット・マイコンから32ビット・マイコンまで，明確に低消費電力を特徴としてうたうマイコンが増えてきました．現時点でかなり超低消費電力に位置するマイコンでも，CPUがそこそこアクティブな状態では数mW前後を消費します．

このため，どの製品も，動作周波数や電源電圧を動作中に変化させたり，一部の回路のクロックを停止したり，電源を遮断したりする低消費電力モードを複数もっています．この各種モードをうまく使いこなすことで，トータルとしての平均消費電力をマイクロワット級に抑え込む必要があるのです．

本章では，マイコンの内部とその周辺のどこでどうやって電力が消費され，どうすればその消費電力を減らせるのかについて説明します．電力消費の原理を知ることで，マイクロワット級のアプリケーションの構築に役立てることができるでしょう．

【方法1】動作周波数を下げる

● CMOSインバータの動的な消費電力の大きさ

マイコン内部の，例えばインバータ回路は，**図2**に示すようなCMOS（Complementary Metal Oxide Silicon）回路でできています．入力信号がHレベルまたはLレベルで固定されていれば，電源側のPチャネルMOSトランジスタ（PMOS），またはGND側のNチャネルMOSトランジスタ（NMOS）のいずれかがOFFなので，この回

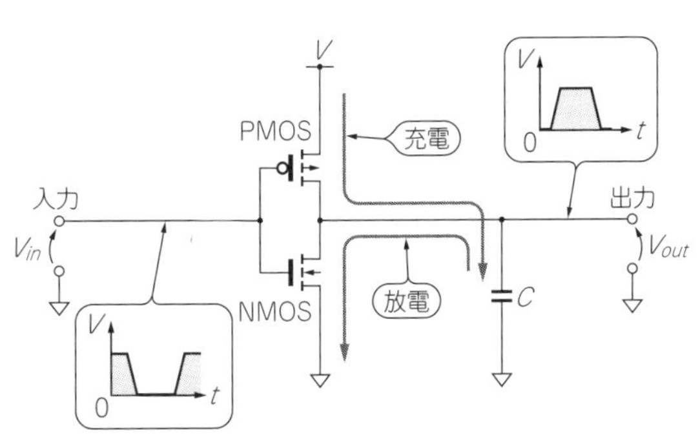

図2　入力信号がL/Hと変化するときに充放電電流が流れる

路には後述するリーク電流以外の電源電流は流れません．

入力信号が変化するときは，**図2**に示すように後段の負荷容量を充放電するための電流が流れます．このインバータ回路で消費される電力P［W］は，信号周波数をf［Hz］，電源電圧をV［V］，負荷容量をC［F］とすると，次の式で表せます．

$$P = fV^2C \cdots\cdots (1)$$

内部の負荷容量Cは固定値ですから，消費電力を決めるのは信号周波数fと電源電圧Vになります．特に電源電圧Vは2乗で効くので影響が大きいです．

● チップ全体の動的な消費電力の大きさ

図2と式(1)は，単体のCMOS回路で見たものです．マイコンの中にはもっと複雑なゲート回路が大量に内蔵されています．高速な基本クロックがそのまま通る回路もあれば，内部制御信号やデータ・パス信号などクロック周波数より遅い頻度で変化する信号が流れる回路もあります．

いずれの信号も，基本クロック周波数に比例した頻度で変化しますので，チップ全体の消費電力は，式(1)に比例係数を掛けた次式になります．

$$P = \alpha fV^2C \cdots\cdots (2)$$

ここでCはチップ全体の負荷容量の総数です．回路規模すなわちチップ面積が大きいデバイスほど消費電力も増加します．さらに回路ブロックiごとに，動作周波数f_i，動作電圧V_i，回路規模C_iが異なっていれば，次式のようになります．

$$P = \sum_i \alpha_i f_i V_i^2 C_i \cdots\cdots (3)$$

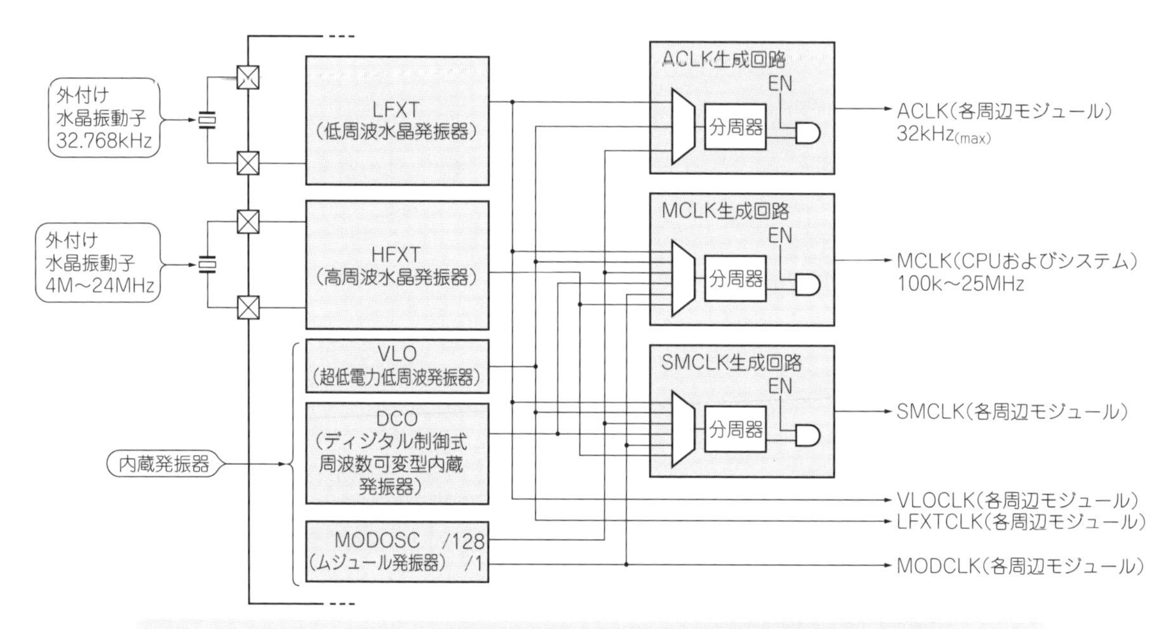

(a) クロック生成回路

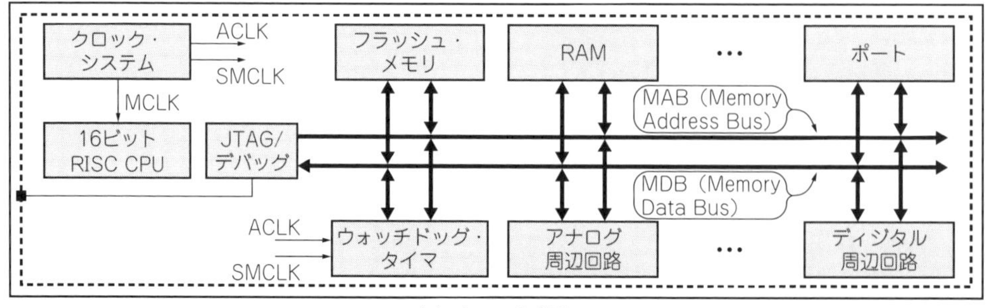

(b) クロック分配

図3　内部回路ごとに供給するクロックの周波数を変えて低消費電力化を図ったマイコン［MSP430FR（テキサス・インスツルメンツ）の場合］

いずれにしても，マイコンを使う側にとっては，動作周波数と動作電源電圧を下げることが，ダイナミックな電力を抑えるためには必要になります．

● 論理回路の動作率よりクロック周波数のほうが消費電力に影響する

論理回路内の全信号の変化(トグル)率の平均値と基本クロック信号のトグル率の比率を動作率といいます．

論理回路のダイナミックな消費電力は，基本クロックの動作周波数に比例しますが，回路の動作率が大きい場合は式(2)の比例係数αは大きくなり，逆に動作率が小さい場合はαも小さくなります．当然ですが，動作率が大きい回路ほど，消費電力は大きくなります．

一般的に論理回路はクロックの立ち上がりエッジで信号を変化させることが多く，基本クロックのトグル2回(立ち上がりと立ち下がり)のうち，信号変化は1回しかありません．そのためクロックを除く論理信号の動作率はたかだか50％になります．

一般的な論理回路では，かなり激しく動作させる場合でも，動作率はせいぜい15％程度にしかなりません．通常は5～8％前後です．このため，論理モジュールの消費電力は，その動作のさせ方よりも，与えるクロックの動作周波数に大きく依存します．さらに，一般の論理回路では，内部のフリップフロップに基本クロックを同位相で供給するためのタイミング微調整用のバッファが多く挿入され，かつクロック分配のためのツリー状の配線が多く走ります．このため，基本クロックの周波数が消費電力に与える影響を強く持つのです．かつてはクロックを使わない論理設計への試みもありましたが(稿末のColumn 3を参照)，あまりうまくいきませんでした．論理回路はやはりクロックをベースにしています．

● 必要な性能に合わせて各モジュールの動作周波数を変化させたり停止させたりする

ダイナミックな消費電力を低下させるには，クロック周波数を下げることが必要です．しかし性能を落とせない場面も多いので，ほとんどのマイコンのクロック周波数は，モジュールごとにきめ細かく制御できるようになっています．

図3(a)に，テキサス・インスツルメンツ社のMSP430FRのクロック制御機能のブロック図を示します．CPUや周辺モジュールに供給するクロックを，外部の2種類(低速/高速)の水晶発振器，または周波数可変型内蔵発振器などから選択でき，クロック種類ごとに分周したり停止することができます．もちろん，不要な水晶発振器や内部発振器を止められます．

図3(b)にチップ内へのクロック分配のようすを示します．周辺機能側では，複数のクロックから自分の動作クロックを選択できます．もちろん，機能ごとに内部に伝搬するクロックを停止することもできます．

以上の機能を駆使すれば，CPUや周辺機能ごとに動的に動作周波数を変更できます．アプリケーションの動作状況に応じて，機能ごとにできるだけ低い動作周波数を選択するようにしましょう．

【方法2】電源電圧を下げる

● 電源電圧を下げるときは動作周波数に注意

式(1)で見たように，電源電圧は消費電力に2乗で効くので，それを下げることは効果的です．しかし，CMOS論理回路には，**図4**に示すように，電源電圧を下げると最大動作周波数も下がるという特性があるので注意が必要です．

● マイコン内蔵の電源制御回路できめ細かく電圧設定が可能

最近のマイコンはプロセスが微細化されてきているので，外部から与える供給電源電圧(例えば3.3 V)に対して，内部の論理回路(コア回路)はより低い電圧(例えば1.8 V)で動作させる必要があります．このため，コア回路用の内部電源を生成するための電圧レギュレータを内蔵することが一般的です．電圧レギュレータの出力電圧を可変にすれば，コア回路に与える電源電圧を調整でき，さらに消費電力を最適化できます．

図5に，STマイクロエレクトロニクスのSTM32L0シリーズの電源制御機能のブロック図を示します．内蔵電圧レギュレータは，動的に電圧を変えることができ，1.2 V/1.5 V/1.8 Vの中から選択できます．

内部の電源電圧が変えられるマイコンでは，**図4**のような電源電圧に対応する最大動作周波数が規定されています．それに従って，まず電源電圧を下げるときにはその前に動作周波数も下げ，電源電圧を上げるときはその後で動作周波数を上げるように設定する必要があります．

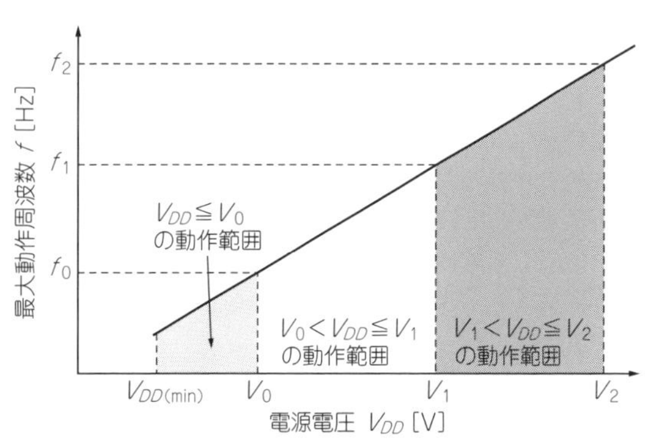

図4 CMOS回路は電源電圧を下げると最大動作周波数が下がる

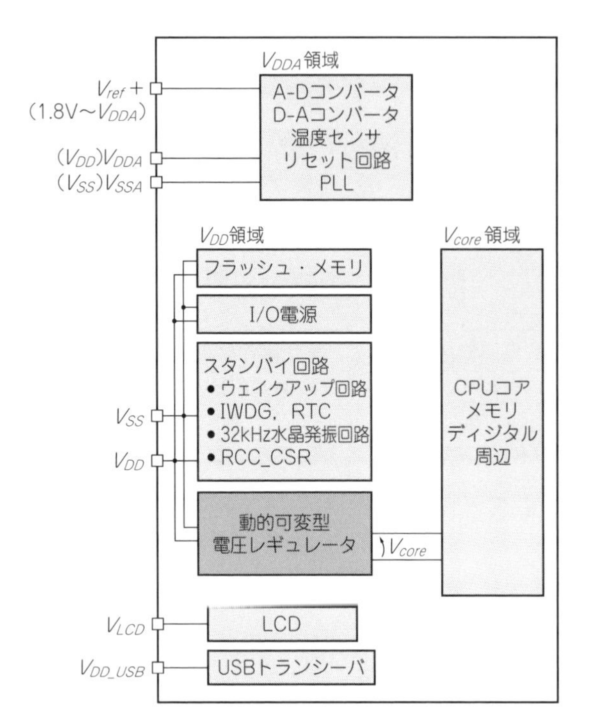

図5　動作状態に合わせてCPUの電源電圧を切り替えることで低消費電力化を図ったマイコン
STM32L0シリーズ(STマイクロエレクトロニクス)の場合

【方法3】メイン・クロック停止時に流れる電流が少ないマイコンを選ぶ

● マイコンは動いていなくとも静的に電力を消費する

これまでの説明で，マイコンはクロックが動作すればダイナミックな電力を消費することは理解できたと思います．ところが，実はクロックを止めた状態，すなわち何もしなくても電力を消費しているのです．スタティック(静的)な消費電力と言われます．

❶ CMOS回路のリーク電流

図2に示したCMOSインバータ回路では，入力信号がHレベルかLレベルの一定値であれば負荷の充放電電流は流れませんが，**図6**に示すように，MOSトランジスタがOFF状態でもドレインとソース間に，しきい値電圧を下げたことを要因とするサブスレッショルド・リーク電流が流れ，また，ゲートとシリコン基板の間にトンネル効果を要因とするゲート・リーク電流が流れます．一般的なマイコンで使われるプロセスにおける単体MOSトランジスタでは，pA未満の小さい電流ですが，チップ全体では数n〜数μAクラスの電流になります．

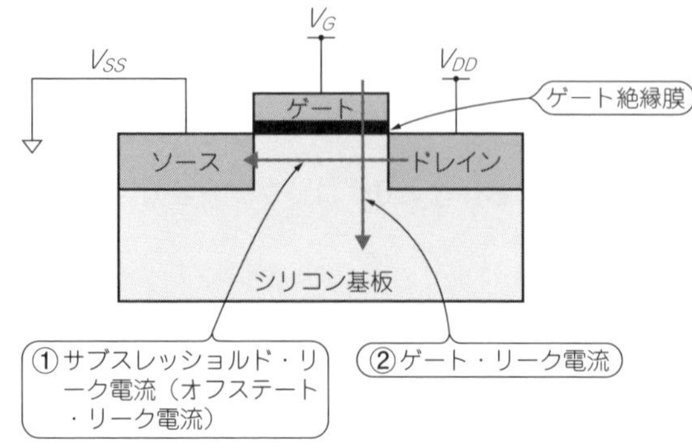

図6　トランジスタがOFFしている最中でも流れる2つのリーク電流
Column 1を参照

さらにハイエンドなプロセッサやSoC(System on a Chip)で使われる超微細プロセスでは，さらに数桁大きいリーク電流が流れてしまうことも多く，ダイナミックな消費電力に迫るくらいの割合を占めるようになり，非常に大きな問題となっています(Column 1を参照)．

❷ アナログ回路のバイアス電流

マイコンは，論理回路だけではなく，アナログ回路も多く内蔵しています．A-D変換器やD-A変換器などアプリケーション側から明示的に制御するアナログ回路は，使わないときはクロックを止めアナログ部もディセーブルにして，リーク電流だけの消費に抑えることができます．

一方，インフラ系のアナログ回路，例えばパワーオン・リセット回路，低電圧検知回路，内蔵電圧レギュレータなどは，原則的には常時動作させる必要があり，それらの動作点を決めるバイアス電流を含む一定の動作電流は流れ続けます．

最近のマイコンでは，パワーオン・リセット回路や低電圧検知回路については，回路的な工夫でほとんど電流を消費しないようにしたものもあります．

❸ 内蔵電圧レギュレータのエラー・アンプのバイアス電流

マイコンの内蔵電圧レギュレータは，出力電流容量が多いほど出力電流変動に対するレギュレーション特性を良くする必要があり，内部のフィードバック回路にある位相補償用のエラー・アンプの動作電流を多く消費させています．意外に消費電流が大きいのです．

このため，1つのマイコン内に電圧レギュレータを複数内蔵し，通常動作用と，低消費電力状態用に分けることが多くなっています．前者に比べて後者の消費電流はかなり絞ることができます．

リーク電流を抑える2つのテクノロジ　Column 1

(a) テクノロジ①…従来型プレーナ構造でHigh-k材を使用

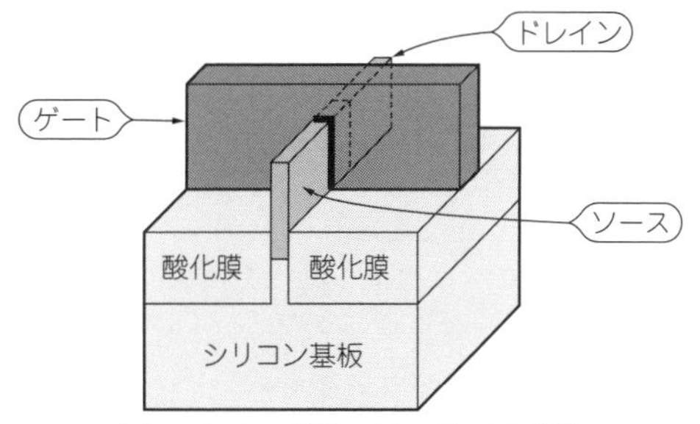

(b) テクノロジ②…3次元FinFET構造

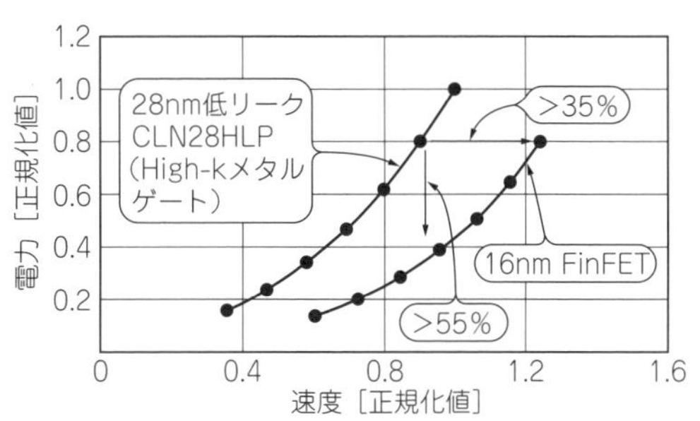

(c) FinFETの性能(TSMC IEDM2013資料より)

図A　MOSトランジスタのリーク電流を抑える技術

① 動作速度を上げてもゲート・リーク電流を抑える

回路の動作速度向上のためにはMOSトランジスタの駆動電流(ドレイン電流)を増やす必要があります．そのMOSの駆動電流はゲート絶縁膜の容量値に比例することが知られています．よってMOSの速度向上のためにはゲート絶縁膜の膜厚を薄くして容量を増やします．

しかし，**図6**に示したように，トンネル効果によりゲート・リーク電流が流れやすくなってきたのです．トンネル電流を減らすには，ゲート絶縁膜を厚くすればいいのですが，それではゲート容量が減ってしまい駆動電流を増やせません．従来のゲート絶縁膜はシリコンの酸化膜(SiO_2)で生成していましたが，**図A(a)**のように誘電率が高い絶縁体(High-k材)に置き換えることで，容量値を増やしつつゲート絶縁膜を厚くすることができ，ゲート・リーク電流を減らすことができました．

② 微細化によるリーク電流の増大を抑える技術

図6や**図A(a)**の従来型のプレーナ構造では，OFF状態でも短チャネル効果によるサブスレッショルド・リーク電流が流れます．特に微細プロセスでは顕著になってきました．この対策として，MOSチャネルを複数のゲートで囲むマルチゲート素子が考案されました．そのうちの1つであるFinFETの構造を**図A(b)**に示します．FinFETは文字通りヒレのような3次元構造であり，ソースとドレイン間のチャネルを3方向のゲートで囲んでいます．このため，短チャネル効果を防止しやすくなり，サブスレッショルド・リーク電流を減らすことができます．台湾TSMC(Taiwan Semiconductor Manufacturing Company)では16 nmプロセスからこの構造を採用しています．**図A(c)**に，FinFETの性能を示します．28 nmの低リーク・プロセスと比較して，速度を35 %増やし，電力を55 %低減させています．

〈圓山 宗智〉

❹ RTCの消費電流

カレンダ時計用のRTC(Real-Time Clock)は止めることができないので，そのクロック源になる32 kHz水晶発振器の消費電力には要注意です．頻繁に停止や起動を繰り返す発振器ではなく，発振開始時の安定時間が長くてもよいため，発振器のアンプの動作電流を落として，消費電流を下げる工夫をするのが一般的です．また，RTC本体の消費電流は大きくありません．RTC専用の電圧レギュレータを持ったマイコンもあります．

● 電源遮断でスタティック電力を下げる

複数の電圧レギュレータを持つマイコンには，**図7**に示すように必要な機能ブロックに対応する電圧レギュレータだけONにしてそれ以外はOFF，すなわち電源遮断できるものがあります．レギュレータによる電源遮断ではなく，ある回路ブロックだけ部分的に電源遮断できる製品もあります．電源遮断した領域に，RAMやテンポラリ情報用のスクラッチ・パッド・レジスタが含まれている場合は，その中のデータは保持されません．

【方法4】リセット直後の消費電力が少ないマイコンを選ぶ

● リセット直後の消費電力は意外と大きい

マイコンに電源を加えると，内部のパワーオン・リセット回路が働いて，チップ全体を初期化します．

通常，リセット直後は，周辺機能への供給クロックは停止していますが，CPUはフラッシュ・メモリから命令をフェッチしてプログラム動作を開始します．これ以降，各モジュールのクロック周波数を設定して消費電力の最適化が可能になりますが，パワーオンからここまでの期間は，デバイスの仕様で決められた動作状態になるので，この期間の消費電力が大きいと，発電デバイスの最大出力電流を満たせないとか，あるいは，バッテリの持ちを悪くする可能性があります．

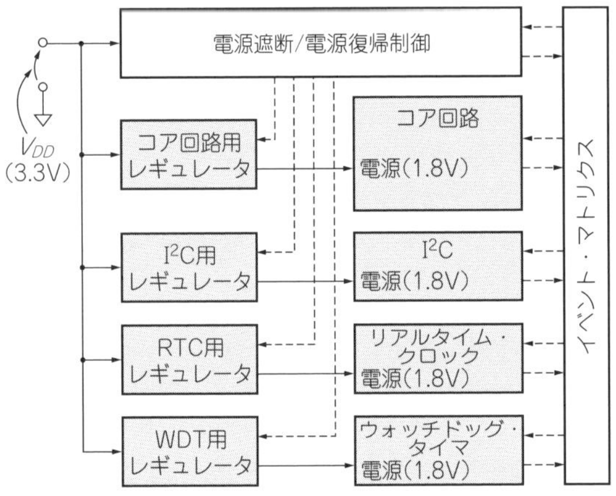

図7 複数の電圧レギュレータを内蔵し，ON/OFFすることで，低消費電力化を図ったマイコンもある
各ブロックごとに専用レギュレータを持ち，それぞれ電源遮断できる．I²Cなど通信用モジュールはコア回路を電源遮断しておいて，外部から通信を受けたらコア回路の電源復帰して必要な処理を行うことで低消費電力を強化することがある．RTCやWDTなど小さいブロックは消費電力が小さいので専用レギュレータは面積も自己消費電力も小さくしやすい

リセット直後の消費電力がどうなるのかについてデータシート上で明記しているマイコン製品は意外と少ないです．リセット直後のクロック設定レジスタや電源設定レジスタの初期値から，動作状態を確認して最初の消費電力をしっかり確認してください．

● リセット直後の状態をユーザが設定できるマイコン

リセット直後は，内部のリセット信号により，マイコン各部は決められた状態に初期化されます．この初期化のしかたをユーザが指定できるマイコンが増えてきました．

図8に示すように，各クロックの動作周波数などの初期設定値をフラッシュ・メモリ上のある決められた箇所に書き込んでおけば，パワーオン・リセット後からCPUが動作を開始するまでに，専用ハードウェア回路がフラッシュ・メモリを読み出して，各クロックの動作状態を設定してくれます．「フラッシュ・ヒューズ機能」と呼ばれることがあります．

これにより，パワーオン・リセット直後に，不用意に大きな消費電力になることを防ぐことが可能です．もちろん，電力を食ってもよいなら最初からフル性能で動作させることもできます．

【方法5】低消費電力モードを活用する

● マイコンの低消費電力モード

一般のマイコンには消費電力に関する動作モードが複数種類用意されています．どのマイコンにも大きく分けて**表2**に示す3種類のモードがあり，主にアクティブ電力を制御します．

1つ目は，アクティブ・モードなどとよばれる，すべての機能が動作する状態です．CPUも周辺機能もすべて動作可能であり，最も消費電力が大きい状態です．

2つ目は，スリープ・モードなどとよばれる，CPU

(a) ヒューズ機能の構成

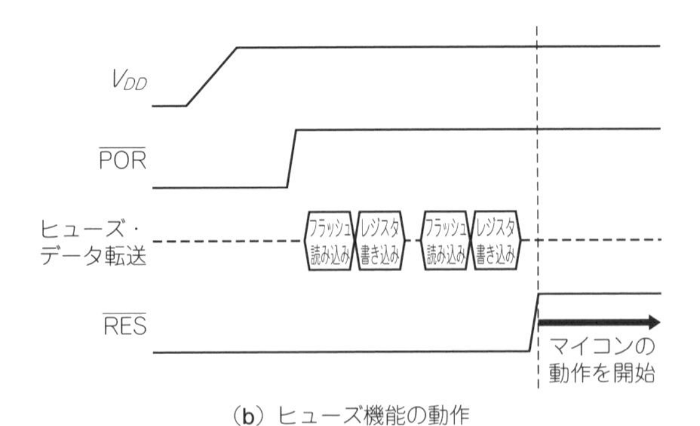

(b) ヒューズ機能の動作

図8 リセット後，CPUではなく専用回路でフラッシュ・メモリを読み出して，低消費電力化を図ったマイコンが増えている(フラッシュ・ヒューズ機能と呼ぶ)
パワーオン・リセット信号により，フラッシュ・メモリ内にあらかじめ格納しておいたヒューズ・データ(特定レジスタの初期値)を読み出し，対応する周辺機能レジスタに転送する．その後，マイコン全体のリセットが解除され動作を開始する．クロック設定などの初期状態をリセット直後から自由に設定できる

とその関連モジュール(フラッシュ・メモリなど)に供給するクロックだけを停止し，周辺機能は動作を継続するモードです．後述しますが，フラッシュ・メモリなどのCPU周りのインフラは消費電力が大きいので，それらを止めるスリープ・モードはアクティブ・モードから消費電力を大きく減らせます．

以上のアクティブ・モードやスリープ・モードでは，各モジュールに供給するクロックの周波数を変更できます．マイコン製品によっては電源電圧(コア電圧)も変更することができ，さらに消費電力の最適化が可能です．

3つ目は，スタンバイ・モードなどとよばれる，CPUから周辺機能までのすべてのクロックを停止するモードです．スタティック電力だけを消費します．

低消費電力マイコンでは，さらに多くの低消費電力モードが用意されており，動作可能なクロック種類をきめ細かく制限したり，電圧レギュレータをOFFにして部分的に電源遮断することで，スタティック電力を低減させることができるものもあります．

● 低消費電力モード間の移行方法を確認しよう

アクティブ・モードから他のモードに移行する場合はCPU命令で指示できますが，CPUが止まっているスリープ・モードからアクティブ・モードに移行したいときは，周辺機能や外部端子からの割り込み要求を使います．

注意すべきは，周辺機能のクロックも停止しているスタンバイ・モードからアクティブ・モードに復帰する場合です．一般的には外部端子への割り込み要求入力をトリガにします．マイコンによっては，内蔵RTCだけは動作を継続でき，その割り込み要求信号で復帰できるものもあります．

システム処理として，低消費電力モード間の移行方法についてもよく検討してください．

表2　多くのマイコンが持っている3つの低消費電力モード

動作モード	CPUクロックとフラッシュ・メモリ	周辺機能のクロック	アクティブ電力	スタティック電力
アクティブ	ON	ON	大	あり
スリープ	OFF	ON	小	あり
スタンバイ	OFF	OFF	ゼロ	あり

● 平均消費電流ができるだけ小さくなるように動作を決める

アクティブ・モードはもちろん，スリープ・モードでもマイクロワット級の低消費電力にはなりません．システムの消費電力を環境発電に対応できるほど低減させるには，**図9**に示したような動作プロファイルをしっかり設計して，平均消費電流を低減させることが最も重要です．

マイコンの処理として，CPU性能を必要とする期間は限られていることが多いです．こうしたケースでは，アクティブ・モードの期間をできるだけ減らして，それ以外はスリープ・モードやスタンバイ・モードにします．例えば，A-D変換結果をRAMに転送したり，RAM上のデータをシリアル通信モジュールから送信する場合は，各周辺機能とDMAC(Direct Memory Access Controller)だけが動作すればよいので，スリープ・モードにします．数値処理などを実行するアクティブ・モードの期間は極力絞って，スタンバイ・モードのスタティック電力のみ消費する状態を多くします．これにより平均消費電流を低減させます．

性能と電力のトレードオフを考えながら，動作プロファイルをしっかり設計してください．

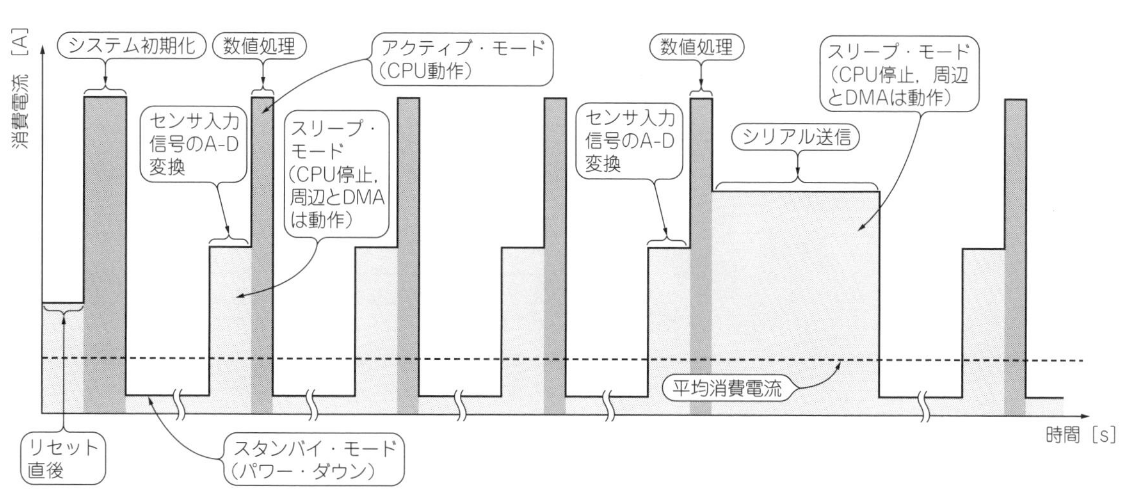

図9　動作プロファイルを最適化すると平均消費電流を減らせる

● ウェイクアップ時間は短いほうがよい

図9のスタンバイ・モードからアクティブ・モードに移行する際は，停止した発振器やクロック逓倍用PLL(Phase Locked Loop)回路の発振安定時間，および電源遮断した箇所の電圧レギュレータの起動時間など，復帰するためのウェイクアップ時間が必要です．この期間は，消費電力が大きく増加し始めますが，CPUが処理を開始できるわけではなく，単に消費電力が大きい無駄時間です．このため，ウェイクアップ時間が極力短いマイコンを選択したほうが良いです．

【方法6】CPU動作の工夫で低消費電力化する

● CPUコアの電力消費はそれほどでもない

Arm社などCPUコアのベンダは自社のCPUの消費電力が低いことをしきりにアピールします．例えば，32ビットのCortex-M0+は，11.2 μW/MHz(ロー・パワー 90 nmプロセス，最小構成時)であり，アクティブ・モードでもかなり低い消費電力になりそうです．しかし，今やCPUコアの論理規模はチップ全体に比べればとても小さく，CPUコア単体の周波数あたりの電力値だけでは，マイコン全体の消費電力を議論することは難しいです．もちろん少ない数値のほうがベターであることは言うまでもありませんが．

● 1命令の実行に必要なクロック・サイクルが少ないほうがよい

低消費電力マイコンにとって，CPUアーキテクチャに要求すべきものは，アクティブ・モードにおける性能です．つまり，短い時間でどれだけ多くの仕事をなし得るかが重要です．1つの指標は，周波数あたりの性能が高いこと，すなわち1命令の実行に必要なクロック・サイクル数(CPI：Clocks Per Instruction)が少ないことです．一般には，固定長命令を持つRISC(Reduced Instruction Set Computer)のほうがCPI値は1に近くなり，消費電力的には有利です．特にRISCでは，命令セット(ISA：Instruction Set Architecture)の効能が重要で，同じ処理をするならより少ない命令個数で処理できるアーキテクチャのほうが有利です．

同時に，コンパイラが効率の良い命令シーケンスを生成してくれないと，ISAの持ち味を十分に発揮できないので，コンパイラの選択にも注意が必要です．

ただし，現実のCPU性能というものは，ターゲットのプログラム構造や，メモリや周辺レジスタのアクセス時間，割り込み応答時間などに左右されるので，現実に即したベンチマークを実行しないと詳細はわからないことが多いです．

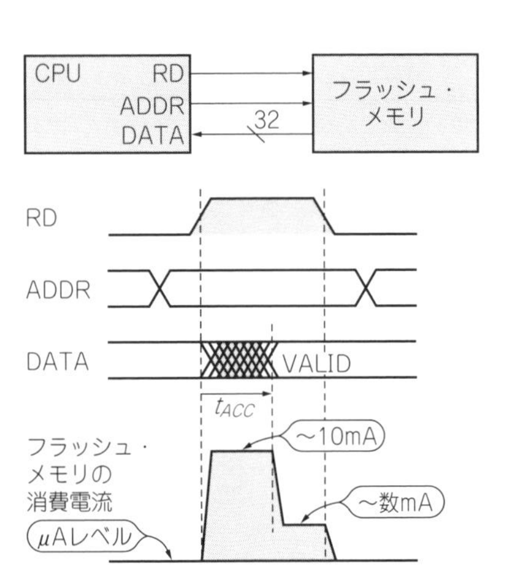

(a) フラッシュ・メモリのリードと消費電流

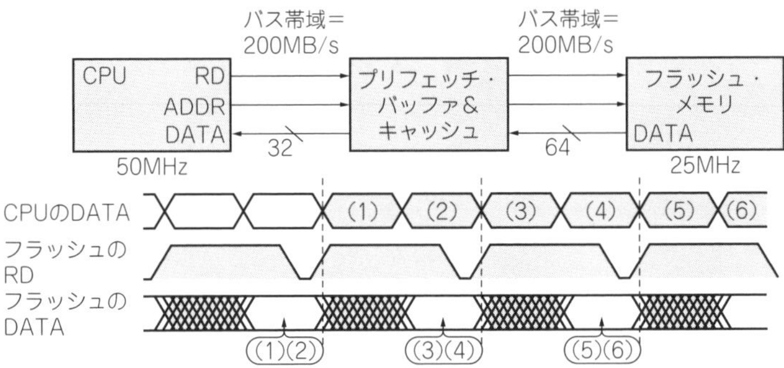

(b) CPUとフラッシュ・メモリの速度差を吸収するプリフェッチ・バッファ&キャッシュを挿入(CPUとフラッシュ・バス帯域を一致させた場合は，フラッシュ・メモリは常時アクセスされる)

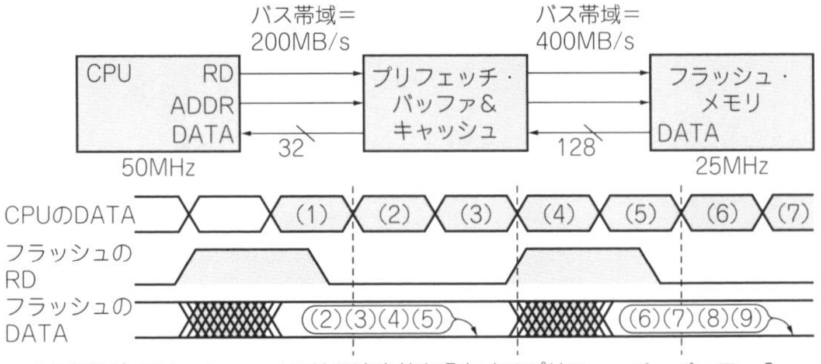

(c) CPUとフラッシュ・メモリの速度差を吸収するプリフェッチ・バッファ&キャッシュを挿入(フラッシュ側のバス帯域を大きくすると，フラッシュ・メモリは間欠アクセスが可能)

図10　フラッシュ・メモリのリード動作と電力消費のようす

● フラッシュ・メモリは大飯食い

マイコンの中で，フラッシュ・メモリのアクセスに伴う消費電力はかなりの割合を占めます．**図10**(a)にフラッシュ・メモリのアクセス(リード)とフラッシュ・メモリ自体の消費電流を示します．

非選択時の消費電流は少ないですが，リードが始まって出力データが確定するまでの期間(t_{ACC})の消費電流はとても大きいです．t_{ACC}が終わればストローブ信号がアサートされていても消費電流は減少します．フラッシュ・メモリのアクセス頻度をなるべく少なくし，フラッシュ・メモリ自体の動作周期をアクセス時間に対して長くするほうが，消費電力的には有利になります．

命令をRAM上に置いて，その上でプログラムを実行するほうが消費電力を減らせます．頻繁にアクセスされる小さいサイズの割り込みサービス・ルーチンはRAM上に配置したほうが良いケースもあります．

● フラッシュ・メモリのキャッシュにも注意

一般的に，フラッシュ・メモリの速度(例えば25 MHz)は，CPUの速度(例えば50 MHz)に比べて遅いです．CPUがフラッシュ・メモリにアクセスするたびにウェイトを入れていると，無駄に電力を消費します．通常はCPU側とフラッシュ・メモリ側のバス帯域を合わせるために**図10**(b)に示すようなプリフェッチ・バッファやキャッシュを置きます．この図の場合は，フラッシュ・メモリは常時アクセスされます．

一方，**図10**(c)のようにフラッシュ・メモリ側のバス帯域を大きくすると，フラッシュ・メモリを間欠アクセスできるので消費電力的には有利になります．ただ，命令のプリフェッチ距離が長くなるので，分岐発生時には捨てる命令が増えるためキャッシュ・メモリにより性能低下を防ぐ対策も必要です．

もちろん低性能でいい場合は，プリフェッチ・バッファやキャッシュも電力を消費する論理回路なので，止めることができたほうが有利です．

業界スタンダード！ マイコンの消費電力ベンチマーク「ULPMark」 Column 2

消費電力に関する業界標準のベンチマーク手法が策定されています．組み込みマイコンのベンチマークでおなじみのEEMBC(Embedded Microprocessor Benchmark Consortium)が，超低消費電力マイコン向けのベンチマーク「ULPMark(旧称はULPBench)」を提唱しています．

ULPMarkのベンチマーク計測方法を説明します．ベンチマーク用のCPU処理内容として，内蔵メモリ内のルックアップ・テーブルのアクセス，フィルタ演算，ソート処理，ステート・マシン処理，タスク・スイッチングなどが規定されています．マイコンのアクティブ・モードでこの一連の処理を実行したら，低消費電力モードに移行します．マイコン内蔵のRTC(Real-Time Clock)を使って，1秒周期でアクティブ・モードに復帰して同じCPU処理を繰り返します．この繰り返し動作の1回ごとに，1秒あたりの平均消費エネルギ(μJ：マイクロジュール)を計測し，繰り返し動作10回分の中央値を求め，その逆数に1000を掛けたものがベンチマーク値ULPMark-CPになります．大きいほど消費電力が少ないマイコンといえます．公表されている結果例を**表A**に示します．

ULPMarkは，アクティブ・モードや低消費電力モードそのものの消費電力や，アクティブ・モードと低消費電力モードの時間比率(CPU性能に直結)，低消費電力モードからの復帰時間などを含め，総合的に電力効率を計測できるようになっています．

〈圓山 宗智〉

表A　消費電力のベンチマーク・テスト(ULPMark)の結果例
出典：https://www.eembc.org/ulpmark/

デバイス	コンパイラ	アクティブ状態	低消費電力状態	ウェイクアップ・タイマの周波数 [Hz]	ベンチマーク値 ULPMark-CP
テキサス・インスツルメンツ MSP430FR5969(Rev.F)	IAR Embedded Workbench 6.30.3	CPU：8 MHz RTC：32 kHz	LP モード3	32768	123.70
マイクロチップ PIC24FJ128GA202	XC16 v1.21	CPU：16 MIPS@32 MHz FRC + PLL：メイン・クロック	リテンション・スリープ	32768	68.76
マイクロチップ ATXMEGA32E5	IAR EWAVR 6.30.2	CPU：32MHz RTC：1024 Hz (TOSC：32 kHz)	パワー・セーブ・モード	32768	80

値が大きいほど良い

マイコン製品がどのようにフラッシュ・メモリにアクセスしているのかを把握することも，低消費電力設計のためには必要なことです．

● メモリの書き込み電流にも注意

プログラム実行中に，フラッシュ・メモリやEEPROMの書き換えを行うことがありますが，その場合の書き込み電流にも注意が必要です．一般に不揮発メモリの消去や書き込み時には，内部で高圧を生成しますので，消費電流が増えます．

テキサス・インスツルメンツのMSP430FRシリーズは，プログラム格納用の不揮発メモリとしてフラッシュ・メモリではなくFRAM(Ferroelectric RAM：強誘電体メモリ)を内蔵しています．FRAMのライト時の消費電力は通常のSRAMと同様に小さいので，頻繁なログ・データの蓄積などにも適しています．

● ソフトウェアの構造も消費電力に影響する

ソフトウェアによって効果的に低消費電力モードを活用することが重要ですが，ほかにも注意が必要です．

アクティブ・モードでは，その期間を短くするか，または動作周波数を落としたいので，アルゴリズムの工夫によって必要なCPU処理に対する実行サイクル数を少しでも減らせないかよく考えてください．

何かのイベントを待つ必要があれば，ポーリングによるウェイトは禁物です．プログラムがループするだけでフラッシュ・メモリやCPU論理が電力を消費します．待つだけならスリープなど低消費電力状態に入れて割り込みで復帰するようにしましょう．

コード・サイズができるだけ小さくなるように，アルゴリズムの工夫やコンパイラの最適化オプションを指定しましょう．処理あたりの命令数が少なければ，フラッシュ・メモリのアクセス回数も減らせます．

乗算命令や積和命令の頻度が極めて高いと，ハードウェア量が多い乗算器を動かすため消費電力を増大させる可能性があります．

場合によっては，性能やコード・サイズの面で目標を達成するため，プログラムをC言語ではなく(楽しい)アセンブラで書くケースもあります．低消費電力化のためには，プログラマも相当の覚悟が必要です．

【方法7】周辺回路を上手に連携させる

● DMACを使ってCPUを休ませる

図11(a)に示すように，CPUによって，A-D変換器からRAMにデータを転送する場合，多くのインフラを動作させるので消費電力が大きくなります．こうしたケースでは**図11(b)**に示すように，CPUはスリープさせて，DMAC(Direct Memory Access Controller)で，A-D変換器からRAMにデータ転送させたほうが消費電力は小さくなります．

● 周辺機能を連携させてアクティブ期間を減らす

最近のマイコンでは，周辺機能間の複雑な連携を可能にするものが増えてきました．ある周辺機能が生成したイベント信号を，ユーザ側でコンフィグレーションできるステート・マシンを通すことで，シーケンシャルに他の周辺機能を起動できるなど，さまざまな連携が可能になっています．CPUを介さずに周辺機能が連携することで，アクティブ・モードの期間を減らし，より低消費電力化できます．

● クロック供給先は必要最小限にして周波数もなるべく低く

不要な周辺機能へのクロック供給は止めましょう．また，通信機能のボーレート生成回路や，タイマやカウンタのプリスケーラ回路において，各周辺機能に供給されたクロックに対する分周比率が大きいと無駄な電力を消費していることになります．必要とされる周辺機能の動作内容に応じて，供給するクロック周波数をできるだけ低くするように設定しましょう．

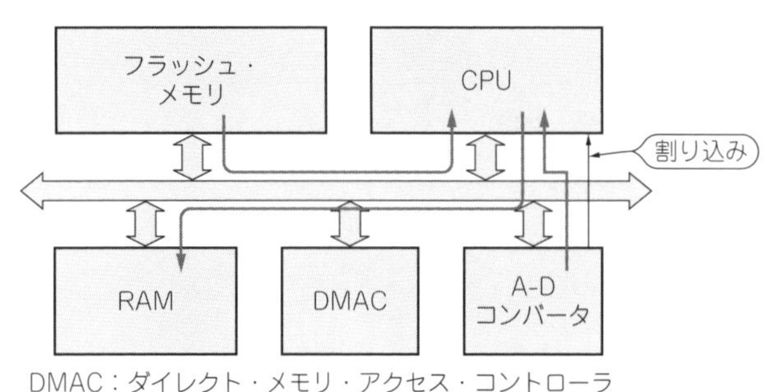

(a) CPUを使うと多くのインフラを動かすので電力を食う

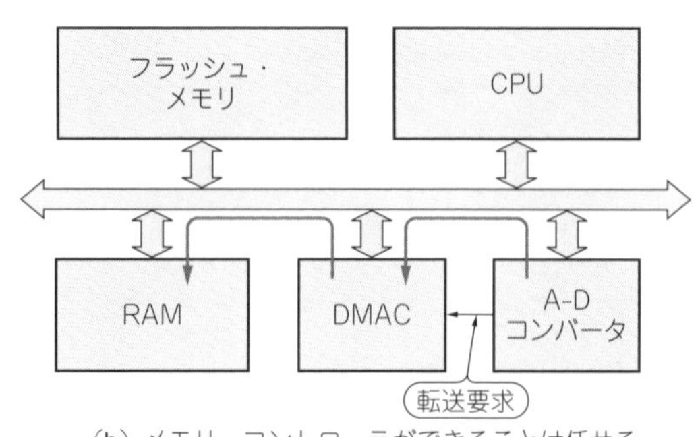

(b) メモリ・コントローラができることは任せる(CPUをスリープさせるとなお良い)

図11 DMACを積極的に活用してCPUをできるだけ止めること
A-D変換器からRAMにデータを転送する場合

【方法8】アナログ機能の消費電力を減らす

● データシートの落とし穴

A-D変換器やD-A変換器など，アナログ機能モジュールの消費電流は，モジュール別にデータシートに記載されていることが多いです．アクティブ・モードやスリープ・モードにおける消費電流の項には，アナログ機能の消費電流は含まれていませんので，注意しましょう．

● A-Dコンバータはサッと使って止める

必要なときだけ間欠的に動作させ，変換時間もできるだけ高速なモードを選択しましょう．A-D変換器のアナログ部は，高速変換させても低速変換させても，ほとんど消費電力は変わりません．

状態監視や異常検知のためD-A変換器をアナログ・コンパレータと組み合わせる場合，共に常時ONにせざるをえないケースがあります．それらの消費電力には注意が必要です．センシングなどにマイコン内蔵のOPアンプを使っている場合も同様です．

【方法9】外部I/O端子の電力消費を減らす

● マイコン本体より大きい電力を消費する可能性がある

データシート記載の消費電力は，外部I/O端子が消費する電力は含んでいません．動作状況によっては，外部I/O端子は，マイコン本体より多く電力を消費する可能性があります．

● 出力端子のトグル頻度はできるだけ低く

出力端子をトグルさせると，接続されている負荷容量を充放電するので，図2の理屈と同様に電力を消費します．トグル頻度の最適化や，外部負荷の軽減などを検討しましょう．

マイコンの出力端子を接続した相手側の入力インピーダンスが低い場合に，HレベルまたはLレベルを出力すると，DC電流が流れることがあります．相手側のデバイス選択にも注意してください．

● 入力端子の開放はダメ

図12(a)のように，プルアップ抵抗やプルダウン抵抗のない入力端子をオープンにすると中間電位が入力され，CMOS構成の入力バッファにV_{DD}からGNDへの貫通電流が流れます．入力を開放状態にすることは厳禁です．

図12(b)のように，ディジタル入力端子への信号スイングが中途半端(V_{IH}が低く，V_{IL}が高い場合)，あるいは立ち上がり時間や立ち下がり時間が長いと，やはり入力バッファに貫通電流が流れます．

図12(c)および(d)に示すように，プルアップ抵抗またはプルダウン抵抗をイネーブルにした入力端子に対して，それぞれLレベルまたはHレベルを入力すると，各抵抗を介してDC電流を流すことになります．

SoCデバイスに多く見られますが，図12(e)のように入力端子にウィーク・キーパが接続されているケースもあります．ウィーク・キーパはドライブ力が弱いラッチ機能であり，入力レベルがLレベルでもHレベルでもDC電流は流しません．ただし，入力レベルが変化するときにウィーク・キーパを反転させるため，

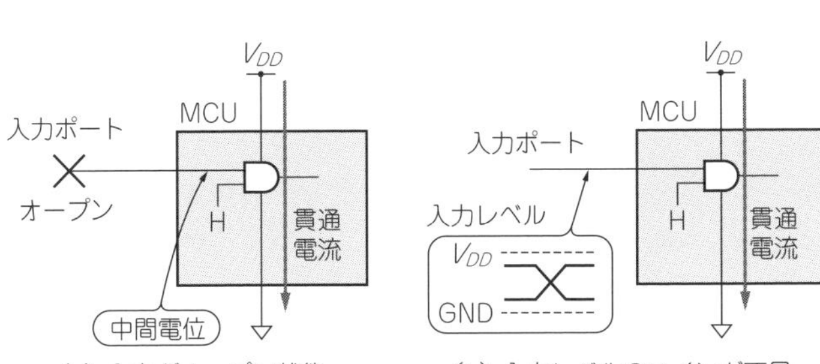

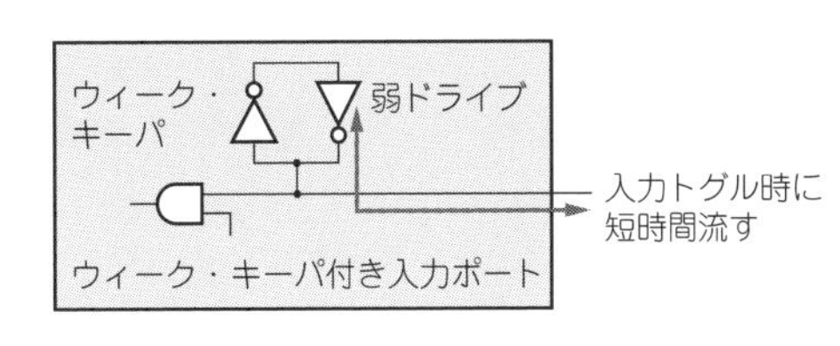

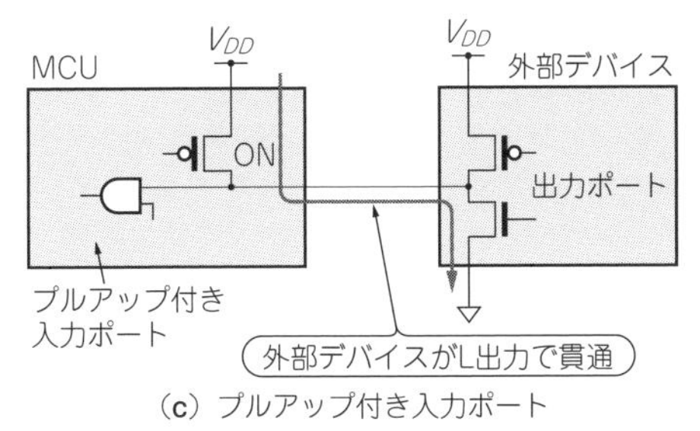

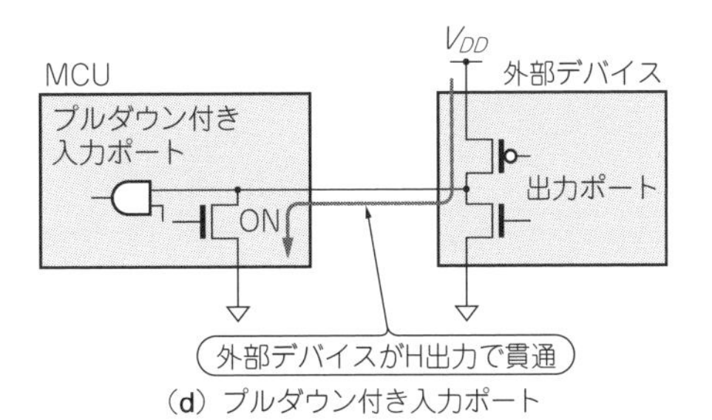

図12　入力端子のプルアップやプルダウンの仕方でも消費電力が変わる

短時間だけ電流を流します．

【方法10】マイコンだけじゃなく外付け回路起因の消費電流も減らす

● 外部回路のDC電流パスに注意

外部回路の設計時に，いつの間にかDC電流経路ができていないかよく確認しましょう．図13に，その一例を示します．そのほか気づかないところで遠回りしてDC電流パスができるケースもあります．

図13(a)はスイッチ入力回路に抵抗を使うケースです．SWをONにするとDC電流が流れます．抵抗値を大きくする必要がありますが，あまり大きくするとSWをOFFした過渡時に中間電位になる期間が長くなります．

Oh! ビンテージ! クロックレスな完全非同期型の論理回路

● 同期型の論理回路で作られたCPUの消費電力が大きいのはクロックのせいダ!

式(1)（p.46）に示すようにクロックが消費電力を生む元凶なら，そのクロックをなくしてしまえ?!という考え方がかつてありました．

現在主流になっている論理回路は同期型でありクロックが必須です．一般的な同期型論理回路では，クロックの立ち上がりエッジに同期して動作するD-フリップフロップ(D-FF)を基本として，D-FFの間にANDやORなどのゲート素子から合成された組み合わせ論理回路を挟んだ構成を採ります．

この同期型回路構成の大きな問題として下記の2つがあります．

(1) 信号の受け手側のD-FFのセットアップ時間を満足させるため，D-FF間の組み合わせ回路の遅延時間よりも，クロック周期のほうを長くする必要があり，余計なタイミング・マージンが必要になる

(2) 信号の受け手側のD-FFのホールド時間を満足させるため，すべてのD-FFに与えるクロックの立ち上がりエッジの位相を合わせ込む必要がある．そのためのクロック分配配線(すなわち負荷容量)が増え，かつ遅延調整用のクロック・バッファが多く必要になり，消費電力が増えてしまう

すなわち，同期型論理回路の問題とは，その回路が持つ性能を最大限まで生かすことができず，かつ本質的な論理機能動作よりもクロック動作にともなう消費電力のほうが多くなってしまう，ということです．クロックの存在こそが悪の魔王というわけです．

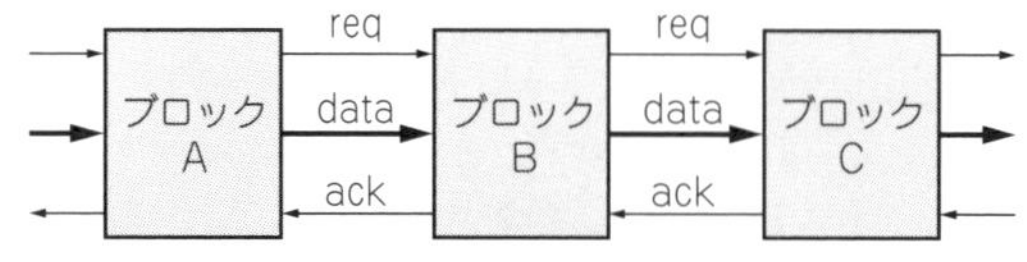

図B 非同期式にはハンドシェイク信号が必要

● クロックレスの非同期型論理回路の登場

そうした消費電力の問題を背景にして，1990年代にクロックレスの非同期型論理回路が盛んに研究されました．

同期型の場合は，クロックの立ち上がりエッジの間で必ず信号が伝搬しきることを前提としており，これが崩れた場合，例えば，クロック周波数が高くなると誤動作しました．

非同期式の場合は，例えばブロックとブロックの間のロジック信号の伝搬時には，例えば図Bに示すように必ずハンドシェイク信号(要求信号reqと受領信号ack)もやりとりさせます．非同期型論理回路はロジック信号を伝搬しながら将棋倒しのように動作するのです．

▶メリット多し

非同期型論理回路の動作速度は，信号の伝搬遅延だけに依存します．また，そのときの電源電圧に対して最大可能な動作速度で動作してくれます．図Cに代表的な非同期プロセッサTITAC-2の特性を示します．電源電圧を上げればCMOS回路の伝搬遅延は減るので，そのまま動作速度も向上します．電源電圧を下げれば自動的に動作速度も落ちます．

常に最大速度で将棋倒しが起きていると，消費電力は減りませんが，途中の経路で将棋倒しを一時的に止めれば，速度と消費電力の最適化が可能です．

非同期型にはクロック分配回路が必要ないので，クロック動作に応じて発生する輻射ノイズも減るという効果もあります．

▶非同期型Armプロセッサも登場

完全非同期型論理回路により構成されたプロセッサも登場しました．1997年にはマンチェスタ大学がArmコア互換のAmuletという非同期プロセッサを発表しています．

● しかし非同期型は普及しなかった

研究が盛んに行われた1990年代は，「非同期型が今後の論理回路の決定版だぜ! イエーイ!」てな感

図13(b)(c)はLEDを点灯させる回路です．最近のLEDは，順方向電流を定格値の1/10以下にしても結構明るいので，できるだけ電流を絞ります．間欠的に短時間だけ点灯させることも検討してください．

図13(d)はI^2C通信経路のプルアップ抵抗に流れる電流を示します．通信規格上，必要な回路構成なので，できるだけ通信の頻度を減らすなどして平均電流が減るように工夫しましょう．

● 外部の電源回路設計の注意点

マイコンに与える電源回路の設計にも注意が必要です．電圧レギュレータ(LDO：Low Drop-Out)を使うと，電圧降下分に対応する電力をレギュレータ内で消費してしまいます．スイッチング・レギュレータのほ

Column 3

じで勢いがあったのですが，非同期型にも以下のような問題がありました．

(1) 同じ動作速度で比較した場合，非同期型の消費電力が同期型に比べ桁違いに小さくなるわけではなかった．非同期型では1本のロジック信号の伝搬のためにも，いちいちハンドシェイクが必要になり，結果的に回路規模がかなり増えてしまう．回路規模の増大は，コストだけでなく消費電力も増やす

(2) 同じ電源電圧で比較した場合，非同期型の動作速度が同期型に比べ桁違いに速くなるわけではなかった．同期型の論理回路でも，設計ツールの進歩により，D-FF間の組み合わせ回路の最適化とD-FFをまたがった最適配分により，回路が本質的に持つ性能を最大限に引き出すことが可能になった．逆に，非同期型では，ハンドシェイクが往復する時間がオーバーヘッドになってきた

(3) 非同期型による論理回路の設計ツールが発達・普及しなかった．同期型の論理回路では，クロックの立ち上がりエッジだけに着目すればよかったが，非同期型の設計処理は非常に複雑なため，商用ベースの設計ツールが現れなかった

結局，論理回路がますます大規模化・複雑化するにつれて，クロック・エッジだけを使うシンプルな同期型設計が主流になっていったのです．

*

● **将来的には，論理回路はアナログ回路になっていってほしい…**

現在の論理回路は，同期型が主流です．その動作速度と消費電力の最適化は，本稿で示した内容を含め，さまざまな方式が考案されてきており，それなりの効果が出ています．

また，クロックの立ち上がりエッジを基本にした同期型設計方式が，ハードウェア記述言語(Verilog HDLやVHDL)，論理合成ツール，テスト回路挿入ツール，タイミング検証ツール，レイアウト・ツールまでの一連の自動設計(EDA：Electronic Design Automation)ツールの土台となっています．これらは大変素晴らしい機能と性能を持ち，多くの実績があり，決して否定されるものではありません．

しかし個人的には，同期式の論理回路は，何か妥協の産物のように感じます．シンプルさという意味では良いのですが，逆に回路の性能を本当に最大限に最適化しているわけではなく，クロック分配にともなう電力や輻射ノイズの問題からは逃れられません．先に述べた非同期論理のようにすべてをハンドシェイクするのも問題なので，ある程度クロックでタイミングをとりながら，ストレートな順方向に向けてハザードレスな組み合わせ論理回路と遅延時間をうまく使った，かなりアナログ回路に近い論理回路設計が楽にできるようになると理想的です．現在でも，フラッシュ・メモリやRAMの内部などでは，こうしたアナログ回路に近い論理設計がなされているケースがあります．

近年の論理設計関係のEDAツール関係の主流テーマは，高位システム合成(C言語から論理ゲートを合成)でのパイプライン構成の自動最適化などにあるようですが，その先では，論理回路のアナログ的設計手法を強力にサポートするEDAツールを考えてくれると嬉しいですね．

〈圓山 宗智〉

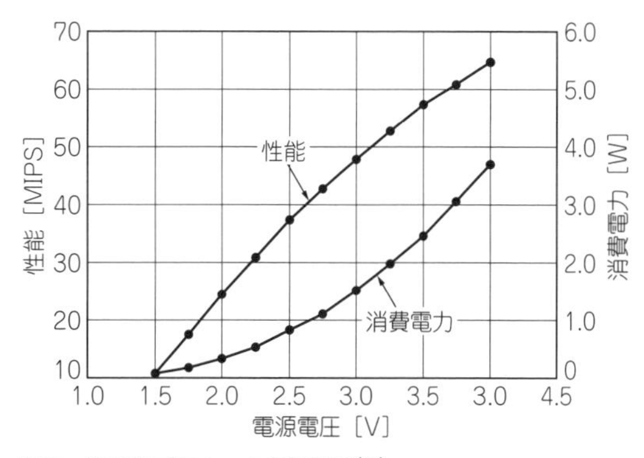

図C　非同期プロセッサの特性例(10)

うが一般的にはレギュレータよりも電力面では有利ですが，負荷電流が少ない場合は，自己消費電力やスイッチング・ロスの割合が増えて電源効率が落ちるので，絶対値として，どちらが有利かをよく検討しましょう．

マイコンによっては，非常に低い電源電圧であっても，内蔵ブースト回路で自分が動作できる電圧まで昇圧できるものがあります．ただし，内蔵ブースト回路をイネーブルにすると意外に多く電流を消費します．

マイコンの平均電流が少なくても，動作プロファイル内のアクティブ・モード中は結構大きな電流を消費することがあります．そうしたピーク電流に対しても，電源回路が追従できることをよく確認しましょう．

最初の電源印加時には，バイパス・コンデンサの充電や，マイコン内部そのものの電源-GND間の容量充電のために突入電流が流れます．

システムとしてバッテリ，特にボタン電池を使う場合は，最大ピーク電流，内部抵抗による電圧降下，バッテリ自体の自己消費電流など，多くの項目に注意が必要です．バッテリ・メーカのアプリケーション・ノートなどを参照しましょう．

● パスコンのリーク電流やノイズによる誤動作にも注意

マイコンなどのデバイスの電源とGNDの間にはバイパス・コンデンサを挿入します．コンデンサ自体もリーク電流を持っていますので，長期にボタン電池で動作させるアプリケーションでは要注意です．

あるマイコンには，極めて低消費電力で動作する水晶発振器を内蔵しているものがあります．こうした発振器は超低電流で動作させていますので，ノイズに弱い傾向があります．発振器以外でも，超低消費電力マイコンは各回路の動作電流を減らしており，外来ノイズに弱い可能性があります．

◆参考文献◆

(1) 鈴木 雄二；環境発電技術の展望，日本AEM学会誌，Vol.22, No.3, p339, 2014.

(2) FinFET Technology - Understanding and Productizing a New Transistor, A joint whitepaper from TSMC and Synopsys, April 2013, Synopsys, Inc.

(3) MSP430FR59xx Mixed-Signal Microcontrollers Datasheet, SLAS704D, October 2012 - Revised August 2014, Texas Instruments Inc.

(4) MSP430FR58xx, MSP430FR59xx, MSP430FR68xx, and MSP430FR69xx Family User's Guide, SLAU367E, October 2012-Revised August 2014, Texas Instruments Inc.

(5) MSP-EXP430FR5969 LaunchPad Development Kit User's Guide, SLAU535A, February 2014-Revised June 2014, Texas Instruments Inc.

(6) MSP430 Advanced Power Optimizations: ULP Advisor Software and EnergyTrace Technology Application Report, SLAA603, June 2014, Texas Instruments Inc.

(7) STM32L053C6, STM32L053C8, STM32L053R6, STM32L053R8, Datasheet, DocID025844 Rev 3, June 2014, STMicroelectronics

(8) RM0367, Ultra-low-power STM32L0x3 advanced Arm-based 32-bit MCUs, Reference Manual, DocID025274 Rev 2, April 2014, STMicroelectronics

(9) UM1775, Discovery kit f0r STM32L0 series with STM32L053C8 MCU, User Manual, DocID026429 Rev 2, June 2014, STMicroelectronics

(10) 南谷 崇；非同期式マイクロプロセッサの動向，情報処理 1998年3月号特別論説「情報処理最前線」，http://www.hal.ipc.i.u-tokyo.ac.jp/research/titac/perspect/perspectj.html

（初出：「トランジスタ技術」2015年2月号）

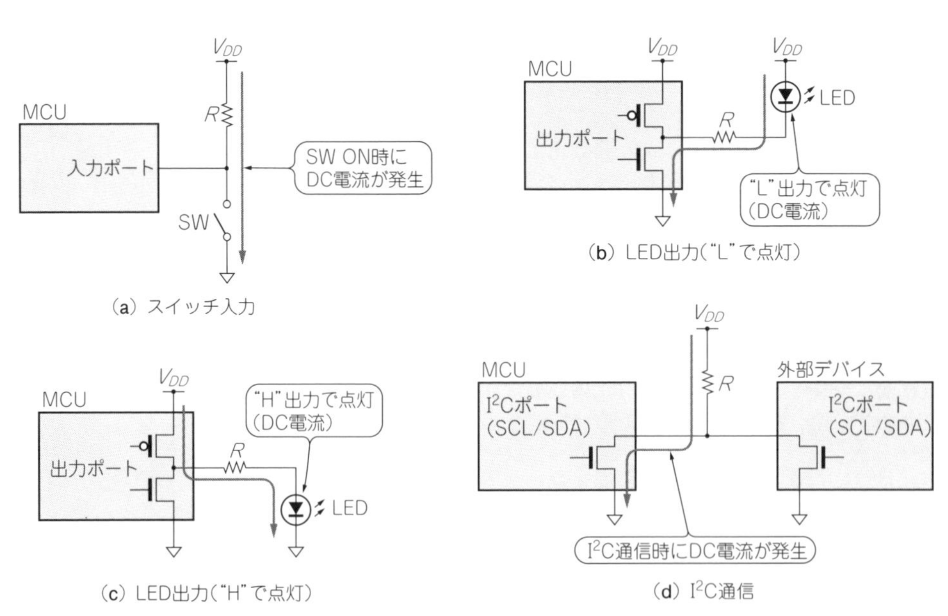

図13 外付け回路と接続することで流れる直流電流も必要最小限に

第5章 複数のスリープ・モードを使い分け，電源とクロックをきめ細かく制御する

nA級！ 7つのロー・パワー・マイコン

圓山 宗智 Munetomo Maruyama

本章では低消費電力マイコンについて，消費電力関連の仕様と，データシートから読み取った消費電流値を紹介します．

一部の動作条件件の消費電流のみ抽出しているので，掲載したマイコンが，単純にロー・パワーで「良い」ということではありませんので注意してください．

いずれの製品も，低消費電力モードを多種類用意しており，CPUや周辺機能へのクロック供給のON/OFF制御をはじめとして，内蔵レギュレータのON/OFF制御，電源電圧と動作周波数の制御など，低消費電力化のために効果の高い地道な工夫を施しています．各マイコンの意図をよく汲み取って，自分のアプリケーションの動作に適した製品を選択してください．

① 低消費電力マイコンの超定番 MSP430FRシリーズ

● FRAM内蔵がおすすめ

テキサス・インスツルメンツの16ビット・マイコンMSP430シリーズは，低消費電力マイコンの代表格でしょう．クロック・システムには複数の低消費電力モード(Low Power Mode；LPM)があり，全体の消費電流を最適化できます．

なかでもMSP430FRシリーズは，不揮発性メモリとして一般的なフラッシュ・メモリではなく，FRAM(Ferroelectric RAM；強誘電体メモリ)を内蔵しています．FRAMの消費電力は小さく，フラッシュ・メモリの1/3程度です．

MSP430FRシリーズの多機能仕様品MSP430FR5*xx*のブロック構成を**図1**に，仕様を**表1**に示します．

16ビットRISC
(16MHz，
1.8～3.6V)

デバッグ関連
- リアルタイムJTAG
- 組み込みエミュレーション
- ブートストラップ・ローダ
- "EnergyTrace" サポート技術

タイマ機能
- 16ビット・タイマ×最大5(コンペア・キャプチャ・レジスタ×最大7)
- リアルタイム・クロック(RTC)とカレンダ機能

内蔵メモリ
- FRAM(最大64Kバイト)
- SRAM(最大2Kバイト)
- ダイレクト・メモリ・アクセス・コントローラ(DMAC)

通信機能
- USCI A (UART/SPI/IrDA/LIN)
- USCI B(I^2C/SPI)

データ保護機能
- AES 256
- CRC16
- 真の乱数の種(seed)生成

電力とクロック管理
- 電圧低下検知リセット(BOR；Brown-Out Reset)
- 電源電圧監視(SVS；Supply Voltage Supervisor)
- パワーオン・リセット(POR；Power-On Reset)
- 外部クロック・フェイル・セーフ機能

アナログ機能
- 12ビット差動A-D変換器×16チャネル(ウィンドウ・コンパレータ内蔵)
- コンパレータ

その他
- 32×32ハードウェア乗算器

図1 FRAM内蔵の低消費電力16ビット・マイコンMSP430FR5*xx*のブロック構成

● フラッシュではなく短時間＆低電流で書き込みできるFRAM

FRAMのメモリ・セルはDRAMのようなキャパシタ構造です．キャパシタの極板間に強誘電体材料が用いられ，強誘電体の残留分極によって不揮発性メモリを実現しています．書き換え回数は10^{15}～10^{16}回以上と多く，フラッシュ・メモリの10^4回に比べれば，ほぼ無限回の書き換えが可能だと言えます．

書き込み時間は読み出し時間と同じ125 ns（8 MHz，16 Mバイト/秒）であり，フラッシュ・メモリに比べて書き込み速度は2桁程度高速です．

FRAMは，短時間かつ低電流で書き込みができるため，発電デバイスから得られる電力でマイコンを間欠動作させてセンサのデータなどを記録（ロギング）していく用途に適しています．

表1　FRAM内蔵の低消費電力16ビット・マイコンMSP430FRシリーズの仕様（MSP430FR5969の場合）

機　能	仕　様
CPU	16ビットRISC
乗算器	32ビット，周辺機能としてバス接続
FRAM	64 Kバイト，ライト：125 ns，ライト回数：10^5
RAM	2 Kバイト
DMAC	3チャネル
タイマ	16ビット×5チャネル
通信機能	UART，IrDA，SPI，I^2C
アナログ	12ビットA-Dコンバータ×16，コンパレータ×16
GPIO	静電容量型タッチ・センス機能付き
RTC	カレンダ，アラーム
その他	AES暗号（128/256ビット），乱数生成，CRC（16ビット）
パッケージ	VQFN-48，VQFN-40，TSSOP-38

● クロック機能による低消費電力化

MSP430シリーズのクロック・システムは，複数のクロック分配経路と発振器をイネーブルまたはディセーブルにできるので，多様な低消費電力モードに移行できます．必要なクロックだけを効果的にイネーブルすることによって，全体の消費電流を低減できます．

● 短いウェイクアップ時間で電力効率を向上

LPM（Low Power Mode）からの復帰（ウェイクアップ）が高速な点も特徴です．この高速ウェイクアップは，最大25 MHz動作と，1 μsで発振安定するディジタル制御オシレータ（Digitally Controlled Oscillator；DCO）によって実現しています．

高速ウェイクアップ機能は，CPUを間欠動作させ

表2　低消費電力マイコンMSP430FRの7種類の低消費電力モード

動作モード	概　要	CPU（MCLK）	SCLK	ACLK	RAM保持	ブラウンアウト・リセット	セルフ・ウェイクアップ	割り込みソース
Active	CPU，すべてのクロックおよびペリフェラルが使用可能	●	●	●	●	●		タイマ，ADC，DMA，UART，WDT，I/O，コンバータ，外部割り込み，RTC，シリアル通信，その他のペリフェラル
LPM0	CPUはシャットダウン．ペリフェラル・クロックは使用可能		●	●	●	●	●	タイマ，ADC，DMA，UART，WDT，I/O，コンバータ，外部割り込み，RTC，シリアル通信，その他のペリフェラル
LPM1	CPUはシャットダウン．ペリフェラル・クロックは使用可能．DCOは停止で，DCジェネレータは停止設定が可能		●	●	●	●	●	タイマ，ADC，DMA，UART，WDT，I/O，コンバータ，外部割り込み，RTC，シリアル通信，その他のペリフェラル
LPM2	CPUはシャットダウン．一つのペリフェラル・クロックのみ使用可能．DCジェネレータは動作			●	●	●	●	タイマ，ADC，DMA，UART，WDT，I/O，コンバータ，外部割り込み，RTC，シリアル通信，その他のペリフェラル
LPM3	CPUはシャットダウン．一つのペリフェラル・クロックのみ使用可能．DCOのDC発生回路は停止			●	●	●	●	タイマ，ADC，DMA，UART，WDT，I/O，コンバータ，外部割り込み，RTC，シリアル通信，その他のペリフェラル
LPM3.5	RAM保持なし，RTCはイネーブル可（MSP430F5xx/F6xxファミリのみ）					●	●	外部割り込み，RTC
LPM4	CPUはシャットダウンで，すべてのクロックは停止				●	●		外部割り込み
LPM4.5	RAM保持なし．RTCは停止（MSP430F5xx/F6xxファミリのみ）					●		外部割り込み

るときに，CPUが復帰しようとして電流を多く消費しはじめてもまだ命令処理ができないという無駄時間を減らせるので，電力効率を向上させたい超低消費電力アプリケーションにとっては非常に重要です．

● 3つのクロック系統に分かれている

MSP430シリーズには，大きく分けて3種類のクロック系統があります．

(1) マスタ・クロック(Main Clock；MCLK)

CPU制御用のクロックです．最大25 MHzのDCO，または外部の水晶振動子で駆動します．

(2) 補助クロック(Auxiliary Clock；ACLK)

ペリフェラル制御用のクロックです．内部の低消費電力オシレータ，または外部の水晶振動子で駆動します．

(3) サブシステム・マスタ・クロック(Sub-Main Clock；SMCLK)

高速ペリフェラル制御用のクロックです．DCO(最大25 MHz)，または外部の水晶振動子によって駆動します．

● 消費電力ゼロのリセット回路

電力を消費せずに，外部の電源電圧の低下を検知してデバイスをリセットできるブラウンアウト・リセット(Brown-Out Reset；BOR)を搭載しています．超低消費電力を維持しながら，信頼性の高いシステム設計を可能にします．

BORが発生すると，その後，POR(Power-On Reset)，PUC(Power-Up Clear)の各状態を経てアクティブ状態になります．

● 7種類の低消費電力モード

表2に示すように，クロックの動作状態に応じて，LPM0～LPM4の5種類，内蔵電圧レギュレータを止めるLPM3.5とLPM4.5の2種類があります．合計で7種類です．これらのモード間の遷移を**図2**に示します．

それぞれのモードは，CPUのSR(Status Register)内のCPUOFF，OSCOFF，SCG0，SCG1の各ビットを設定することでアクティブ状態から移行できます．

設定ビットをSRに含めたのは，モード遷移のための割り込み発生でスタックに保存でき，復帰時に元の状態に簡単に戻せるようにするためです．CPUOFFはCPUを停止させ，OSCOFFは32 kHz水晶発振器を停止させ，SCG0はFLL(Frequency Locked Loop)を停止させ，SCG1はDCOを停止させます．

LPM3.5とLPM4.5では，内蔵電圧レギュレータを

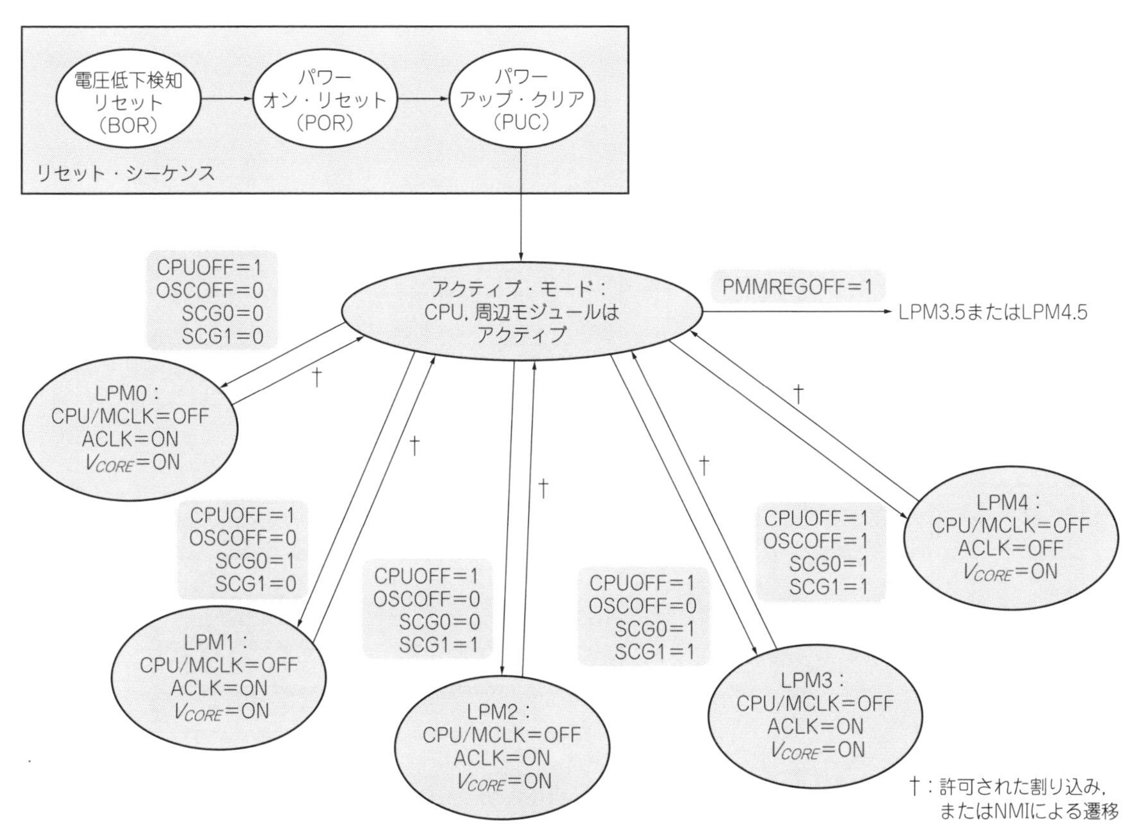

図2 低消費電力マイコンMSP430FRの低消費電力モードへの遷移

表3　低消費電力マイコンMSP430FRの動作モードと消費電流(MSP430FR5969の場合)

動作モード	CPUクロック MCLK	補助クロック ACLK	サブシステム・マスタ・クロック SMCLK	ディジタル制御発振器 (DCO)	周波数ロックト・ループ	全体用レギュレータ	RTC用レギュレータ	ウェイクアップ時間 [μs]
リセット直後	1 MHz	32 kHz	1 MHz	8 MHz	ON	ON	ON	−
Active	ON	ON	ON/OFF	ON/OFF	ON	ON	ON/OFF	−
LPM0	OFF	ON	ON/OFF	ON/OFF	ON	ON	ON/OFF	すぐ
LPM1	OFF	ON	ON/OFF	ON/OFF	OFF	ON	ON/OFF	6
LPM2	OFF	ON	OFF	OFF	ON	ON	ON/OFF	6
LPM3	OFF	ON	OFF	OFF	OFF	ON	ON/OFF	7
LPM4	OFF	OFF	OFF	OFF	OFF	ON	ON/OFF	7
LPM3.5	OFF	OFF	OFF	OFF	OFF	OFF	ON/OFF	250
LPM4.5	OFF	OFF	OFF	OFF	OFF	OFF	OFF	1000

止めるので，RAM内容は保持されません．また，LPM4.5ではRTC(Real Time Clock)も止めます．

各動作状態における消費電流の例を**表3**に示します．

② 低消費電力型PICマイコン nanoWatt XLPシリーズ

おなじみのマイクロチップ・テクノロジーのPICマイコン(PIC16F，PIC18F，PIC24F)に“nanoWatt XLP”という低消費電力マイコンがラインアップされています．このうちの高機能16ビット製品PIC24Fのブロック構成を**図3**に，仕様を**表4**に示します．

● 4種類の低消費電力モード

大きく分けて，アイドル，スリープ，ディープ・スリープ，V_{BAT}モードの4種類があります．

通常動作モードに含まれるDozeモードはCPUなどの動作周波数を大幅に低下させるモードで，アイドルはCPUを停止するモードです．

スリープはさらに周辺機能も停止できるモードで，これ以降のモードではデータ保持用低電圧レギュレータ(1.2 V)を使用することで，さらに消費電流を低減できます．

ディープ・スリープでは，一部を除いてほとんどのモジュールの電源を遮断することができ，最も消費電

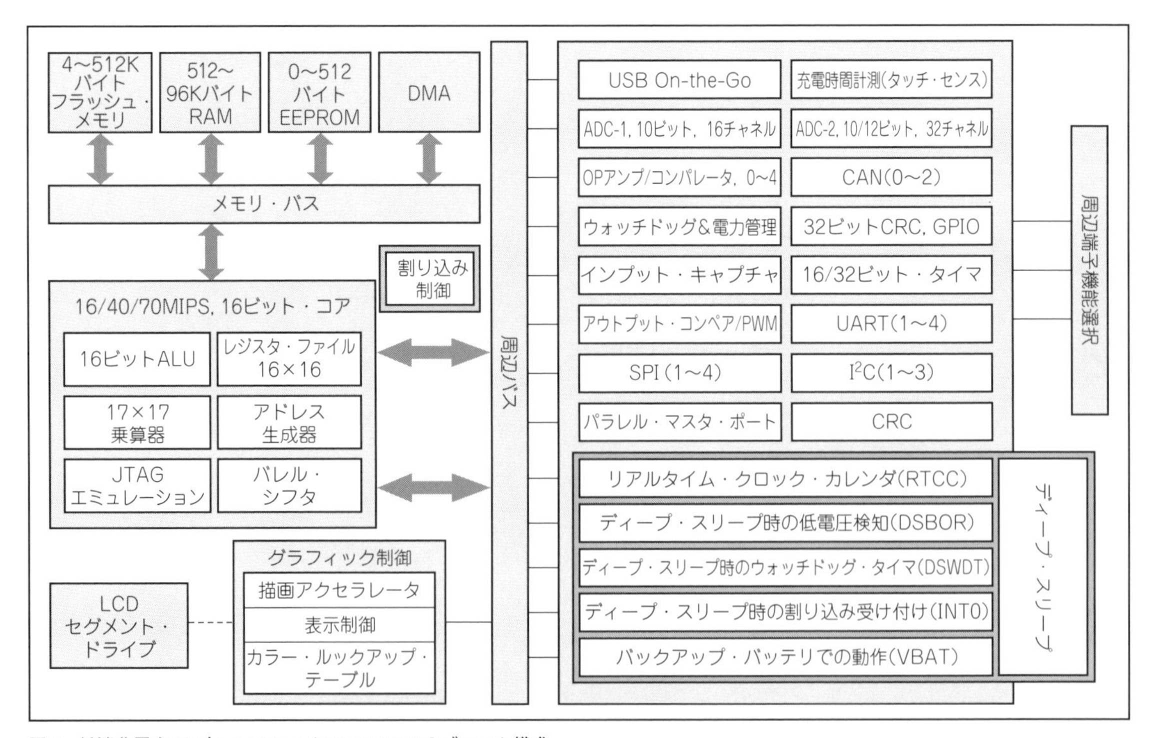

図3　低消費電力16ビットPICマイコンPIC24Fのブロック構成

消費電流(typ) [μA]		動作条件 (V_{CC} = 3.0 V)
f_{MCLK} = 1 MHz	f_{MCLK} = 16 MHz	
170	–	FRAMキャッシュ75 %ヒット
170	1420	FRAMキャッシュ75 %ヒット
130	1070	RAMオンリ，FRAM OFF
80	225	–
35	180	–
0.7		VLO，Brownout，SVS
0.4		VLO，Brownout
0.3		Brownout
0.25		3.7 pF水晶
0.02		–

流を下げることができます．

V_{BAT}モードはバッテリ・バックアップ動作に対応し，V_{DD}端子からの電源供給を切り，V_{BAT}端子からの電源供給だけで一部のレジスタ内容を保持し，RTCC(Real-Time Clock/Calendar)を動作させます．

各動作状態における消費電流の例を**表5**に示します．

③ 低消費電力8ビットAVRマイコン tinyAVRシリーズ

マイクロチップ・テクノロジー社の8ビットAVRシリーズにも超低消費電力版がラインアップされています．そのうちの1つがtinyAVRシリーズです．

動作電圧範囲は1.8～5.5 Vと広く，さらにオンチップ・ブースト・コンバータを使うと0.7 Vから動作可能になります．

表4 低消費電力16ビットPICマイコンnanoWatt XLPの仕様(PIC24FJ128GC)

機 能	仕 様
CPU	16ビットPIC24F，16 MIPS@32 MHz，乗算/除算
フラッシュ・メモリ	128 Kバイト
RAM	8 Kバイト
DMAC	6チャネル
LCD	59セグメント×8コモン
アナログ	12ビット・パイプライン型A-Dコンバータ×50チャネル，10 Msps
	16ビットΔΣ型A-Dコンバータ×2チャネル
	10ビットD-Aコンバータ×2チャネル
	OPアンプ×2，コンパレータ×3
	タッチ・センス用充電時間計測×50チャネル
通信機能	USB 2.0，フルスピード，On-The-Go，Device
	I^2C×2，SPI×2，UART/IrDA×4
タイマ	インプット・キャプチャ×9，アウトプット・コンペア/PWM×9
	16ビット・タイマ×5
	RTCC(Real-Time Clock and Calendar)
パッケージ	TQFP-64，QFN-64，TQFP-100，BGA-121

tinyAVRシリーズの中のATtiny43Uのブロック構成を**図4**に，仕様を**表6**に示します．

● 3種類の低消費電力モード

ATtiny43Uには，3つの低消費電力モードがあります．アイドル状態はCPUとフラッシュ・メモリのク

表5 nanoWatt XLPの動作モードと消費電力(PIC24FJ128GCの場合)

低消費電力状態		CPU	周辺機能	データRAM保持	RTCC	ディープ・スリープ・セマフォ	ウェイクアップ時間注2	消費電流(typ) [μA]	動作条件(V_{DD} = 3.3 V)
リセット直後		ON	ON	Yes	ON	Yes	–	～120注1	FRCDIV = 4 MHz，CPU = 0.5 MHz
通常動作～Dozeモード		ON	ON	Yes	ON	Yes	–	5700	f_{OSC} = 32 MHz，16 MIPS
								390	f_{OSC} = 2 MHz，1 MIPS
								25	f_{OSC} = 31 kHz，(LPRC)，15.5 kIPS
アイドル		OFF	ON	Yes	ON	Yes	–	1600	f_{OSC} = 32 MHz，16 MIPS
								123	f_{OSC} = 2 MHz，1 MIPS
								18	f_{OSC} = 31 kHz，(LPRC)，15.5 kIPS
スリープ	スリープ	OFF	ON/OFF	Yes	ON	Yes	16 μs	4.3	論理機能維持用低電圧レギュレータ注3はOFF
	低電圧スリープ	OFF	ON/OFF	Yes	ON	Yes	35 μs	0.42	論理機能維持用低電圧レギュレータ注3はON
ディープ・スリープ	データ保持付き	OFF	OFF	Yes	ON	Yes	215 μs	0.075	–
	データ保持なし	OFF	OFF	No	ON	Yes			
V_{BAT}モード	RTCC ON	OFF	OFF	No	ON	Yes	–	0.4	RTCC(Real Time Clock/Calender)はON
	RTCC OFF	OFF	OFF	No	OFF	Yes			

注1：筆者推定値
注2：一例を示す．使用する発振器など各種条件に依存
注3：論理機能維持用低電圧レギュレータ(Retention Low Voltage Regulator)を使うと，通常の内蔵レギュレータ(1.8 V)より低い1.2 Vを生成するので，さらに消費電流を削減できる

ロックが停止します．ADCノイズ低減モードは，さらにI/Oのクロックが停止します．パワー・ダウン・モードはすべてのクロックが停止します．

ADCノイズ低減モードは，高精度なA-D変換を行うために用意されており，A-D変換中はA-Dコンバータ以外のクロックを止めてチップが発生するノイズを極力抑え，A-D変換が終わったらCPUをウェイクアップさせて処理を続けることができます．

● 電源電圧と動作周波数の組み合わせでさらに低消費電力に

ATtiny43Uは，電源電圧に対応して，最大動作周波数が決められています．V_{CC} = 1.8 Vでは，f_{max} = 4 MHz，V_{CC} = 2.7 V以上でf_{max} = 8 MHzです．アプリケーションが必要とする性能に応じて電源電圧をなるべく低くすることで，消費電力をより削減することができます．

各動作状態における消費電流の例を**表7**に示します．

④ 国産の低消費電力16ビット・マイコンRL78ファミリ

● 車載から計測器までの製品シリーズがある

ルネサス エレクトロニクスのマイコンの中で，低消費電力をメインの特徴としている製品がRL78ファミリです．車載から計測器や健康機器などにわたる幅広いアプリケーションに向け，多くの製品シリーズがリリースされています．

RL78ファミリのうち，セグメントLCDドライバとUSB 2.0機能を内蔵した製品RL78/L1Cシリーズのブロック構成を**図5**に，仕様を**表8**に示します．

● 3種類の低消費電力モード

図6に全3種類の消費電力状態の遷移図を示します．

RUN状態は通常動作で，CPUも周辺機能もアクティブです．HALT状態はCPUが停止するモードで，STOPモードは周辺機能やクロック発振も停止します．

● 省電力性能を強化するSNOOZE機能

RL78ファミリは，CPU停止状態でもA-D変換や

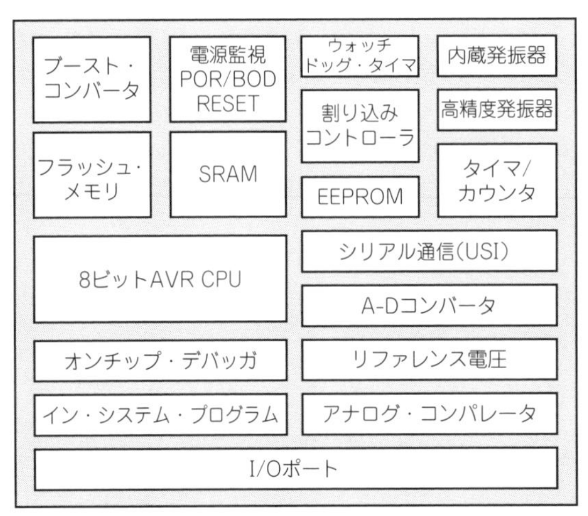

図4　低消費電力8ビットAVRマイコンATtiny43Uのブロック構成

表6　低消費電力8ビットAVRマイコンATtiny43Uの仕様

機　能	仕　様
CPU	8ビットAVR RISCアーキテクチャ
フラッシュ・メモリ	4 Kバイト，W/E：10000回
EEPROM	64バイト，W/E：100000回
RAM	256バイト
タッチ・センス	静電容量型×8チャネル
タイマ	8ビット・タイマ/カウンタ，PWM機能付き
WDT	独立発振器付き
アナログ	10ビットA-Dコンバータ
	コンパレータ
	リファレンス電圧
通信機能	ユニバーサル・シリアル・インターフェース
電源	オンチップ・ブースト・コンバータ
パッケージ	SOIC-20，QFN/MLF-20

表7　tinyAVRの動作モードと消費電流(ATtiny43Uの場合)

低消費電力状態	CPUクロック	フラッシュ・クロック	I/Oクロック	ADCクロック	消費電流(typ) [μA]	動作条件
リセット直後	ON	ON	ON	ON	100	f=125 kHz(フラッシュ・ヒューズで設定)，V_{CC}=5 V
通常動作	ON	ON	ON	ON	4000	f = 8 MHz，V_{CC} = 5 V，昇圧コンバータOFF
					1300	f = 4 MHz，V_{CC} = 3 V，昇圧コンバータOFF
					200	f = 1 MHz，V_{CC} = 2 V，昇圧コンバータOFF
アイドル	OFF	OFF	ON	ON	1000	f = 8 MHz，V_{CC} = 5 V，昇圧コンバータOFF
					250	f = 4 MHz，V_{CC} = 3 V，昇圧コンバータOFF
					40	f = 1 MHz，V_{CC} = 2 V，昇圧コンバータOFF
ADCノイズ低減モード	OFF	OFF	OFF	ON	－	－
パワー・ダウン	OFF	OFF	OFF	OFF	4.5	V_{CC} = 3 V，WDT ON，昇圧コンバータOFF
					0.35	V_{CC} = 3 V，WDT OFF，昇圧コンバータOFF

図5　RL78/L1Cシリーズのブロック構成

マイコンの低消費電力はデータシートから読み取れる　Column 1

マイコンの消費電流は，各製品のデータシートやマニュアルから読み解けます．実際の製品選定の際は，各製品の最新版のドキュメント類を参照して，低消費状態のCPU性能（クロック周波数）や，低消費電力状態への遷移方法やそこからの復帰方法や復帰時間などが目的とするアプリケーションの目標機能に適しているかどうかをよく検討してください．

● typ表示に要注意

データシート上の消費電流で“typ”表示されている値には注意しましょう．原則として，電源電圧は動作範囲の中央または下限，動作温度は室温，MOSトランジスタなど製造プロセスのばらつきは中央値にあるサンプルを使い，各機能モジュールの動作率は平均的なものにして計測したもの，あるいはシミュレーション値を使っています．

自分のアプリケーションでの使用条件で，データシートに表示された電流値に一致するケースはまれなので注意してください．

さらに，データシート上の消費電流は，一般的に外部I/O端子に流れる電流は含みませんので気を付けてください．　〈圓山 宗智〉

表8　RL78/L1Cの仕様(R5F110MJ/NJ/PJの場合)

機　能	仕　様
CPU	RL78コア，CISC，乗除，積和 （周辺に10進補正機能あり）
フラッシュ・メモリ	CODE：256 Kバイト，DATA：8 Kバイト
RAM	16 Kバイト
DTC	周辺レジスタ自動転送
イベント・リンク	チップ内の各種イベントを各周辺機能へリンク
通信機能	USB 2.0，フルスピード，ファンクション
	CSI × 4チャネル
	UART/LIN-バス対応UART × 4チャネル
	I^2C/簡易I^2C × 5チャネル
タイマ	16ビット・タイマ × 11チャネル， 12ビット・インターバル × 1チャネル リアルタイム・クロック × 1チャネル， WDT × 1チャネル
LCDドライバ	セグメント：44/40本～56/52本， コモン：4/8本
アナログ	8/10ビットA-Dコンバータ + 12ビットA-Dコンバータ，9～13チャネル
	8ビットD-Aコンバータ × 2チャネル
	コンパレータ × 2チャネル
パッケージ	LQFP-80，VFLGA-85，LQPF_100

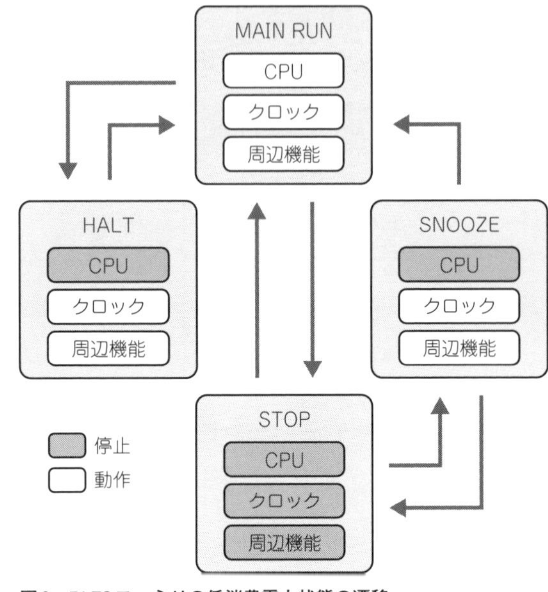

図6　RL78ファミリの低消費電力状態の遷移

シリアル通信データを受信可能なSNOOZEモードをサポートしています．SNOOZEモードを使うと，STOPモード（クロック停止）でCPUを停止させたまま，内蔵発振器を発振させて周辺機能を動作させることが可能です．

例えば，インターバル・タイマにより定期的にSTOPモードからSNOOZEモードに遷移し，A-D変換を実行し，変換結果がある条件になったときRUNモードに遷移し，その条件以外ではまたSTOPモードに遷移できます．センサによる低消費電力な監視動作に活用できます．

クロック停止（STOP）状態でもシリアル受信の待ち受けが可能です．データを受信した場合は直ちにクロックが起動し，受信動作を実行し（STOP→SNOOZE），受信終了後にCPUを起動させ（SNOOZE→MAIN RUN），受信エラー発生時は受信終了後にSTOPモードへ戻る（SNOOZE→STOP）ことも可能です．

表9　RL78/L1Cの動作モードと消費電流(R5F110-MJ/NJ/PJ，ルネサス エレクトロニクス)

低消費電力状態	動作モード	電源電圧 [V]	動作周波数 f_{CLK} [Hz]	CPU	周辺機能	ウェイクアップ時間 [μs]	消費電流(typ) [μA]	f_{CLK}動作条件 (V_{DD} = 3.0 V)
リセット直後(例)	LV(低電圧メイン)*	1.6～3.6	4 M*	ON	STOP	－	1300	4 MHz*
RUN	HS(高速メイン)	2.7～3.6	1 M～24 M	ON	ON	－	4200	24 MHz
	LS(低速メイン)	1.8～3.6	1 M～8 M				1400	8 MHz
	LV(低電圧メイン)	1.6～3.6	1 M～4 M				1300	4 MHz
	サブシステム・クロック	1.6～3.6	32.768 k				5	32.768 kHz
HALT	HS(高速メイン)	2.7～3.6	1 M～24 M	OFF	ON	15～16 clk	550	24 MHz
	LS(低速メイン)	1.8～3.6	1 M～8 M				300	8 MHz
	LV(低電圧メイン)	1.6～3.6	1 M～4 M				440	4 MHz
	サブシステム・クロック	1.6～3.6	32.768 k				0.62	32.768 kHz
STOP	－	－	－	OFF	OFF	18～75	0.25	－
SNOOZE	ADCモード遷移中	1.6～3.6	fHOCO	OFF	ADC CSI/UART DTC	9～25	340	－
	ADC変換中						530	
	CSI/UART動作						700	

＊：フラッシュ・メモリ内のオプション・バイトで初期値を設定

● 電源電圧範囲とクロック周波数範囲をきめ細かく制御

電源電圧範囲とクロック周波数範囲に応じて，HS(高速メイン)モード，LS(低速メイン)モード，LV(低電圧メイン)モード，サブシステム・クロック・モードがあります．それぞれの動作モードの電源電圧範囲と消費電流の対応の一例を**表9**に示します．

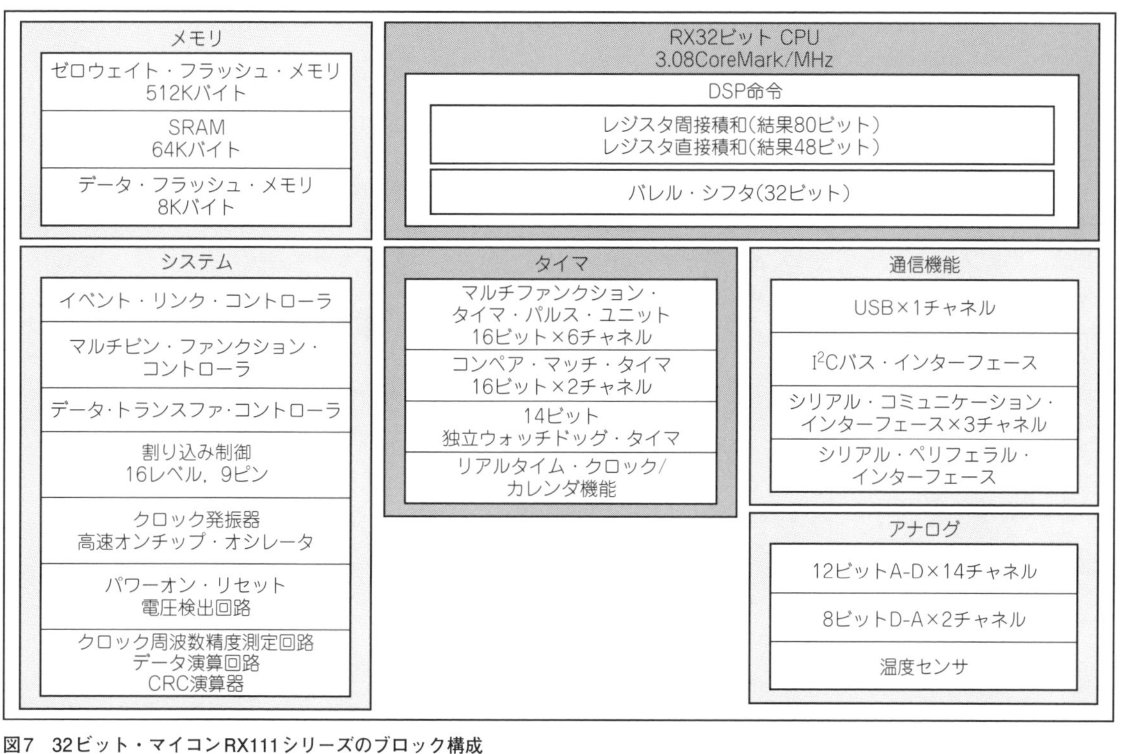

図7　32ビット・マイコンRX111シリーズのブロック構成

表10　32ビット・マイコンRX111シリーズの仕様(R5F51115AGFM/FK/FL/NEの場合)

機　能	仕　様
CPU	32ビットRX CPU，乗除算器
フラッシュ・メモリ	128 Kバイト
RAM	16 Kバイト
データ・フラッシュ	8 Kバイト，イレース/ライト回数：1M回
DTC	周辺レジスタ自動転送
イベント・リンク	チップ内の各種イベントを各周辺機能へリンク
RTC	カレンダ機能
IWDT	独立ウォッチドッグ・タイマ(15 kHz)
機能安全	IEC60730対応(周波数精度測定，RAMテスト・アシストなど)
通信機能	USB 2.0，ホスト，ファンクション，OTG(On-the-Go)
	SCI × 3チャネル
	I^2C × 1チャネル
	RSPI × 1チャネル
タイマ機能	16ビットMTU × 6チャネル
	16ビットCMT × 2チャネル
アナログ	12ビットA-Dコンバータ × 4チャネル(1.0 μs)
	8ビットD-Aコンバータ × 2チャネル(64ピン版のみ)
CRC	CRC演算器
温度センサ	内蔵
MPC	周辺端子機能を複数箇所に割り当て可能
パッケージ	LFQFP-64，LQFP-64，LFQFP-48，HWQFN-48

⑤ 国産の低消費電力 32ビット・マイコンRXファミリ

● RXファミリの小ピン/低消費電力シリーズ

ルネサス エレクトロニクスの32ビット・マイコンのRXファミリというと，RX600系などの高性能/高機能な巨艦マイコンが有名です．RX111シリーズは，RXファミリのなかのロー・エンド系RX200シリーズよりもさらに小ピン/小容量フラッシュ・メモリでロー・エンドに振った製品です．

RX111シリーズは，CPU実行性能と低消費電力性能を両立させようとした製品です．カタログ上のCPUベンチマーク性能は3.08 CoreMark/MHz，電流性能比は14.9 CoreMark/mAをうたっています．

RX111シリーズのブロック構成を**図7**に，仕様を**表10**に示します．

● 3種類の低消費電力モード

RX111シリーズには，次に示す3種類の低消費電力状態があります．

スリープ・モードはCPUの動作を停止させ，周辺機能は動作できます．ディープ・スリープ・モードは，CPU/DTC/ROM/RAMのクロックを停止させるモードで，周辺機能は動作可能です．ソフトウェア・スタンバイ・モードは，サブクロック発振器以外のすべての機能を停止させます．

後者のモードになるほど消費電力は下がります．

● 3種類(高速/中速/低速)の動作電力制御モード

さらに，RX111シリーズには，上記の低消費電力状態に加えて，3種類(高速/中速/低速)の動作電力制御状態があります．

各状態では，**図8**に示すように電源電圧と動作周波

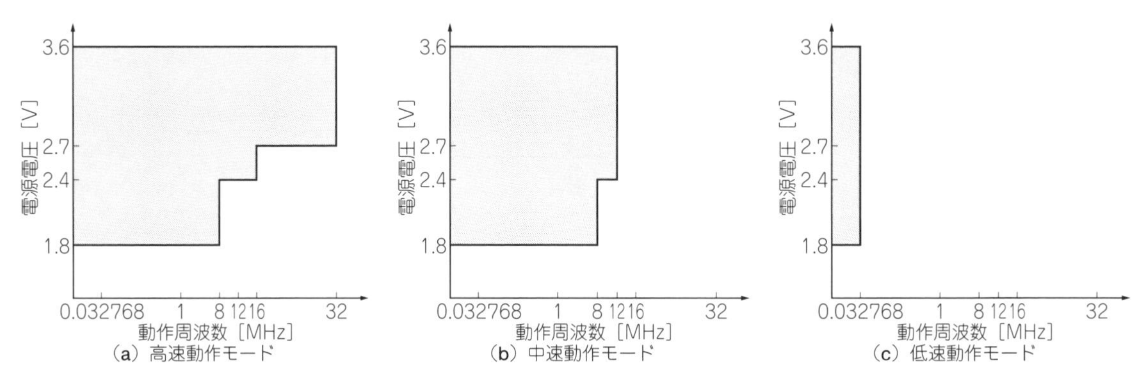

図8　32ビット・マイコンRX111シリーズの動作電力制御状態と動作範囲(電源/周波数)
フラッシュ・メモリのリード動作時

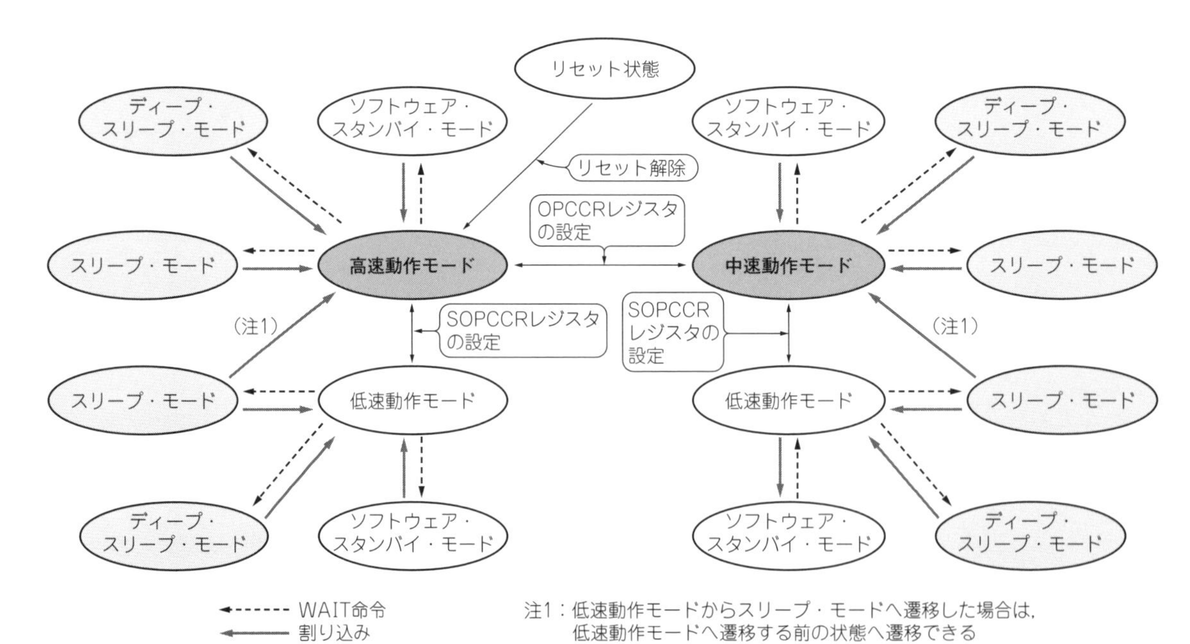

図9　32ビット・マイコンRX111シリーズの動作モード遷移図

数を制限することで，高速動作モードから低速動作モードに向けて，さらに消費電力を下げることができます．

● 2つの状態を組み合わせて消費電力を制御

低消費電力状態と動作電力制御状態は，**図9**に示すようにきめ細かく遷移できます．各モードにおける実際の消費電力の例を**表11**に示します．

表11　32ビット・マイコンRX111シリーズの動作モードと消費電流(R5F51115AG-FM/FK/FL/NEの場合)
動作電圧やクロック周波数は設定できる一部の例のみを示している

動作モード	低消費電力状態	電源電圧[V]	ICLK[Hz]	CPU	周辺機能	ウェイクアップ時間[μs]	消費電流(typ)[μA]
リセット直後	高速/通常動作	1.8～3.6	0.5 M	ON	OFF	–	～1000＊
高速動作モード	通常動作モード	2.7～3.6	32 M	ON	ON	–	10600
					OFF		3200
	スリープ・モード			OFF	ON	–	6400
					OFF		1800
	ディープ・スリープ・モード			OFF	ON	2	4600
					OFF		1200
中速動作モード	通常動作モード	1.8～3.6	8 M	ON	ON	–	3500
					OFF		1300
	スリープ・モード			OFF	ON	–	2200
					OFF		850
	ディープ・スリープ・モード			OFF	ON	3	1800
					OFF		700
低速動作モード	通常動作モード	1.8～3.6	32.768 k	ON	ON	–	11.5
					OFF		4
	スリープ・モード			OFF	ON	–	7.1
					OFF		2.2
	ディープ・スリープ・モード			OFF	ON	400	5.3
					OFF		1.8
–	ソフトウェア・スタンバイ・モード	1.8～3.6	–	OFF	OFF	40 高速モードへ HOCO/LOCO	0.35
						4.8 中速モードへ LOCO	

＊：筆者推定値

ルネサスのエナジー・ハーベスト用Armマイコン「REファミリ」　Column 2

ルネサス エレクトロニクスは，エナジー・ハーベスト(環境発電)用の組み込みコントローラとして，32ビットArm Cortex-M0＋コアを搭載した「REファミリ」を2019年10月に発表し，第1弾となるRE01グループの量産を開始しました．また，REファミリがカシオ計算機の腕時計「G-SHOCK」の新製品「GBD-H1000」のメイン・コントローラに採用されたと2020年3月に発表しました．

REファミリは同社独自のSOTB(Silicon On Thin Buried Oxide)プロセス技術を採用しており，動作時/スタンバイ時ともに低消費電流を実現しているとのことです．また，1.62Vの低電圧駆動で64MHzの高速動作が可能です．発電素子と蓄電用コンデンサ，2次電池を制御して超低消費電力状態で起動できる「エナジー・ハーベスト制御回路」や，低消費電力14ビットA-Dコンバータを搭載しています．

残念ながら記事の中では紹介できませんでしたが，REファミリは，今どきの倹約マイコンの1つです．

▶ REファミリの紹介ページ
https://www.renesas.com/jp/ja/products/microcontrollers-microprocessors/re.html

〈編集部〉

⑥ Cortex-M0+コアの低消費電力マイコンⅠ STM32L0シリーズ

● 多機能ながら超低消費電力を実現

STマイクロエレクトロニクスのSTM32L0シリーズは，32ビットArmコアのロー・エンド版Cortex-M0＋をCPUにもつマイコンです．

Cortex-M0＋は，性能効率が2.15 CoreMark/MHz，0.93～1.08 DMIPS/MHzと標準的なものですが，パイプライン段数を2段に減らして最高動作周波数を抑え，論理構造を最適化して論理ゲート数を減らした，ロー・パワー・アプリケーションに最適なCPUコアです．

例えば，90 nmロー・パワー・プロセスで設計した場合，ダイナミック電力は11 μW/MHzと低く，面積も0.04 mm^{2}と非常にコンパクトになります．

STM32L0は，多機能ながら消費電力を大幅に低下させたマイコンです．USBやLCDドライバを内蔵した多機能仕様のSTM32L053R8のブロック構成を図

表13　Cortex-M0＋コア搭載STM32L0の低消費電力モード（STM32L053-C8/R8の場合）

動作モード	動作内容
Active Run	● 全機能動作
Sleep	● CPUは停止 ● 周辺機能は動作
Low Power Run	● CPUは動作 ● 周辺機能は一部を除いて動作 ● 内蔵レギュレータを低消費型に切り替え ● 動作周波数は制限あり
Low Power Sleep	● CPUは停止 ● 周辺機能は一部を除いて動作 ● 内蔵レギュレータを低消費型に切り替え ● 動作周波数は制限あり ● RAMは電源遮断 ● フラッシュ・メモリは停止可能
Stop	● 全クロック停止 ● 内蔵レギュレータを低消費型に切り替え
Standby	● V_{CORE}領域は電源遮断

図10　Cortex-M0＋コア搭載STM32L053R8のブロック構成

10に，仕様を**表12**に示します．

● 6種類の動作モード

低消費電力モードは**表13**に示すように通常動作状態を含めて6種類あります．

Active Runは全機能が動作するモードです．このモードからCPUを停止したものがSleepモードです．

Sleepモードは最大動作周波数がActive Runモードと同じなので，フル性能で周辺機能を動作させることができますが，電力はそれなりに消費します．

Low Power Runは，内蔵レギュレータを低消費型に切り替えて最大動作周波数を下げ，CPUと周辺機能が動作するモードで，プログラムを実行しつつSleepモードよりも消費電流を抑えることができます．

Low Power Sleepモードは，Low Power RunモードからCPU動作を停止したものです．

Stopモードは内蔵レギュレータが生きていますが，全クロックを停止した状態です．Standbyモードは内

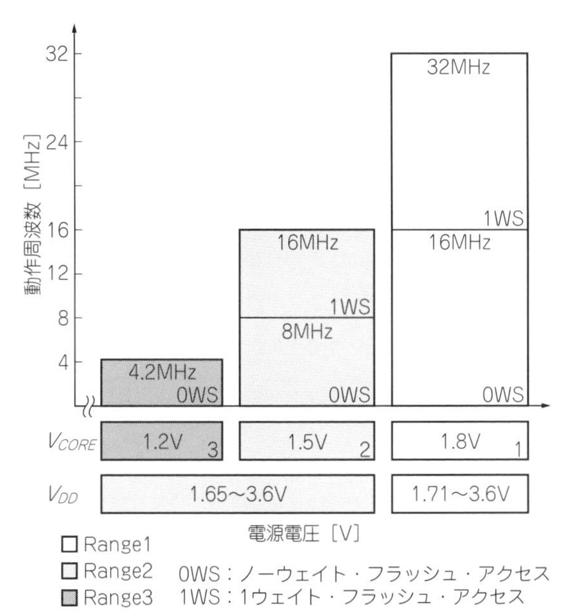

図11　STM32L0のダイナミック電圧スケーリング

表12　Cortex-M0＋コア搭載STM32L053R8の仕様

機　能	仕　様
CPU	32ビット，Cortex-M0＋，性能：0.95 DMIPS/MHz
フラッシュ・メモリ	64Kバイト，ECC付き
RAM	8Kバイト，ECC付き
EEPROM	2Kバイト，ECC付き
DMAC	7チャネル
LCDドライバ	8×28セグメント，コントラスト調整，ブリンク
アナログ	12ビットA-Dコンバータ×16チャネル(1.14 Msps)
	12ビットD-Aコンバータ×1チャネル
	超低消費電力型コンパレータ×2
タッチ･センス	静電容量型検知×24チャネル
通信機能	USB 2.0×1チャネル，フルスピード，Device
	USART×2チャネル，ISO7816，IrDA
	UART×1チャネル，低消費
SPI	2チャネル，16 Mbps
タイマ	16ビット×3チャネル，低消費型16ビット×1チャネル，DAC用×1チャネル
	SysTick×1チャネル，RTC×1チャネル，WDT×2
その他	CRC計算，乱数生成
パッケージ	LQFP-48，LQFP-64，TFBGA-64

表14　STM32L0の動作モードと消費電流(STM32L053C8/R8の場合)

動作モード	CPU HCLK	周辺機能 PCLK	レギュレータ	フラッシュ・メモリ	RAM	ウェイクアップ時間	消費電流(typ)［μA］	動作条件(V_{DD}＝3.0 V)			
								V_{CORE}	f_{HCLK}	発振器	フラッシュ
リセット直後	2.1 MHz	2.1 MHz	ON	ON	ON	−	〜350＊	1.5 V	2.1 MHz	MSI	ON
Active Run	ON	ON	ON	ON	ON	−	165	1.2 V	1 MHz	HSE	ON
							1300	1.5 V	8 MHz		
							6300	1.8 V	32 MHz		
Sleep	OFF	ON	ON	ON/OFF	ON	RAMからは3.5 μs フラッシュ･メモリからは5 μs	43.5	1.2 V	1 MHz	HSE	OFF
							305	1.5 V	8 MHz		
							1650	1.8 V	32 MHz		
Low Power Run	limited	limited	LP Mode	ON	ON		22	1.5 V	32 kHz	MSI	ON
							27.5		65 kHz		
							39		131 kHz		
Low Power Sleep	limited	limited	LP Mode	ON/OFF	OFF		17	1.5 V	32 kHz	MSI	ON
							17		65 kHz		
							19.5		131 kHz		
Stop	OFF	OFF	LP Mode	OFF	OFF	3.5 μs	0.41	−	−	−	OFF
Standby	OFF	OFF	OFF	OFF	OFF	50 μs	0.29	−	−	−	OFF

＊：筆者推定値

蔵レギュレータをOFFにして，内部コア電源電圧(V_{CORE})を遮断したモードです．

● ダイナミック電圧スケーリング

STM32L0にはダイナミック電圧スケーリング機能があり，内蔵レギュレータの設定によって内部コア電圧(V_{CORE})を3レンジ(1.8 V，1.5 V，1.2 V)から選択できます．Active RunモードとSleepモードでは，**図11**に示すように，動作周波数を制限してV_{CORE}電圧を落とすことで消費電流を下げることができます．

低消費電力モードとダイナミック電圧スケーリングの組み合わせできめ細かく消費電力を制御できます．その一例を**表14**に示します．

⑦ Cortex-M0＋コアの低消費電力マイコンⅡ EFM32 Zero Geckoシリーズ

シリコン・ラボラトリーズもCortex-M0＋コアの超低消費電力マイコンEFM32 Zero Geckoシリーズをリリースしています．そのなかのEFM32ZG222のブロック構成を**図12**に，仕様を**表15**に示します．

● 4種類の低消費電力モード

EFM32ZG222は，アクティブ動作モード(EM0)から，4種類(EM1～EM4)の低消費電力状態に移行できます．

EM1はCPUだけ停止して，その他の高速周辺機能などは動作します．EM2は高速周辺機能を停止し，低速周辺機能だけ動作させます．EM3は低速周辺機能も停止しますが，RAMやレジスタの値は保持されRTCも動作します．EM4は全機能を停止します．

各動作状態における消費電流の例を**表16**に示します．

● 復帰時間が2 μsと素早い

低消費電力モードからアクティブ状態に復帰する時間も重要なファクタです．EFM32ZG222は，EM2またはEM3からアクティブ状態(EM0)への復帰時間が2 μsと高速です．この特徴を生かせば，間欠動作による低消費電力化がより効果的になります．

*

本章で紹介した超低消費電力マイコンはほんの一例です．他にも多くの製品がリリースされています．アンテナを高くして，自分の目指すアプリケーションに適したマイコンを選定しましょう．

◆参考文献◆

(1) MSP430FR59xx Mixed-Signal Microcontrollers Datasheet, SLAS704D, October 2012 - Revised August 2014, Texas Instruments Inc.

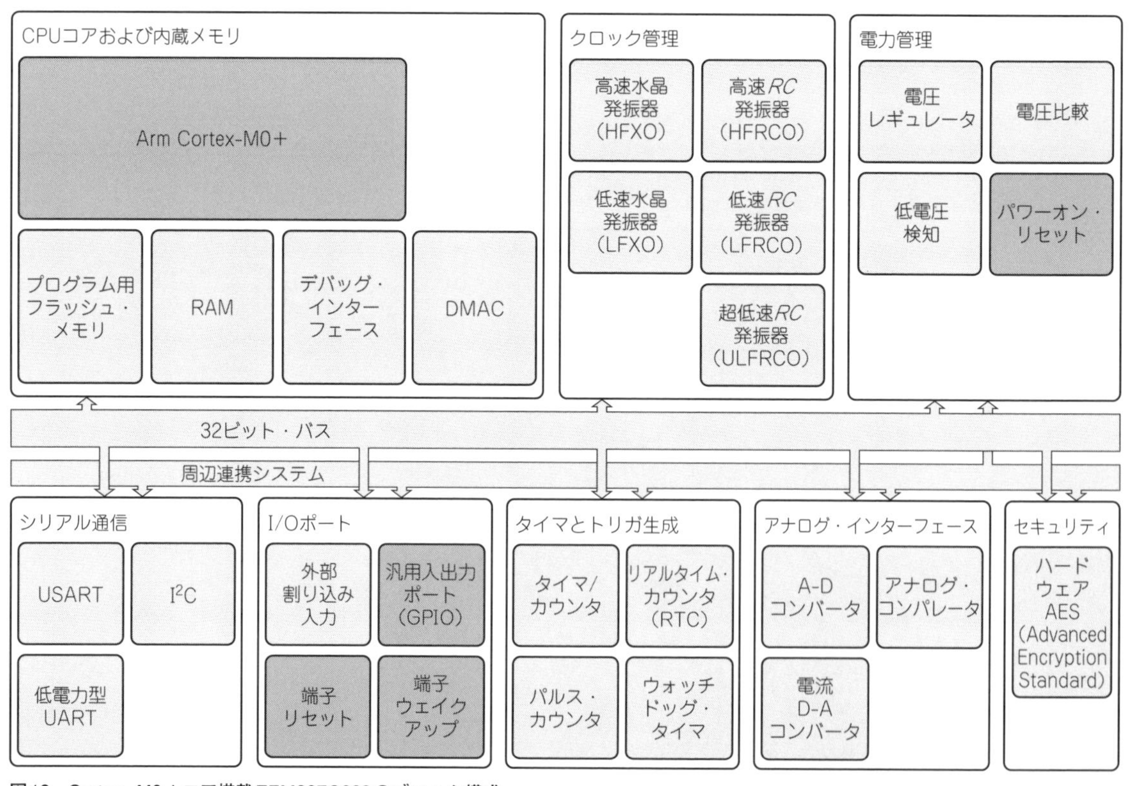

図12 Cortex-M0＋コア搭載EFM32ZG222のブロック構成

(2) MSP430FR58xx, MSP430FR59xx, MSP430FR68xx, and MSP430FR69xx Family User's Guide, SLAU367E, October 2012-Revised August 2014, Texas Instruments Inc.
(3) MSP-EXP430FR5969 LaunchPad Development Kit User's Guide, SLAU535A, February 2014-Revised June 2014, Texas Instruments Inc.
(4) MSP430 Advanced Power Optimizations：ULP Advisor Software and EnergyTrace Technology Application Report, SLAA603, June 2014, Texas Instruments Inc.
(5) PIC24FJ128GC010 FAMILY Datasheet, DS30009312B, 2012, Microchip Technology Inc.
(6) Low - Power Design Guide, Application Note, DS01416A, 2011, Microchip Technology Inc.
(7) ATtiny43U, 8 - bit Microcontroller with 4K Bytes In - System Programmable Flash and Boost Converter, Datasheet, Rev. 8048C-AVR, February 2012, Atmel Corp.
(8) RL78/L1C ユーザーズマニュアル　ハードウェア編, Rev. 2.00, January 2014, ルネサス エレクトロニクス.
(9) RX111グループ ユーザーズマニュアル　ハードウェア編, Rev.1.10, March 2014, ルネサス エレクトロニクス.
(10) STM32L053C6, STM32L053C8, STM32L053R6, STM32L053R8, Datasheet, DocID025844 Rev 3, June 2014, STMicroelectronics.
(11) RM0367, Ultra-low-power STM32L0x3 advanced Arm-based 32-bit MCUs, Reference Manual, DocID025274 Rev 2, April 2014, STMicroelectronics.
(12) UM1775, Discovery kit for STM32L0 series with STM32L053C8 MCU, User Manual, DocID026429 Rev 2, June 2014, STMicroelectronics.
(13) EFM32ZG222 Datasheet, d0066, Revision 1.00, July 2nd, 2014, Silicon Laboratories Inc.
(14) EFM32ZG Reference Manual, d0062, Revision 1.00, July 2nd, 2014, Silicon Laboratories Inc.

(初出：「トランジスタ技術」2015年2月号)

表15　Cortex-M0＋コア搭載EFM32 Zero Geckoの仕様(EFM32ZG22F32/16/8/4の場合)

機　能	仕　様
CPU	32ビット, Cortex-M0＋, 0.95 DMIPS/MHz
フラッシュ・メモリ	32 K/16 K/8 K/4 Kバイト
RAM	4 K/4 K/2 K/2 Kバイト
DMAC	4チャネル
周辺連携	周辺間連携用トリガ・チャネル×4チャネル
セキュリティ	ハードウェアAES (128ビット・キー, 54サイクル)
タイマ	16ビット・タイマ/カウンタ, 24ビット・リアルタイム・カウンタ, WDT
通信機能	USART×1チャネル (UART/SPI/SmartCard/IrDA/I²S)
	低消費電力UART
	I²C(SMBUS)
アナログ	12ビットA-Dコンバータ(1 Msps)
	電流D-Aコンバータ, コンパレータ, 電源電圧比較
パッケージ	TQFP-48

表16　Cortex-M0＋コア搭載EFM32 Zero Geckoの動作モードと消費電流(EFM32ZG222F32/16/8/4の場合)

低消費電力状態	CPUクロック	高速クロック発振器	コア電圧レギュレータ	高速動作周辺	低速クロック発振器	低速動作周辺	RAMレジスタ保持	RTC	ウェイクアップ時間	消費電流(typ) [μA]	動作条件 (V_{DD} = 3.3 V)
リセット直後	ON	ON	ON	ON	ON	ON	ON	ON	−	1638	14 MHz, HFRCO, 周辺クロック停止状態
EM0 (アクティブ)	ON	ON	ON	ON	ON	ON	ON	ON	−	2760	24 MHz, HFXO, 周辺クロック停止状態
										1638	14 MHz, HFRCO, 周辺クロック停止状態
										186	1.2 MHz, HFRCO, 周辺クロック停止状態
EM1	OFF	ON	ON	ON	ON	ON	ON	ON	−	1152	24 MHz, HFXO, 周辺クロック停止状態
										700	14 MHz, HFRCO, 周辺クロック停止状態
										106.8	1.2 MHz, HFRCO, 周辺クロック停止状態
EM2	OFF	OFF	OFF	OFF	ON	ON	ON	ON	2 μs	0.9	32.768 kHz, LFRCO
EM3	OFF	OFF	OFF	OFF	OFF	OFF	ON	ON	2 μs	0.5	−
EM4	OFF	OFF	OFF	OFF	OFF	OFF	OFF	OFF	160 us	0.02	−

Appendix 4

超高精度に測れる専用回路内蔵タイプも登場！ 高い測定器なんか使ってられない

μA級まで正確に！ 消費電力モニタ搭載のマイコン評価ボード

ウェアラブルやIoTなどの時代背景を受けて，消費電流がマイクロアンペア級の超ロー・パワー・マイコンが続々登場しています．ここまで低消費電流化が進むと，電池や発電デバイスで長時間動かせそうです．どれだけ動かせるのか時間を予測するためには，消費電流を知る必要があります．ところが，マイクロアンペア級の電流は，ディジタル・マルチメータでは測定できませんし，専用の測定器は非常に高価です．

最近の超ロー・パワー・マイコンの評価ボードには，消費電流を測定するための工夫や機能が搭載されています．高価な測定器を使わなくてもオシロスコープさえあれば測定できるようになっていたり，消費電流の変化をパソコン上にリアルタイムで表示できたりします．本稿では，代表的な超ロー・パワー・マイコンの評価ボードで消費電流を実測してみます．〈編集部〉

μA級の消費電流は測定が難しい

● ディジタル・マルチメータでは測定できない

超低消費電力マイコンの平均消費電流を測定するとき，そもそも母体の電流が小さいので，かなり精密な計測が必要です．ディジタル・マルチメータなどの電流計を電源経路に挿入すると，アクティブ・モード時の大きな電流を計測する際，電流計の内部抵抗による電圧降下で誤差が目立つようになります．また，ディジタル・マルチメータ内部の電流計測方法(積分方式など)が不明確な場合，AC的に不規則に変化する電流を計測すると，正確な平均電流が計測できているのかどうか確証がもてません．

● 測定方法1：平均消費電流は容量方式で測定する

マイクロアンペア級の平均電流を測定するには，**図1**(a)のような容量方式を使います．

まず，SW_1とSW_2をONにしてマイコンの動作を開始させるとともに容量Cを充電します．容量Cが充電できたら，SW_1をOFFにして，マイコンへの電源供給源を容量Cのみにします．この状態で，容量Cの両端電圧の時間変化率$\Delta V/\Delta t$を計測します．すると，マイコンの平均消費電流Iは次式で計算できます．

$$I = C\left|\frac{\Delta V}{\Delta t}\right| \cdots\cdots (1)$$

● 測定方法2：消費電流の変化とピークはシャント抵抗方式でとらえる

動作プロファイルに従って，どのように消費電流が変化しているのか，あるいはピーク時の消費電流はいくらなのかを測定するには，**図1**(b)のようなシャント抵抗方式を使います．

電流経路に10～100Ω程度の抵抗Rを挿入して，両端電圧をオシロスコープで観測します．抵抗値が小さすぎると，両端電圧が小さくなるので，オシロスコープでの観測時にノイズに埋もれて見えない可能性があります．

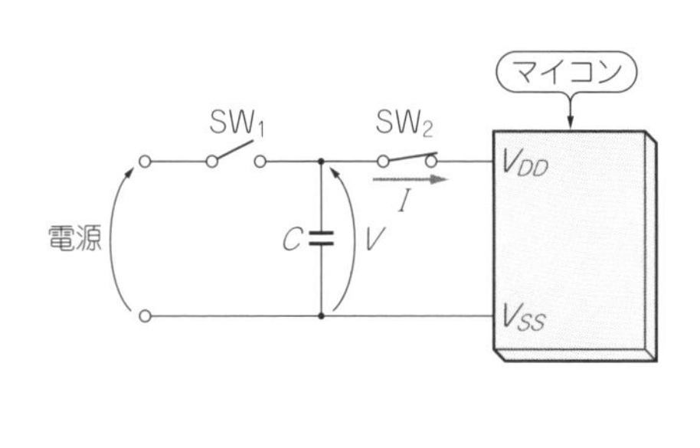

(a) 容量方式

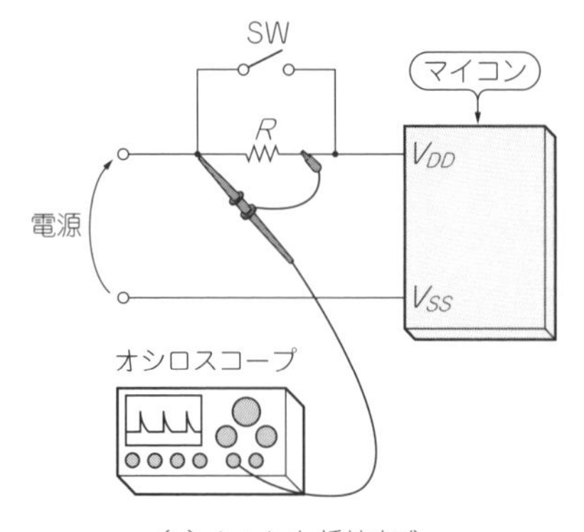

(b) シャント抵抗方式

図1　微小な電流は高価な測定器がなくてもオシロスコープさえあれば工夫次第で測定できる
平均電流は容量方式，消費電流の変化はシャント抵抗方式で測定する

リセット直後の初期動作時に外部と通信処理をしたり，ボード上のLEDを点滅させたりなどで消費電流が大きいときは，抵抗間をスイッチSWでショートしておいて，消費電流が低い動作プロファイルに入ったところでSWをOFFにしてオシロスコープで観測するとよいでしょう．オシロスコープ上の波形$V(t)$から消費電流$I(t)$は，以下のようにして求めます．

$$I(t) = \frac{V(t)}{R} \quad \cdots\cdots (2)$$

16ビット・マイコンMSP430の評価ボードを試す

写真1に示すのは，16ビット・マイコンMSP430シリーズ(テキサス・インスツルメンツ)の中の，FRAM内蔵品MSP430FR5969の評価ボードです．

このボード上には0.1 F(100 mF)と大容量の電気二重層キャパシタが搭載されているので，容量方式による平均電流を測定できます．

さらに，独自方式により消費電力をリアルタイムで測定する機能EnergyTraceをサポートしています．

● EnergyTanceはDC-DCコンバータのトランジスタがONする頻度で消費電力を計算する

原理を**図2**に示します．マイコンへの供給電源の回路としてDC-DCコンバータがあります．ON時間が一定のPFM(Pulse Frequency Modulation)波形でトランジスタTrを駆動します．出力電圧が一定になるようにフィードバック制御すると，消費電流が多いときはPFM波形の周波数が高くなり，消費電流が少ないときは低くなります．PFM波形の1回のON時間でマイコンに送れるエネルギ量が決まっているので，その頻度によって，マイコンが消費したエネルギ量を計算できます．

評価ボード上のデバッグ・サポート回路に，DC-DCコンバータが組み込まれており，デバッグ操作によって，EnergyTraceを動作できます．

測定結果は，**図3**のように，開発環境CCS(Code Composer Studio)のデバッグ画面上にリアルタイムで表示されます．現在動作しているプログラムの消費電力が一目でわかります．

● 実測結果

ここでは**図1**に示した容量方式と抵抗方式を使います．マイコン内蔵の温度センサとA-Dコンバータで測定した温度を5秒間隔で内蔵FRAMに記録するサンプル・プログラムを動かし，消費電流を計測します．

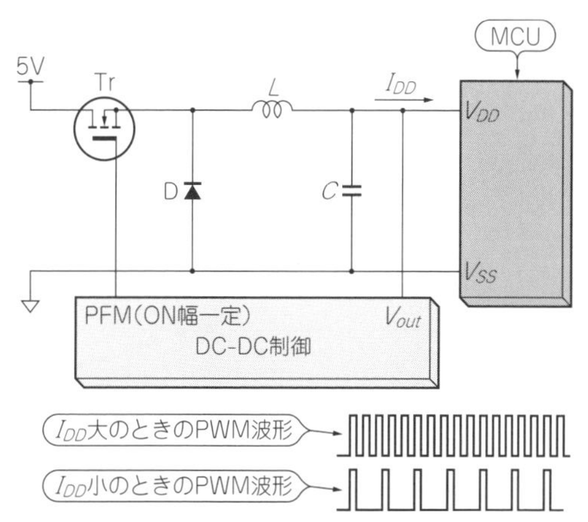

図2 DC-DCコンバータのトランジスタがONする頻度でマイコンが消費した電力が計算できる

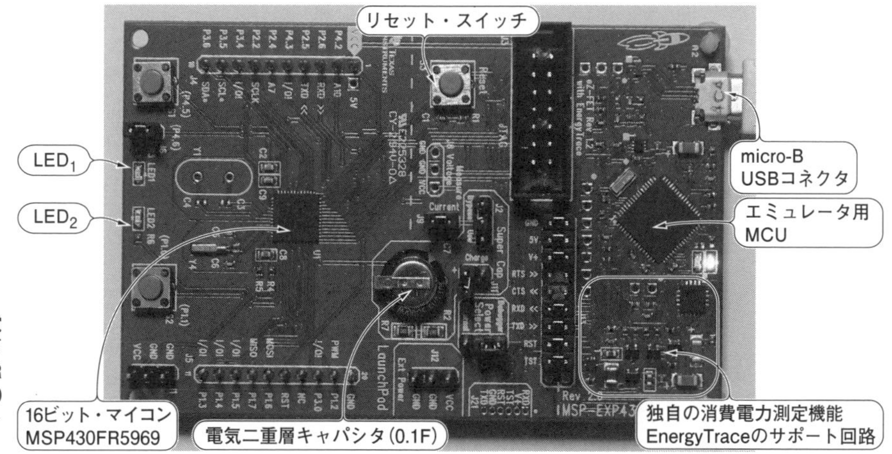

写真1 独自方式の消費電力測定機能を搭載した16ビット・マイコンMSP430FRの評価ボードMSP430 LaunchPad(MSP-EXP430FR5969)

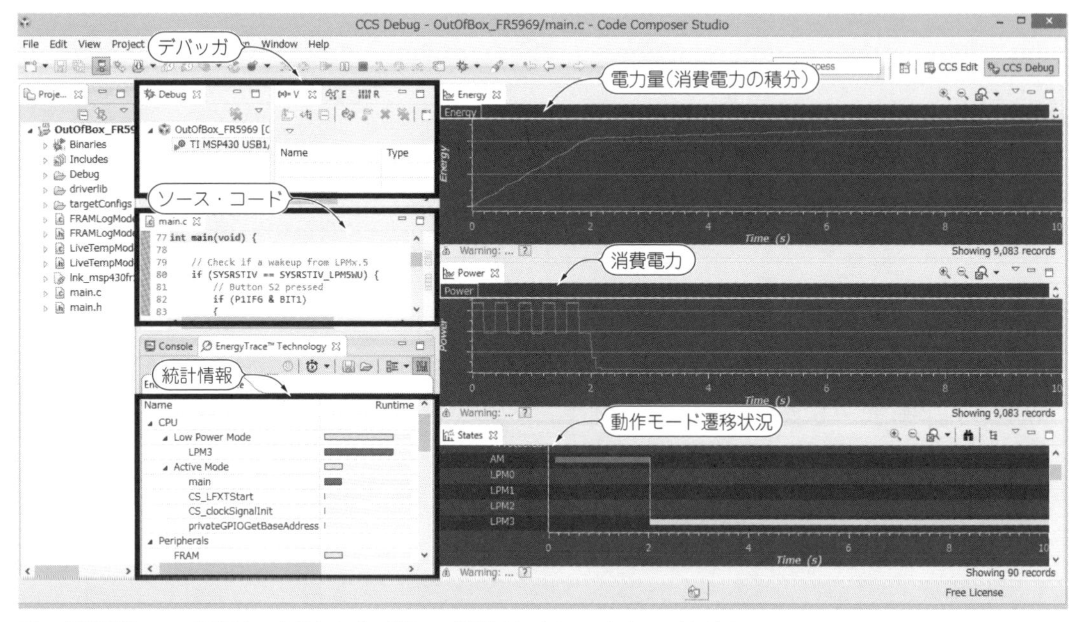

図3　開発環境CCSの画面上に実行中のプログラムの消費電力がリアルタイムで表示される

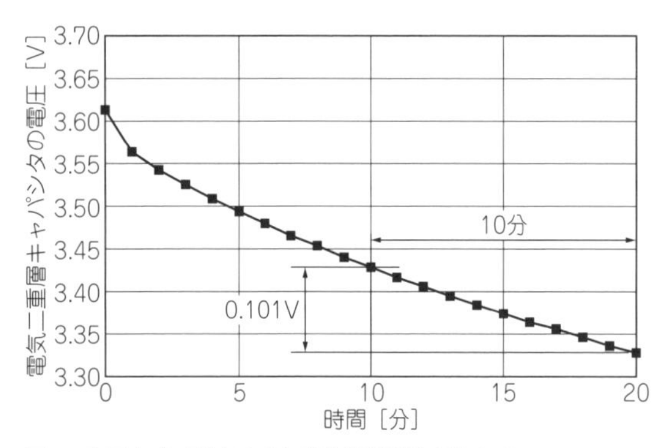

図4　容量方式で測定すると平均消費電流がわかる
16ビット・マイコンMSP430FR5969を測定した結果，平均消費電流は16.8 μA

▶容量方式による平均消費電流

結果を**図4**に示します．電気二重層キャパシタの電圧が10分で0.101 Vだけ落ちたので，式(1)から平均消費電流は，

$$I = 0.1 \times 0.101 \div (10 \times 60) = 16.8\ \mu\mathrm{A}$$

となりました(容量の誤差は無視した)．

▶シャント抵抗方式によるピーク電流

結果を**図5**に示します．抵抗値は100 Ωを使いました．アクティブ・モードでのピーク電流は2.5 mA程度になっています．ボード上のLEDを短時間点滅させている分も上乗せされています．

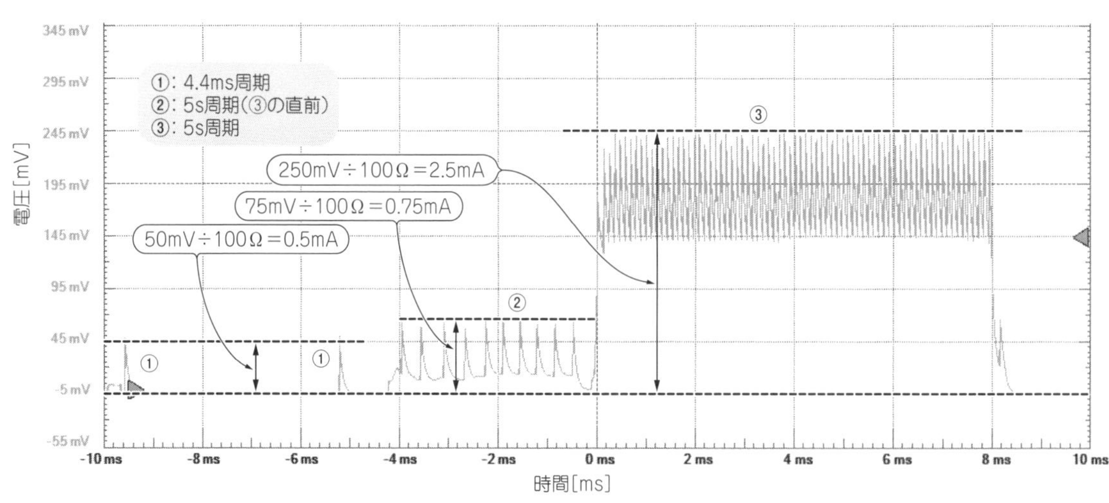

図5　シャント抵抗方式で測定すると消費電流の変化とピークがわかる
16ビット・マイコンMSP430FR5969を測定した結果，ピーク電流は2.5 mA

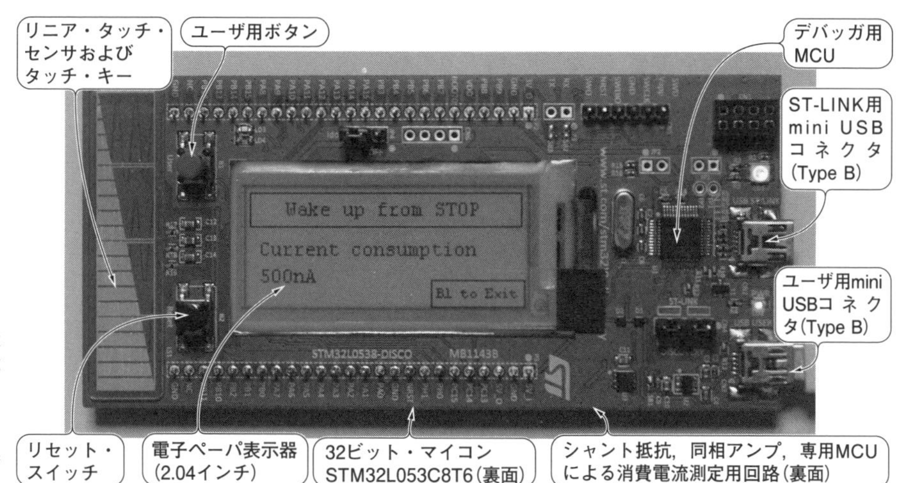

写真2　シャント抵抗方式による電流測定機能が搭載された32ビット・マイコンSTM32L0の評価ボードSTM32L053 Discovery
測定結果は電子ペーパ表示器に出力される

抵抗値を100Ωと大きめにしたので，電源電圧が250mV程度降下していることに注意が必要です．ただし，マイコンの内部コア電圧は外部電源電圧を内蔵レギュレータで生成しているので，多少の電源降下が消費電流値に影響することは少ないでしょう．

32ビット・マイコンSTM32L0の評価ボードを試す

写真2に示すのは，32ビット・マイコンSTM32L0シリーズ(STマイクロエレクトロニクス)の評価ボードです．この評価ボードにはシャント抵抗方式による電流測定機能が搭載されています．電流測定専用に独立したマイコンが搭載されており，メインのマイコンとI^2C通信経由で制御しながら電流を測定できます．

● 実測結果

評価ボードに付属するサンプル・プログラムを使って，各動作モードにおける消費電流を測定しました．評価ボード上の電子ペーパに表示された測定結果を**表1**にまとめました．

＊

超低消費電力マイコンの評価ボードには，さまざまな電流計測機能が搭載されており，手許に計測器がなくても簡単に評価できるようになっています．それらの工夫にはとても興味をそそられます．

〈圓山 宗智〉

（初出：「トランジスタ技術」2015年3月号）

表1　32ビット・マイコンSTM32L0の各動作モードによる消費電流が測定できた

動作モード	消費電流[μA]	システム・クロック
アクティブ・ラン	2986	16 MHz
スリープ	954	16 MHz
ロー・パワー・スリープ	4.2	32 kHz
ストップ	0.5	−

◆参考文献◆

(1) MSP430FR59xx Mixed-Signal Microcontrollers Datasheet, SLAS704D, October 2012. Revised August 2014, Texas Instruments Inc.
(2) MSP430FR58xx, MSP430FR59xx, MSP430FR68xx, and MSP430FR69xx Family User's Guide, SLAU367E, October 2012. Revised August 2014, Texas Instruments Inc.
(3) MSP-EXP430FR5969 LaunchPad Development Kit User's Guide, SLAU535A, February 2014. Revised June 2014, Texas Instruments Inc.
(4) MSP430 Advanced Power Optimizations: ULP Advisor Software and EnergyTrace Technology Application Report, SLAA603, June 2014, Texas Instruments Inc.
(5) STM32L053C6, STM32L053C8, STM32L053R6, STM32L053R8, Datasheet, DocID025844 Rev 3, June 2014, STMicroelectronics
(6) RM0367, Ultra-low-power STM32L0x3 advanced Arm-based 32-bit MCUs, Reference Manual, DocID025274 Rev 2, April 2014, STMicroelectronics
(7) UM1775, Discovery kit for STM32L0 series with STM32L053C8 MCU, User Manual, DocID026429 Rev 2, June 2014, STMicroelectronics

第6章 身の回りは電気の源だらけ⁉

環境エネルギ活用の可能性を探る

中寺 和哉 Kazuya Nakatera

環境エネルギとは，太陽光や風力，水力などの自然エネルギから，人力，車の振動，飛行機のエンジン音などエネルギを消費した装置から生じる副産物的なエネルギまでを含みます．

いろいろな方と環境エネルギを利用した発電の話をすると，みなさんどれくらい発電できるのか，とっても興味を持って聞いてくださいます．「携帯電話の電池がすぐ空になってしまって困っているんだけど，ちょこっと発電で解決するようになりますか？」，「ヘッドホン・ステレオもこれで電池の心配も充電の心配もなくなりますね」などと言われます．

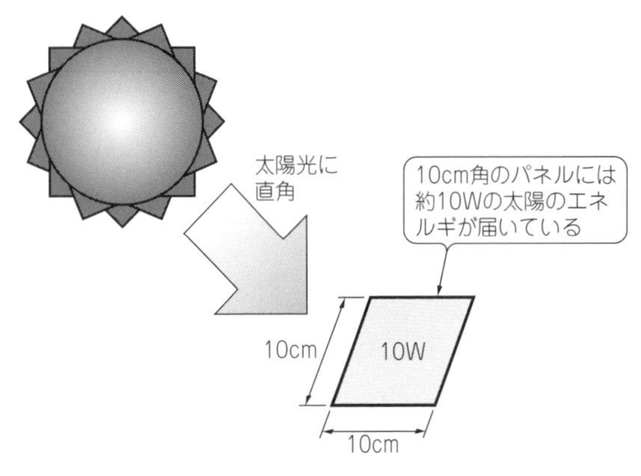

図1 エネルギ源1…太陽光
太陽光に対して常に直角に向きを合わせることができれば10cm角のパネルで約10Wのエネルギを取り出せる

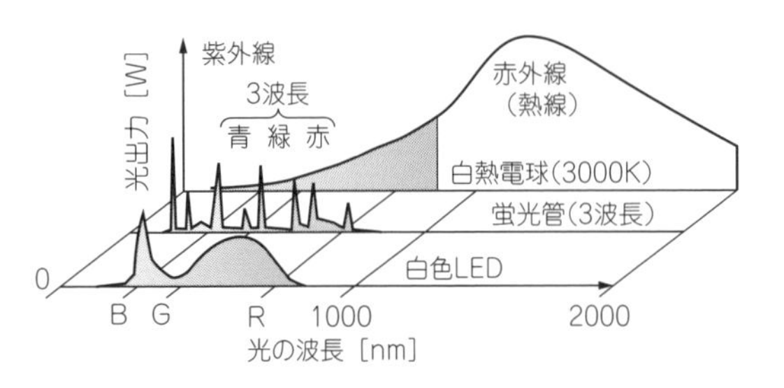

図2(1) 蛍光管，白色LED，白熱電球は発する光の波長が異なる

将来的には十分，その可能性はあるのですが，今すぐ使いたいと言われると，ちょっと困ってしまうのです．現在の発電デバイスは，実はこれらのエネルギを十分にまかなうような量を供給できないかもしれないからです．そのあたりのことについて，これから少し整理して説明していきたいと思います．

環境エネルギあれこれ

■ 光のエネルギ

● 屋外光

太陽電池の付いた電卓は20数年前から発売され，今では太陽電池の付いていない電卓を探すほうが難しいくらいです．太陽電池を使った腕時計や携帯電話も発売されており，太陽電池は名刺サイズのマイコン基板向けの発電デバイスとして有望です．

この太陽光のエネルギはかなり大きく，約1 kW/m^{2}といわれています．ですから10 cm角の太陽電池パネルをこの太陽光に直角になるように当ててやると，パネルの表面には太陽から10 Wのエネルギが届いていることになります(**図1**)．

このエネルギすべてを電気に変換できるわけではありません．太陽電池の変換効率は，単結晶のもので15～19 %，多結晶だと12～17 %，アモルファスで10～12 %くらいでしょう．とりあえず効率を15 %として，太陽が斜め45°から差しているような状況を考えると，10 cm角の太陽電池で1 Wくらいが電気として取り出せそうです．

● 室内光

室内にも太陽光は差し込んでくるでしょう．屋外よりはずいぶん少なくなります．電球や蛍光灯の光が主流になり，直接太陽光を受けた場合と比較し，100分の1から1000分の1のエネルギ量になるといわれています．

室内照明で使われるのは蛍光灯，LED電球，白熱

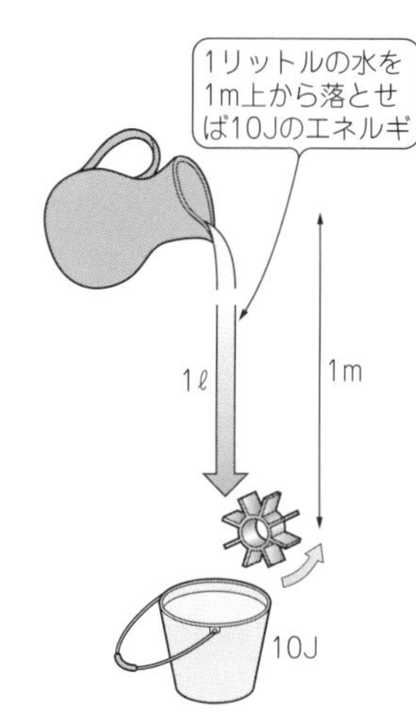

図3　エネルギ源2…水
水1ℓを高さ1mから落とせば10Jのエネルギが生じる

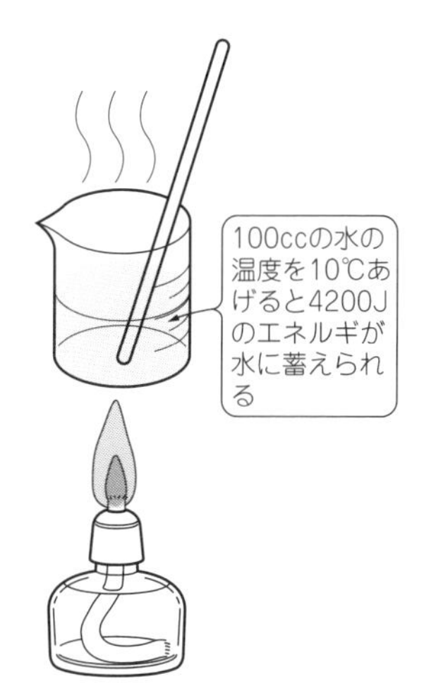

図4　エネルギ源3…熱
100ccの水の温度を10℃上げると4200Jが蓄えられる

図5　熱エネルギは扱いづらい
温度差を作るには熱いものと冷たいものを並べる必要があり，発電を続けるにはその温度差を保つ必要もある

電球ですが，それぞれ発する光の波長が異なります(**図2**)．さらに太陽電池も種類によって感度の高い波長が異なりますから，使用時には相性を確かめる必要があります．

■ 水の位置エネルギ

水を使って発電するといわれてすぐに思い浮かぶのはダムを使った水力発電です．水の位置エネルギを使ったもので，大量の水を高いところから落として発電機を回します．ダムはメガワット級の電力を発電しますが，落差は大きいもので500m以上，水量も毎秒数十トンと，とてつもない量を扱います．ですから大きな電力が発電できているのです．

マイコン基板を動かせるくらいの発電に使えそうな身近な水力を考えてみましょう．例えば1リットルの水を1mの高さから落としてやれば，水は10Jのエネルギを持つことになります(**図3**)．

一般家庭でもこれくらいの構造物だったら設置できるかもしれません．上水道なら圧力をかけて各家庭に送っているので，もう少しエネルギはありそうですが，このエネルギを全部使ってしまうと，シャワーがうまく使えないとか，お皿がうまく洗えないなど生活に支障が出るかもしれません．

1日に1家庭で使う水道水が600ℓとします．その半分を発電に使い，1ℓの水から5Jくらいのエネルギをもらうとします．すると300ℓ×5J = 1500Jが水道から得られることになります．発電デバイスの変換効率を50％くらいで考えれば，1家庭，1日当たり750J，つまり200mWhのエネルギが得られそうです．結構大がかりな設備になりそうですが，それで200mWhか…と思われるかもしれません．そうです，水道のエネルギをもってしても，これくらいなのです．

下水道も使えばさらに発電量アップ！ということも考えられるのですが，何もなくても詰まることがある下水管を使って発電機を回すのは難しそうです．

■ 熱のエネルギ

熱はいろいろな場所で発生しています．ガスでお湯を沸かせば，その周囲もだんだん熱くなってきます．火を使わなくてもテレビやビデオの裏側，クーラーの室外機や冷蔵庫の放熱板，パソコンの中や通話中の携帯電話など，いたるところに熱源があります．

人間はこれらの熱を敏感に感じることができるので，熱エネルギがいたるところにあると考えがちです．これらの熱すべてがエネルギとして使えれば本当にエネルギ問題に大きく貢献できるかもしれません．

熱そのものをエネルギとして使えるとよいのですが，熱エネルギも，ある場所から別の場所に移動することによってエネルギとみなすことができます．つまり，意図的に温度差を作ってあげないといけないのです．

100ccの水を10℃上昇させるエネルギは約4200Jです(**図4**)．逆に100ccの水を10℃下降させる環境を作れば，水から約4200Jのエネルギを取り出せます．ただし，変換効率があるので，このすべてを使えるわけではありません．

この環境をどうやって作るかをまじめに考えてみると，少し難しさがわかってきます．ガス・コンロや電熱器の熱を水に移動してやったり，水を使って別の物体を温めたりすることでエネルギが移動するのですが，その移動する物体の間には温度差があります．温度差を作るためには，熱いものと冷たいものを並べる必要がありますし，その温度差を保つ必要もあります．電気に変換しようと思えばその間にエネルギ変換素子を置いて，その両方に接した状態にし，素子の両端で温

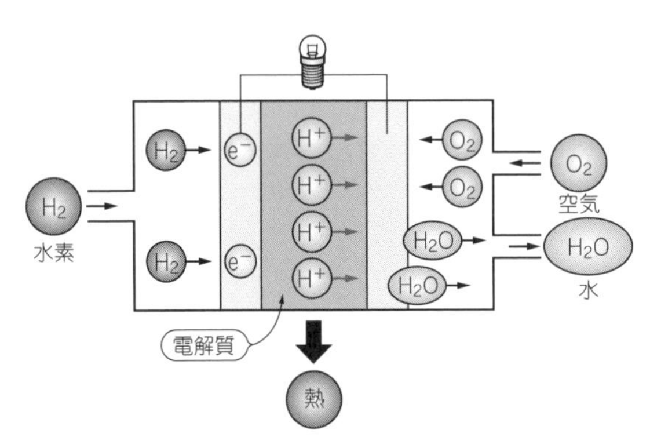

図6　エネルギ源4…燃料電池
$H_2+1/2O_2 \rightarrow H_2O$＋電気＋熱

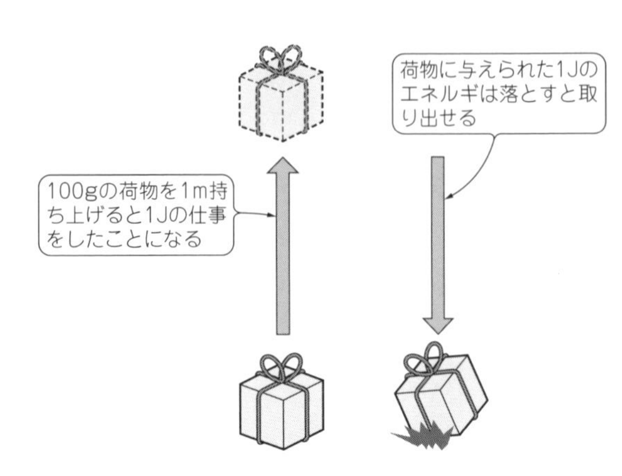

図7　エネルギ源5…物体の位置
1Nの物体を重力と反対方向に1m動かした仕事量が1J

度差を保つ必要があります(**図5**)．温度差を保(たも)てるような断熱材は熱伝導率が悪く抵抗率も高くなります．しかも抵抗率の高い材料に電流を流すとジュール熱を発生するということにもなります．熱エネルギはいたるところにあるのですが，いざ使うとなると結構扱いづらいエネルギかもしれません．

■ 燃料のエネルギ

燃料電池(**図6**)は確かに有効な発電方式の1つなのですが，身近にあるエネルギを使うわけではなく，エネルギ密度の高い材料を調達して来るところから始まります．環境から得られるエネルギとして，ちょっと疑問はあるのですが，とりあえず電気に変換できるエネルギをざっくりと見積もってみることにします．

燃料電池のエネルギ源は水素です．水素1分子から電子を2個取り出しますので，1モルの水素があれば$2 \times 9.65 \times 10^4$C(クーロン)の電荷が取り出せることになります．これだけで54 Ahになります．水素の場合1モルは2 gですから，27 kAh/kgということになります．

原理的には約1.2 V出力でき，32 kWh/kgとなるのですが，変換効率は約50 %程度で，約16 kWh/kgぐらいのエネルギになります．水素と酸素を反応させて水を作るだけなので，二酸化炭素を排出しないというおまけも付いてきます．

ところが水素を保管することが難しいので，最近はプロパン・ガスやメタノールを使ったものが実用化されつつあります．プロパン・ガスなら1モル当たりの電荷は10倍になりますが，1モルは44 gです．また，いったんは6モルの水と反応させる必要がありますので，水も含めた燃料1 kg当たりにすると3.8分の1になります．

メタノールなら1モル当たり3倍の電荷になりますが，プロパンと同じように反応させる水と合わせて1 kg当たりでは8.3分の1となります．それでも1 kWh/kg以上のエネルギを持っていることになり，エネルギ密度の高い発電機として注目を集めています．

燃料電池は確かに大きなエネルギを持っており，有効な発電手段の1つなのですが，化石燃料を使って発電している点では火力発電とあまり変わりません．プロパンやメタノールを使うと二酸化炭素も発生するので，CO_2削減にも貢献しません．機器の近くで必要なときに必要なだけ発電できるというメリットをうまく生かして利用することが大事です．

■ 物体の位置エネルギ

● 圧電型，静電型，電磁型の変換デバイスがある

ものを動かすときのエネルギについて考えてみたいと思います．1 N(ニュートン)の物体を重力と反対方向に1 m動かした仕事量が1 Jとなります(**図7**)．別に重力方向でなくても力をかけてその方向に動いた距離をかけてあげれば仕事量を計算できます．つまり1 N(およそ100 f)の力で1 cm押し込むような動作をすると10 mJのエネルギを使うことになります．

それを電気エネルギに変換するための素子が必要ですが，その方式として圧電型，電磁型，静電型の3つがあります．

圧電型はPZT(チタン酸ジルコン酸鉛)がよく知られています．これに応力をかけてひずみを発生させると電気が発生します．

電磁型はフレミングの右手の法則でご存じの通り，ローレンツ力に逆らって仕事をすることで電気に変換します．

静電型はクーロン力に逆らって仕事をすることで電気に変換します．

ここでちょっと気を付けてほしいのは，人間が加えた力がそのまま素子にエネルギとして伝わるのではなく，圧電型なら応力に，電磁型ならローレンツ力に，静電型ならクーロン力に働いた力が変換に寄与するこ

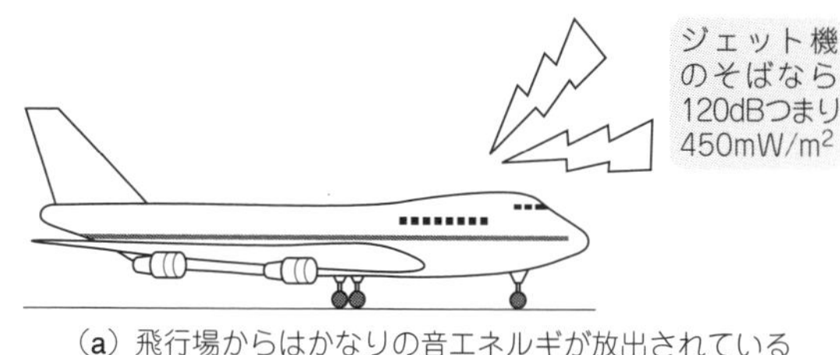

(a) 飛行場からはかなりの音エネルギが放出されている

(b) スピーカは機械インピーダンスが高いため発電デバイスとしては効率が低い

図8　エネルギ源6…音

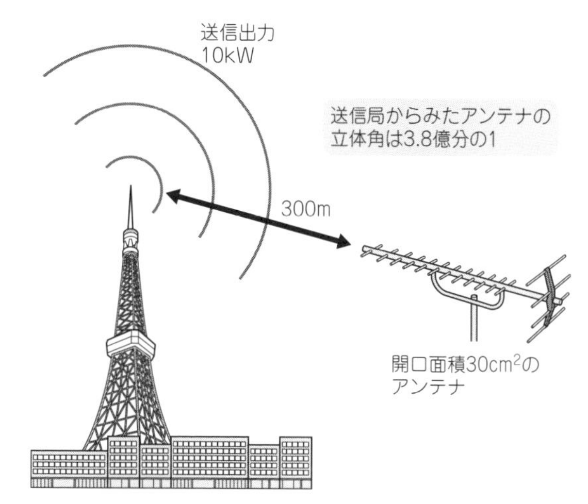

図9　エネルギ源7…電波
送信出力10 kWの送信局だとしても，300 m離れると受信電力は300 μWにもならないはず

とです．当然，数十%の変換効率にしかなりませんから，先の1 N，1 cmの例では，普通は10 mJ以下のエネルギしか出てこないことになります．

● 振動のエネルギ

お盆に水を入れたコップを持って歩くと，中の水が揺れているのがわかります．時には大きく揺れて中の水がこぼれてしまうこともあります．揺らさずに歩くことはとても難しいのですが，環境発電では，この揺れをエネルギとして使おうと考えています．

この振動はどれくらいのエネルギを持つのでしょうか．基本的には力×距離のエネルギが振動エネルギに変換された状態と考えられます．

振動はばねと重りの共振現象によって起こっています．実際にボールペンの中に入っているようなばねのように，力をかけると変形するものと重りを組み合わせると，必ず共振現象が起こります．このばねと重りにエネルギが蓄えられて振動が起こります．もし損失がなければ永久に振動を続けますが，通常は減衰振動をすることになります．また人間も等価的には，ばねと重りの組み合わせで表せることになります．

人間は歩く際に，ある周波数で振動しています．人間に振動を電気に変換する素子を持たせ，共振周波数を合わせると，人間から素子へエネルギを移動させられます．でも，そんなにうまく共振周波数を合わせることは難しいですよね．共振周波数がうまく合わないぶんは損失として消えていくことになります．

■ 音のエネルギ

大音量に不快な思いをした人は，音も大きなエネルギを持っていると考えるかもしれません．平面波で伝わる(距離に依存しない)94 dBの音のエネルギは約1.1 mW/m²ということになります．3 dB増加すればエネルギは倍になるので，もし120 dBの音圧であれば，450 mW/m²ということになります．飛行場のようなところであれば，かなりのエネルギがあります[図8(a)]．

ところがこのエネルギを集めることが難しいのです．音を直接電気に変換することは難しく，通常は機械エネルギにいったん変換します．身近なところではマイクロホンやスピーカがこの役割を果たしています．ところが空気の音響インピーダンスとスピーカやマイクロホンの機械インピーダンスが違いすぎるために変換効率が悪くなってしまうのです．通常の可聴域であればインピーダンスは2～3けたくらいは違います．

機械インピーダンスについて簡単に説明します．電気の場合は電圧と電流の比をとってインピーダンスとしますが，機械系でも力と速度の比をとってインピーダンスを定義します．インピーダンスが定義できれば，どちらも集中定数として，同じように等価回路で扱えます．インピーダンスが高いところには電流を流しにくいように，機械的な振動も伝えにくくなります．

直径30 cmくらいの大きなスピーカを使ったとしても，面積は0.07 m²しかありませんし，その100分の1を変換できたとして，飛行場では数百μWの発電ができる試算になります［図8(b)］．実際に飛行場で発電する設備を作った方もいて，滑走路で音のエネルギを集めてLEDを光らせたようです．

■ 電波のエネルギ

AMラジオ局やFMラジオ局，テレビ局，携帯電話，無線LAN，タクシーの無線など，たくさんの電波が使われています．それぞれの送信局の出力を調べてみると，数十Wや数十kWと，かなり大きな数字が書かれています．これを集めればさぞかしたくさん発電できると思うのですが，そううまくはいきません．簡単にエネルギを得られるのなら，ラジオやテレビは電波で動くはずです．

どの程度のエネルギがあるのか考えてみるため，反射やアンテナの指向性など難しいことは忘れて考えてみましょう．送信局のアンテナをすっぽり囲むような受信アンテナを作れば全電力を受けることができるのですが，そんなアンテナはあり得ません．離れたところで小さなアンテナで電波を受けるからこそ無線の価値があるのです．

受信電力は距離とアンテナの開口面積が決まれば，およそ決まることになります．300 m離れたところで，開口面積30 cm^2のアンテナを置くと，送信電力の約3.8億分の1が受信電力ということになり，送信出力10 kWの送信局だとしても，受信電力は300 μWにもならないことになります(**図9**)．

実際には反射の影響などがあり，もう少し大きな値が得られるようです．東京タワー(出力10 kW)から300 m離れた点で実験した人のデータでは，最大860 μWの出力ということでした．受信電力は距離の2乗に反比例して小さくなっていくので，3 kmも離れた場所ではこの100分の1以下になるでしょう．

これは1チャネルだけの話ですので，いろいろなチャネルから集めればもっとたくさん集められます．各地域では数局のテレビ放送があるので，工夫次第で数倍になるかもしれませんし，家庭の屋根を丸ごとアンテナにすれば，場所によっては1 mWくらい回収できるかもしれません．

■ 人間のもつエネルギ

人間はどれくらいエネルギを持っているのでしょう．1日に食事で得られる熱量は成人男性で2000 kcalくらいでしょうか．これは約8.4 MJということになります．このうちの1500 kcalは基礎代謝といわれていて，生命維持に必要な分ですのでこの領域を使うのはちょっと気がひけます(**図10**)．

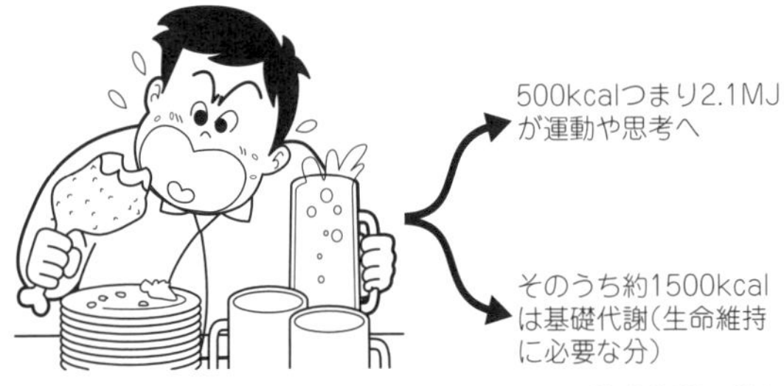

図10　人間が消費するエネルギのうち，3/4は基礎代謝に使われる

たまに「心臓の鼓動や体温を使って発電できませんか？」と聞かれます．試したことがないのでわかりませんが，数μW程度ならまだしも，数Wのエネルギを常に取ってしまうと，人間は生きていけないのではないかと思います．

仮に，500 kcalのエネルギを運動に利用できるとして，すべて発電に使うとすると，20 %の発電効率で約1 kWhを発電できます．しかし，筋肉を動かすためのエネルギも必要ですし，すべて電気に変換して使うことはできないので，実際にはその1 %，10 Whくらいが可能な電力ではないでしょうか．ただ，これは人間にとってかなり大きなエネルギ量なのです．これは自転車のダイナモを何時間も回して発電するような量だと思えば，大変さがわかると思います．

よくある誤解

● エネルギを得るためにエネルギを使っていないか

環境を利用した発電は，どこからかエネルギがわいてくるような感覚があるので夢の技術に見えるかもしれません．しかし，必ずどこかにエネルギ源があって，そこからエネルギを回収していることを忘れないでください．

太陽光や風力，潮力，地熱などは，地球のエネルギの一部を分けてもらっているのですが，振動や熱の場合は，いったんエネルギを使って仕事をした際に発生する不要物を分けてもらっていることが多いようです．

これをエネルギ源として使おうとするのですが，積極的に使おうとすると，大本のエネルギ源が振動や熱を発生するために，余分なエネルギを使うことがあり

エネルギの単位　Column 1

これまでエネルギのことを話してきました．いろいろな単位が出てきて戸惑っているかもしれません．W(ワット)，J(ジュール)，cal(カロリー)，Ws(ワット秒)，Wh(ワット時)などを整理してみましょう．

1 Jは1 Wsに相当します．1 Whは3600 Ws(ワット秒)です．従って電力料金の計算で使っている1 kWh(キロワット時)は，3.6 MJということになります．

1 calは約4.19 Jに相当します．ですから2000 kcal(キロカロリー)は約8.4 MJ(メガジュール)で，約2.3 kWhということになります．

〈中寺 和哉〉

ます．例えば以前提案を受けたものの1つに，冷蔵庫を使うものがありました．放熱板の熱と庫内との温度差を使って発電したら，冷蔵庫の省エネに役に立ちませんかというのです．冷蔵庫が頑張って分離した熱をエネルギとして使おうというのです．エネルギの流れを考えればおかしいことはすぐにわかっていただけると思います．

次に思いつくのが放熱板と空気との温度差を使うという方法です．一見良さそうに見えるのですが，熱電変換素子をつけることによって，放熱板の放熱効率を下げることになります．その結果，電力を取ろうとするほど放熱板の冷却効率を下げることになり，コンプレッサに負荷を加えてしまいます．

● 機器に必要なエネルギはどの程度

電子機器に必要なエネルギはどれくらいでしょうか．携帯電話のバッテリ・パックを見てください．どこかに電池の定格が書いてあるはずです．例えばDC3.7 V，870 mAhと書いてあったとします．このエネルギはそのまま掛け算すると3.219 Wh，つまり11588 Ws = 11588 Jとなります．すべてエネルギとして使えるわけではないのですが，10 kWs = 10 kJのエネルギが持つ仕事量は，10 N(約1 kg)の荷物を1000 mの高さまで持ち上げるような仕事量です．したがって，人間の力で携帯電話を充電しようと考え，効率の良い変換デバイスを使ったとしても，1 kgの重りを3000 mくらい持ち上げるような仕事をしないと，携帯電話のバッテリは満充電にできません．3 Whくらいであれば，自転車を数時間こいで，ダイナモで発電することも可能です(筆者は遠慮しておきます)．

ノート・パソコンではどうでしょう．DC10.8 V，

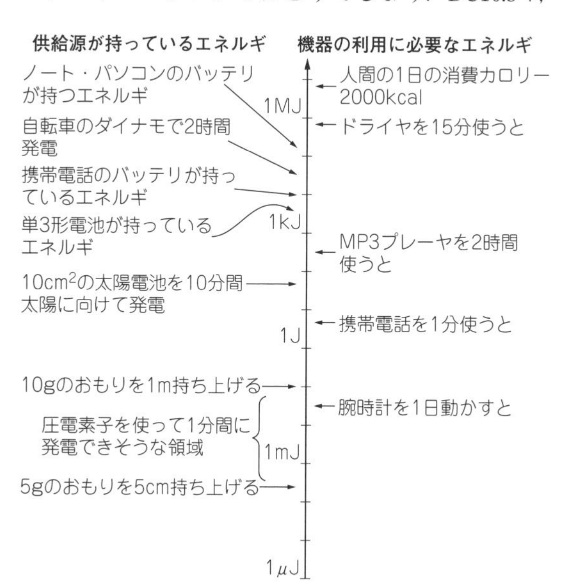

図11　エネルギの大きさとできること

800 mAhと書いてあるとすると，31104 Wsとなるので，携帯電話の約3倍です．ここまでくると人間が何とかするのはあきらめましょう．

MPプレーヤはどうでしょう．分解したことはないのですが，携帯電話の1/3～1/5くらいのバッテリが入っているようです．少し近づいては来ましたが，それでも1 kgの重りを600 mくらい持ち上げるような仕事をしないと，充電できません．

● 人は発電機になれない？

人間が頑張って発電したら電力会社に電気を売れませんかという提案もありました．先ほどの計算から，頑張れば10 Whくらいの発電はできそうですが，売るほどの電力にはなりません．発電するためにたくさん食べれば，もっとたくさん発電できるのではと期待しても，食物を作る際にはもっとたくさんのエネルギを使っているので，発電を目的にするのなら，別の方法を選択したほうがよいでしょう．

人が発電できる現実的な量について考えます．100 gの重りを毎秒10 cm持ち上げるような仕事を3時間続けたとします．これを効率10 %の変換器を使って電気に変換すると，約100 Ws(100 J)のエネルギになります．一般人の発電能力はこれくらいでしょう．

体重をうまく活用して50 kg(500 N)の人が3000歩を歩き，1歩ごとに1 mm余分に踏み込んで発電に寄与させるとして，効率10 %の変換器を使えば150 Wsのエネルギが取り出せます．なお，このとき人間は平たんな道を歩いていても1歩ごとに1 mm，上にあがる仕事をすることになり，その仕事が電気に変換されることになります．それにしても150 Ws…もっと頑張る方もいるでしょう．しかし，これが100倍になったりはしないでしょう．

● 数百μWで何ができるのか

環境による発電で作り出したエネルギで，何ができるのでしょう．**図11**に発電エネルギと機器の使用エネルギを並べて書いてみました．こうしてみると，腕時計や電卓など，限られた用途しかないのでは…という気持ちになるかもしれません．しかし，使う側のエネルギ消費量を減らす努力をすれば，少ない消費電力で動作する機器があるはずです．

実際に発電デバイスから得られる電力は数百μW程度だと思います．1日かけて電気をためれば，数Wの機器を数秒動かせるかもしれません．これまで数100 μWのエネルギというと，あまり使い道がなかったかもしれませんが，最近のマイコンや無線IC，OPアンプはマイクロ・アンペアで動作するものが登場しています．これらをうまく使いこなせば，新しい市場が開けてくるものと確信しています．

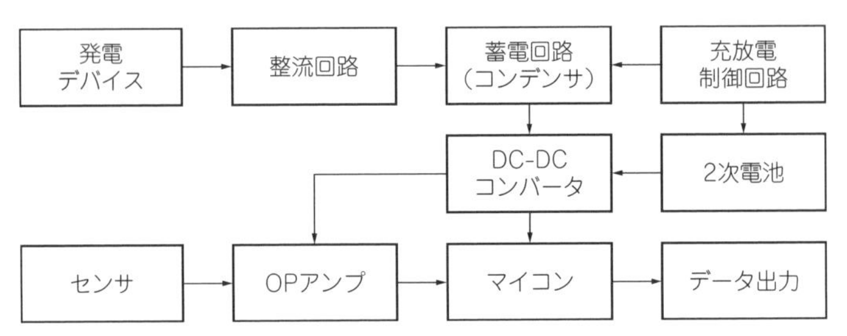

図12　発電素子の後段に必要な回路ブロック
発電素子の出力は不安定なため蓄電デバイスやDC-DCコンバータが必須となる

小さなエネルギを有効利用するには電源回路にひと工夫いる

発電素子の後段に必要になる回路を**図12**に示します．

● 直流，交流がある…整流回路が必要

発電デバイスがあれば電気がわいてきて，あとは電気を使い放題！…そんなことはありません．まず，発電デバイスから得られる電気が直流なのか交流なのか，気にする必要があります．

太陽光発電であれば直流ですが，振動発電であれば周期の不安定な交流信号になります．温度差発電は基本的には直流ですが，時間帯によって温度差が逆転するような状況(例えば室内外の温度差)であれば出力が逆転することもあります．したがって，整流などによって電流の向きをそろえる必要があります．

● 電力は時間とともに変動する…蓄電素子が必要

発電デバイスは環境からエネルギを回収しています．常に一定の出力が得られるわけではなく，変動していることが前提になります．そのエネルギを一定に保つためには蓄電するしくみが必要です．

一般的にはコンデンサを使って電荷をためておく方法があります．ただし，後段の負荷が大きいからといって大きなコンデンサを使うと，いつまでたってもコンデンサに電荷がたまらず，いつまでたっても充電電圧が上がりません．必要な電力量を定めて適切な容量のコンデンサを配置します．

● 長時間動作なら2次電池が必要なことも

蓄電から放電までのサイクルが長いようなら2次電池の利用も考えます．ただし2次電池は充放電にエネルギが必要です．また，容量の大きい2次電池を使うと，発電デバイスのエネルギでは絶対にフル充電できないような状況が起こるかもしれません．また，2次電池にたまっているエネルギを使う場合に，使った分は発電デバイスによって再供給しないと，2次電池が空になることを忘れてはいけません．2次電池を使っても発電デバイスで発電した分しか使えないのです．ごくあたりまえのことなのですが，充電のサイクルが長くなると，つい忘れがちになります．

● 低消費電力のマイコンやメモリ，センサが必要

近年，数百μWのエネルギがあれば，マイコンで簡単な演算ができるようになりました．ただしマイコンへの情報源も必要ですから，その前段のセンサやその周辺回路にも電力供給が必要となることを忘れないでください．

マイコンで演算した結果はどこかに蓄えるか，送信する必要があります．そのためにはメモリや電波モジュールに数mW～数百mWが必要になります．

＊　　＊

発電デバイスがあれば，電源が不要になります．情報を無線で伝達すれば，通信ケーブルが不要になります．装置を設置する環境に振動や光，熱などのエネルギ源があり，そのエネルギで動作するのなら，発電デバイスは有効な手段だと思います．

ただし，これまでの回路設計のように，必要なエネルギを電源から供給するという考え方ではなく，限りあるエネルギをどうやって有効に使うかという考え方に切り替えないといけません．

ここまで読み進めて，回収できるエネルギ量が思っていたよりも小さいことに驚かれた方も多いと思います．エネルギを自然環境から得るのであれば，エネルギ源を気にせず比較的大きなエネルギを得られます．ところが家庭環境の中に入ってしまうと，そもそもほとんどの機械が供給された燃料や電気で動いており，そこから漏れ出てくるロス分を使うことになります．漏れ出てくる小さなエネルギをうまく使いこなし，回路やデバイスを動かしてください．

◆参考文献◆

(1) 大塚 康二；LED照明のあらまし，グリーン・エレクトロニクスNo.2，p.9，CQ出版社．

(初出：「トランジスタ技術」2010年11月号)

第7章　キャパシタだからメンテナンス・フリー！週に1日晴れればOK！

小型1×2.5 cm太陽電池で作るワイヤレス温度レポータ

並木 精司 Seiji Namiki

太陽電池には，太陽光発電所で使われているような出力の大きなものもありますが，電卓などに使われている出力が数十mWの小さな太陽電池もあります．

低消費電力の無線モジュールとDC-DCコンバータが登場したことで，このような出力の小さい太陽電池でも動かせる目処が立ってきました．本章では小型の太陽電池を使って，24時間動き続けるワイヤレス温度モニタの製作に挑戦します．

製作の方針

● 太陽電池の発電効率を最高の状態にキープする

ワイヤレス温度モニタの構成を考えてみます．

太陽電池を使って，太陽光で発電します．夜間は発電できないので，昼間に発電したエネルギを蓄えるための蓄電デバイスと充電回路が必要です．温度を測定するセンサと測定値をパソコンに送る無線モジュールも必要です．発電した電力を無線モジュールと温度センサに供給するDC-DCコンバータも必要です．以上の必要事項から**図1**に示す構成を考えてみました．

● 充電回路をシンプルに作る

写真1に示すのは，製作した充電回路です．PNPトランジスタが1個，基準電源ICが1個，ダイオードが3個とシンプルな構成にできました．昼間に発電したエネルギを蓄える蓄電デバイスには，電気二重層キャパシタを使います．充電回路の設計には，次の3つが必要です．

▶その1：自己消費電力をできるだけ抑える

充電回路自体の消費電流を極限まで小さくする必要があります．せっかくためた電力は無線モジュールに供給するためのものであって，自分で消費していては元も子もありません．

▶その2：定格を守りつつ，太陽電池の出力が最大値にキープされるように充電電圧を制御する

太陽電池の出力が高くなったとき，電気二重層キャパシタの定格電圧を超えないように充電電圧を制御します．太陽電池から最大電力が常に取り出せるように太陽電池の出力電圧を調整しながら充電電圧を制御します．

▶その3：発電デバイスから電力が得られない間は，蓄えた電力で負荷を駆動する

太陽電池の出力が低くなって，負荷を駆動できなく

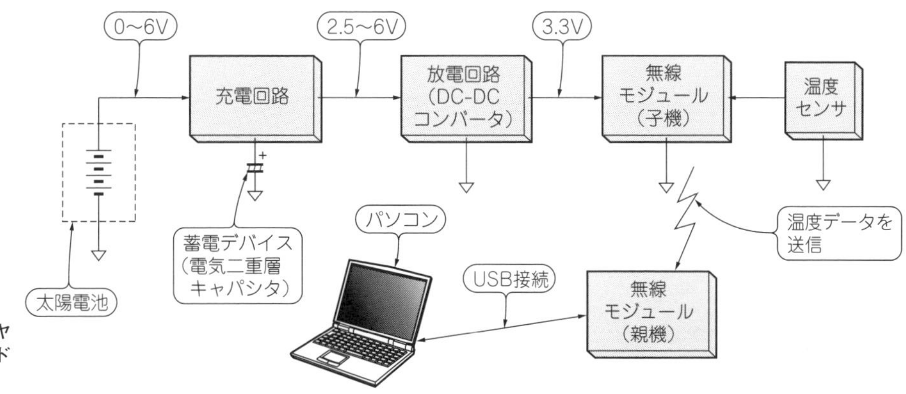

図1　製作した1分ワイヤレス温度レポータのハードウェア構成

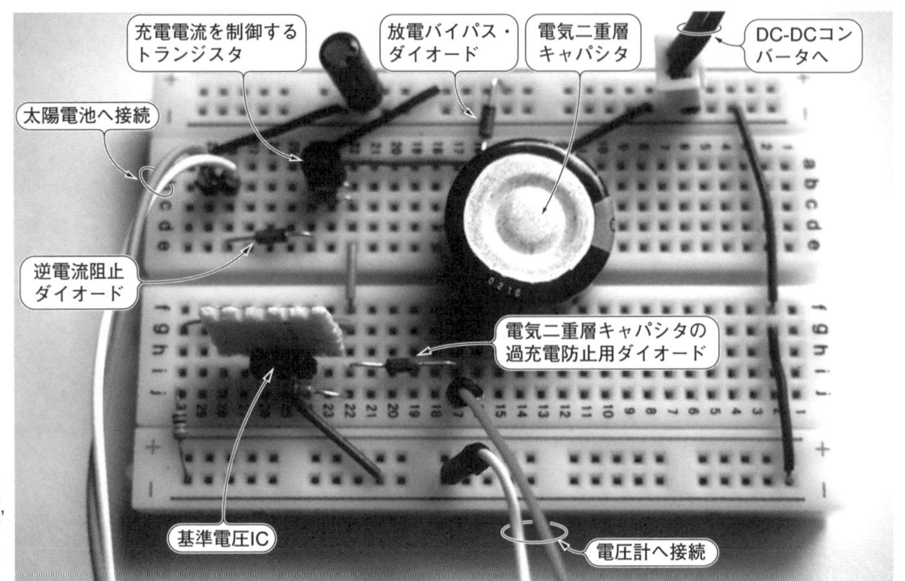

写真1　PNPトランジスタが1個，基準電源ICが1個，ダイオードが3個とシンプルな電気二重層キャパシタの充電回路

なったとき，電気二重層キャパシタからできるだけ長時間効率良く電力を供給します．

キー・パーツと回路

① 過充電防止＆簡易MPPT付き！電気二重層キャパシタ充電電源

● 効率良く充電するしかけ

太陽電池から得られる最大電力は，最適動作電圧(V_{pm})と最適動作電流(I_{pm})で決まります．

今回使用する太陽電池の最適動作電圧(V_{pm})は，5～6Vの間です(**表1**)．充電回路は太陽電池の出力電圧がこの範囲になるように負荷電流を調整すれば効率良く電力を取り出せます．

太陽電池の出力電圧が5V程度になるように，放電回路(DC-DCコンバータ)に流れる電流と電気二重層キャパシタの充電電流を合計した電流を調整します．DC-DCコンバータに流れる電流は一定なので，余った電流を電気二重層キャパシタの充電に回します．太陽電池の出力電圧が低くなったら，電気二重層キャパシタの充電を止めて，電気二重層キャパシタから電流を供給します．

晴れた日の昼間の照度は十万lxを超えることがあります．このとき，今回使用する太陽電池の発電能力は，最大6V，13.5mWです(後述)．この条件で電気二重層キャパシタを充電すると定格電圧を超えてしまうので，過電圧を防止する回路も必要です．

● 実際の回路とふるまい

これらの機能を満足する回路(**図2**)を考えてみました．1個のPNPトランジスタと基準電源IC，3個のダイオードで構成しています．

▶動作モード①太陽電池の出力電圧が高いとき

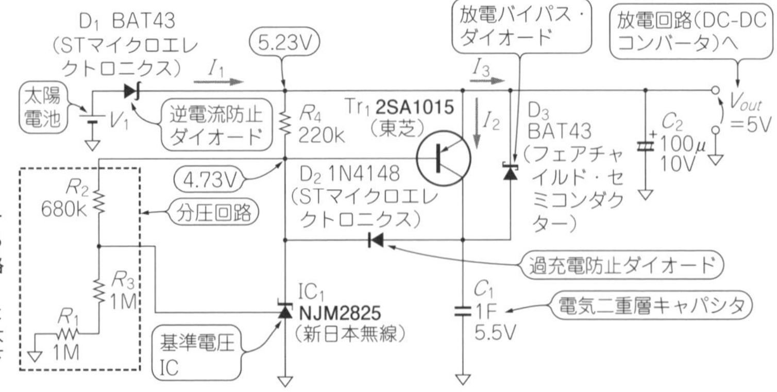

図2　太陽電池の発電効率を最高状態にキープする簡易MPPT機能と過充電を防止する機能をもつ電気二重層キャパシタの充電回路を製作(消費電力は18.6μW)
太陽電池の出力電圧が約5.23Vより高くなると電気二重層キャパシタに充電電流が流れ始め，太陽電池の出力電圧を一定に保つ．約5.23V以下の電圧では充電をしない

太陽電池の出力は逆電流防止ダイオードD_1を通じてDC-DCコンバータの入力部に接続されています．この回路からTr_1を通じて電気二重層キャパシタC_1を充電します．Tr_1のベースは基準電圧IC NJM2825(新日本無線)で4.73 Vの定電圧となるように制御されます．Tr_1のエミッタ電圧が4.73 V + V_{BE}(0.5 V) = 5.23 Vより高くなると，Tr_1のベースに電流が流れてTr_1が導通し，電気二重層キャパシタC_1に充電電流I_2を供給し始めます．

充電電流I_2が流れて，太陽電池の出力電流I_1が増えると太陽電池の内部抵抗が高いためにTr_1のエミッタ電圧が下がります．

充電回路の出力電流は，電気二重層キャパシタC_1への充電電流I_2とDC-DCコンバータへの出力電流I_3の合計($I_2 + I_3 = I_1$)です．このとき，太陽電池の出力電圧が5.23 Vでバランスするように，電気二重層キャパシタC_1への充電電流を制御します．太陽電池の出力電流をDC-DCコンバータが消費した残りが電気二重層キャパシタC_1の充電電流になります．したがって，DC-DCコンバータが太陽電池の出力電流をすべて消費すると充電されません．

▶動作モード②電気二重層キャパシタが満充電になると過充電防止回路が働く

電気二重層キャパシタC_1の電圧がどんどん高くなっていき，合計5.33 V[Tr_1のベース電圧(4.73 V)＋過充電防止ダイオードD_2の順方向電圧(0.6 V)]を超えると，過充電防止ダイオードD_2が導通します．電気二重層キャパシタC_1の電圧をクランプして，これ以上充電しないようにします．クランプ電流はIC_1のカソードからアノードを通してグラウンドに放電されます．

▶動作モード③太陽電池の出力電圧が低下したとき

太陽電池の出力電圧が4.93 V(電気二重層キャパシタC_1の電圧5.23 V - 放電バイパス・ダイオードD_3の順方向電圧0.3 V)より低くなると放電バイパス・ダイオードD_3が導通して電気二重層キャパシタC_1の電圧が負荷に供給されバックアップを開始します．

● 低消費電力化カリカリチューン！

▶消費電流0.7 μAの基準電圧ICを使う

μAオーダの電流を扱うので，充放電制御回路自体の消費電流を極限まで低くしなければなりません．

ここで使用している基準電圧IC NJM2825(新日本無線)は，最小動作電流が0.7 μAと低いです．一般的な基準電圧IC，例えばシャント・レギュレータTL431A(テキサス・インスツルメンツ)の最小動作電流は0.4 mAで，推奨動作電流は1 mAです．太陽電池の出力が数十μAという条件でこのようなICは使えません．

▶Tr_1のベース-エミッタ間の抵抗値を小さくする

充電電流を制御するトランジスタTr_1のベース-エミッタ間の抵抗の値は慎重に決めます．

基準電圧IC NJM2825の動作電流0.7 μAは，Tr_1のベース-エミッタ間抵抗を通じて供給します．このとき，Tr_1のベース-エミッタ間電圧がコレクタ電流が流れ始める電圧V_{BEon}(約0.3～0.4 V@100℃)を超えないようにする必要があります．V_{BEon}を0.35 VとするとTr_1のベース-エミッタ間抵抗は，500 kΩ(= 0.35 V ÷ 0.7 μA)となります．少なくともこれより低い抵抗を使用します．今回は余裕を見て220 kΩとしました．

▶消費電力は仕上がり12.8 μW…分圧抵抗値を上げてもっと小さくしたい

太陽電池の出力電圧が5 Vのとき，消費電力は12.8 μW(=(0.7 μA + 1.86 μA) × 5 V)とかなり大きい値になっています．

入手可能な抵抗値の関係から分圧抵抗を1 MΩ + 1 MΩ + 680 kΩとしたため，分圧回路の消費電流が1.86 μAと基準電圧ICの消費電流0.7 μAより大きくなってしまったのが原因です．

消費電流を下げるには分圧抵抗値をもっと高くする必要があります．しかし，秋月電子通商などで販売している抵抗は1 MΩが最大です．

② 待機時0.1 μA！ブレッドボードに直挿し！ZigBee無線モジュールTWE-Lite DIP

● 2つの候補XBeeとTWE-Lite DIPの消費電力を比較検討

各社から無線モジュールが販売されています．無線モジュールを発電デバイスの電力で動かすには消費電

編注：本製品は現在モノワイヤレスが開発しており，製品名も「TWELITE DIP」に変わっている．本記事では混乱を避けるため，執筆当時の表記のままとした．

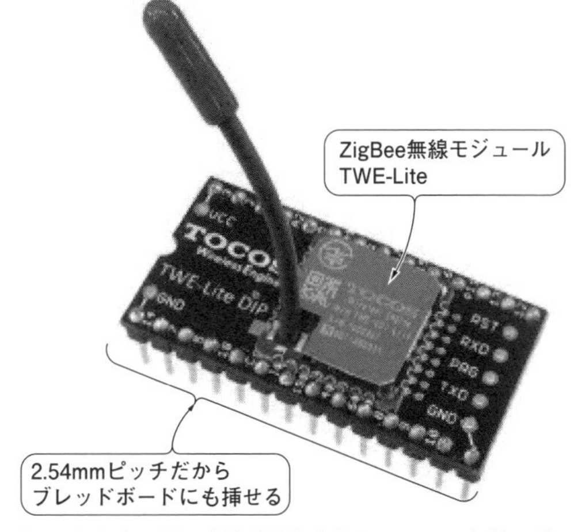

写真2　初心者に優しく消費電力も小さいZigBee無線モジュール TWE-Lite DIPを採用
2.54 mmピッチの28ピンDIP形状だから使いやすい

流が非常に大切なポイントです．ここでは個人でも入手しやすいXBeeZB(ディジ インターナショナル)と**写真2**に示すTWE-Lite DIP(東京コスモス電機，現在はモノワイヤレス)[編注]を取り上げ，消費電流を比較してみました．

▶XBeeZB(ディジ インターナショナル)

3.3 Vの電源を供給し+0.96 dBmで送信したとき，消費電流は35 mAです．スタンバイ(パワー・ダウン)時は1 μA以下です．

▶TWE-Lite DIP(モノワイヤレス)

3.0 Vの電源を供給して4 MHzで動作させ+2.7 dBmで送信したとき，消費電流は18.2 mAです．32 MHzで動作させたときは25.4 mAです．スタンバイ(ディープ・スリープ)時は0.1 μAです．

● TWE-Lite DIPを使うことにした

上記の消費電流は，同じ条件ではないので単純に比較はできません．しかし，TWE-Lite DIPのほうが数値が小さいので，低消費電力と判断し採用を決めました．TWE-Lite DIPは秋月電子通商や千石電商などで販売されており入手が簡単です．2,000円程度と値段も手ごろです．

▶測定データを取得して表示するソフトウェアが無料で使える

自分でソフトウェアを開発しなくても，モノワイヤレスのホームページから無料で使えるソフトウェアがダウンロードできます．

例えば，センサの測定データやスイッチ情報を取得するソフトウェアをTWE-Lite DIPにインストールすると，温度センサなどの測定データを送信できます．センサの測定データや電源電圧の時間変化を表示するソフトウェアをパソコンにインストールして，パソコンとUSBで接続すると，測定データをグラフ化して確認できます．

このように，初めて無線モジュールを使う人でもすぐに無線通信を試せるのもTWE-Lite DIPを採用した理由の1つです．

● 5秒に1回通信するときの消費電力は96 μW

太陽電池で，無線モジュールを動かすには消費電力を正確に知る必要があります．

図3の回路で無線モジュールTWE-Lite DIPの消費電流を測定しました．TWE-Lite DIPに温度センサLM61をつなぎます．さらに，センサの測定データやスイッチ情報を取得するファームウェア(旧名称：Samp_Monitor，現App_tag)をインストールしておきます．+3.3 Vの電源を加え，電源のプラス側とTWE-Lite DIPのV_{CC}端子の間に10 Ωの抵抗を直列に挿入し，両端の電圧を測定しました．

図4に示すのは，測定結果です．大きな電流パルスが2つあります．それぞれを矩形波近似すると，1つ目は1 ms間で振幅が約6 mA，2つ目は4 ms間で振幅が約16 mAです．

TWE-Lite DIPはデフォルトでは5秒に1回無線データを送るように設定されているので，スリープ時の6 μAをプラスして平均消費電流は，次のとおりです．

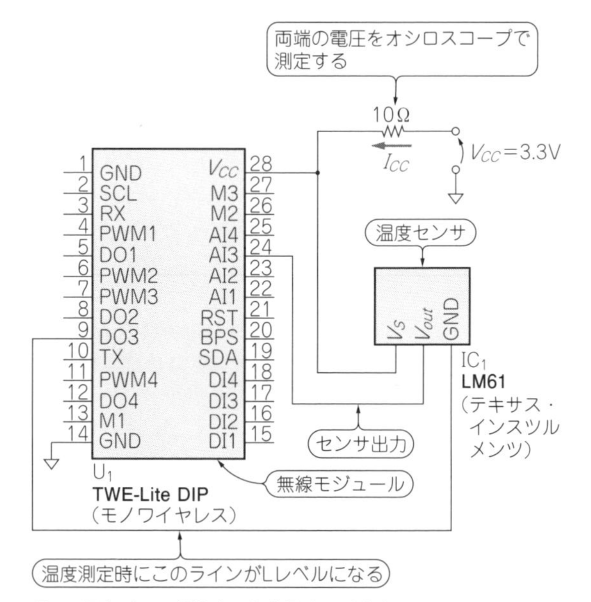

図3　温度データ送信時の消費電流を測定する

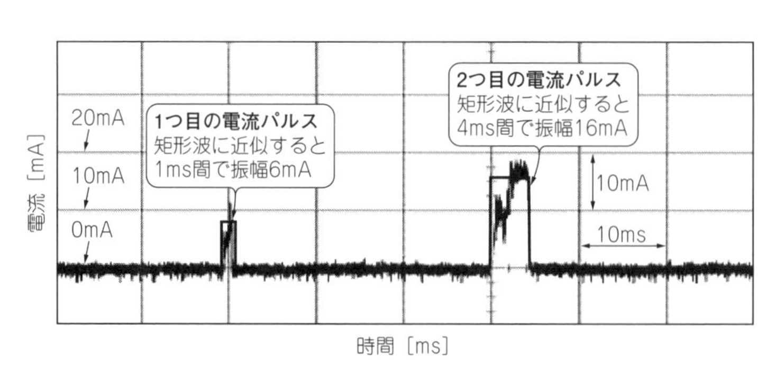

図4　温度データ送信時の電源電流の変化

2つの大きな電流パルスを直線近似して合計した平均消費電流は20 μA

$$\frac{6\ \mathrm{mA}\times 1\ \mathrm{ms}+16\ \mathrm{mA}\times 4\ \mathrm{ms}}{5\ \mathrm{s}}+6\ \mu\mathrm{A/s}\fallingdotseq 20\ \mu\mathrm{A/s}$$

消費電力は，電源電圧3.3 Vと1秒あたりの平均消費電流20 μAを掛けた66 μW（＝3.3 V × 20 μA）です．太陽電池に接続するDC-DCコンバータの効率を70 %と仮定すると，太陽電池から取り出す必要があるのは94 μW（＝66 μW ÷ 0.7）です．

● 60秒に1回通信，電源効率を65 %と仮定すると，太陽電池から取り出すべき電力は36.5 μW

TWE-Lite DIPは，センサ・データを取り込んで，データを送信するまでの一連の動作間隔を自由に設定できます．デフォルトでは5秒です．

24時間温度をモニタする目的から考えると5秒である必要はありません．思い切って60秒にしました．この条件で，TWE-Lite DIPの時間あたりの平均消費電力は，

$$\frac{6\ \mathrm{mA}\times 1\ \mathrm{ms}+16\ \mathrm{mA}\times 4\ \mathrm{ms}}{60\ \mathrm{s}}+6\ \mu\mathrm{A/s}=7.2\ \mu\mathrm{A/s}$$

となります．入力電力は7.2 μA × 3.3 V = 23.76 μWとなります．この時のDC-DCコンバータの効率を65 %と仮定すると，入力電力は36.5 μW（＝23.76 μW ÷ 0.65）となります．目標の34 μW（後述）にはわずかに届きませんが，この程度であれば雨天が数日続いても何とかなりそうです．

③ 12直列で最大13.5 mW！ 1×2 cm単位のミニ太陽電池モジュール スフェラーアレイF12

● 出力電圧が3.3 V以上のKSP-F12-12SIP-W1-X（12直列1並列）を使う

写真3に示すように，セルの構造が平面ではなく球状です．あらゆる方向の太陽光を電気に変換してくれます．設置方向を気にしなくてよいので，今回のような無線センサに適しています．

表1に示すように，セルの構成が1直列12並列から12直列1並列まで6種類用意されています．降圧型DC-DCコンバータで3.3 Vの電源電圧を無線モジュールTWE-Lite DIPに供給することにして，出力が3.3 Vより高い12直列1並列のKSP-F12-12S1P-W1-Xを選びました．

最大出力は13.5 mWです．ただし，晴れた日で昼間の太陽光直射時に100 mW/cm^2，AM1.5，T_A = 25 ℃の基準テスト条件で測定した値です．AM（エアマス）とは，**図5**に示すように太陽光が地表に到達するまでに通過する大気の量を表します．太陽光が垂直に入射したときをAM1とし，日本の緯度ではAM1.5で太陽電池を測定するのが一般的です．

● 実力テスト！ 照度を変えて発電量を測定

太陽電池は曇り，雨，屋内といろいろな環境で使うので，条件によって出力電力が大幅に変化します．各条件で，どのくらい出力できるのか事前に把握しておく必要があります．

太陽電池のデータシートにはこのような条件のデータが載っていないので，照度と*V-I*特性を測定してみました．照度は秋月電子通商で購入したディジタル照度計TASI-872を使いました．*V-I*特性は手作りの電子負荷装置（Column 1参照）で負荷電流を変化させて測定しました．

図6に示す*V-I*特性の測定結果から，ワイヤレス温度モニタが稼働する環境条件を考えてみます．日照時間は朝6時から夕方5時まで，設置場所は曇りの日で

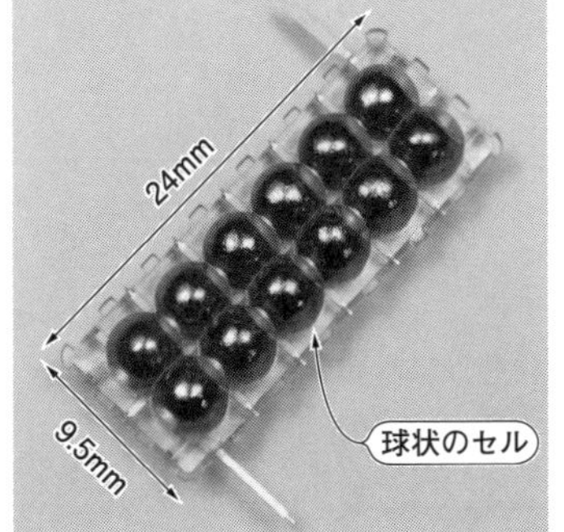

写真3　太陽が傾いても出力が低下しにくく，また出力仕様の組み合わせが豊富な太陽電池を採用
球状の太陽電池モジュール・スフェラーアレイF12（スフェラーパワー）を採用

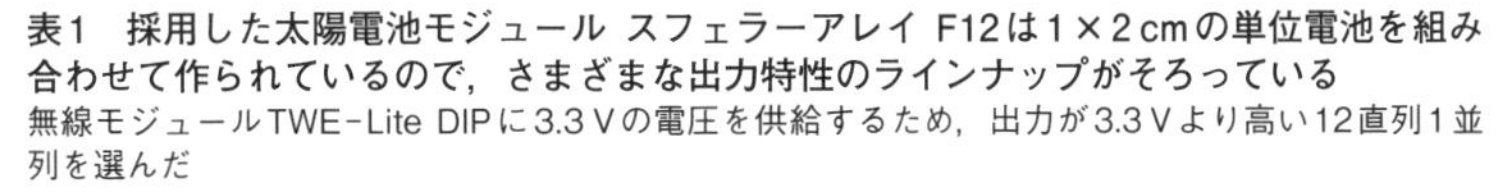

表1　採用した太陽電池モジュール スフェラーアレイ F12は1×2 cmの単位電池を組み合わせて作られているので，さまざまな出力特性のラインナップがそろっている
無線モジュールTWE-Lite DIPに3.3 Vの電圧を供給するため，出力が3.3 Vより高い12直列1並列を選んだ

型　名	セルの構成	最大出力電力P_{max} [mW]	最適動作電圧V_{PM} [V]	最適動作電流I_{PM} [mA]	開放電圧V_{OC} [V]	短絡電流I_{SC} [mA]
KSP-F12-1S12P-W1-X	1直列12並列	13.5	0.48	28.0	0.61	29.7
KSP-F12-2S6P-W1-X	2直列6並列		0.97	14.0	1.21	14.7
KSP-F12-3S4P-W1-X	3直列4並列		1.46	9.2	1.81	9.7
KSP-F12-4S3P-W1-X	4直列3並列		1.95	6.9	2.42	7.2
KSP-F12-6S2P-W1-X	6直列2並列		2.97	4.5	3.64	4.7
KSP-F12-12S1P-W1-X	12直列1並列		6.00	2.2	7.27	2.3

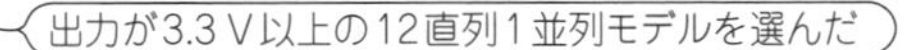

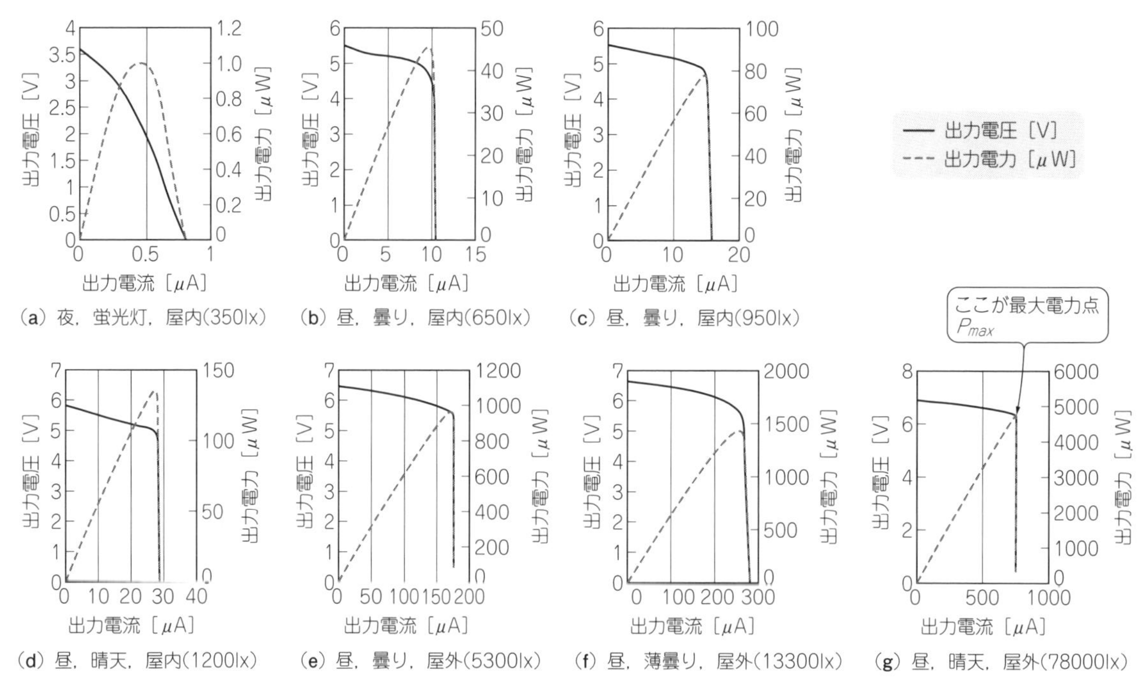

図6　照度を変えて太陽電池スフェラーアレイF12の発電量を実測してみた

も採光性の良い屋内とします．

▶昼間の屋内：45 μW

自宅の2階にある8畳間の中央で測定した照度は約650 lxでした．この照度における最大出力電力は，**図6(b)**から約45 μWです．

▶雲が厚く薄暗い曇りの日：34 μW

曇りの日と言っても雲の厚さによって，照度がかなりばらつきます．雲が厚く薄暗い曇りの日は屋外でも800 lx程度です．

ワイヤレス温度モニタは，このようなお天気が2～3日続いても電源がダウンせずに動作をしてほしいですよね．この条件を満足させるため設置場所を窓際に変更しました．照度は約950 lxでした．**図6(c)**から最大出力電力は75 μWです．24時間の平均発電量は34 μW(11時間/24時間×75 μW)です．

雨の日が1週間続いても止まらないようにするには，1日平均の消費電力を少なくとも34 μW程度にする必要があります．

④ 6日間曇りでもOK！5.5 V，1 Fの電気二重層キャパシタSE-5R5-D105VY

● 劣化しにくいからメンテナンス・フリーにできる

太陽電池による夜間の発電量はゼロなので，24時間ワイヤレス温度モニタを動かし続けるには，昼間に発電した電力を蓄電デバイスに貯める必要があります．

蓄電デバイスには，リチウム・イオン蓄電池，リチウム・ポリマ蓄電池，コイン型リチウム蓄電池，ニッケル水素蓄電池などいろいろあります．しかし，蓄電池は充放電の回数に限りがあるため，メンテナンス・フリーではありません．

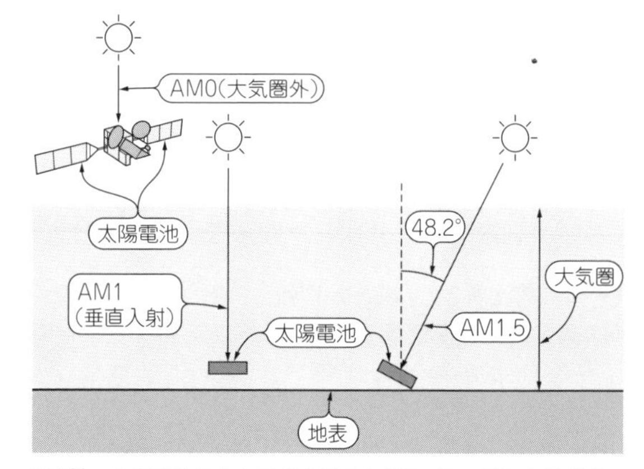

図5[1]　太陽電池のカタログを見るときは「AM値」を必ずチェックする
AM(エアマス)は太陽光が地表に到達するまでに通過する大気の量を表す．太陽光が垂直に入射する条件をAM1とする．日本の緯度ではAM1.5

今回は電気二重層キャパシタを使うことにしました．コンデンサなので充放電時には化学反応が起きず，イオン分子が電荷を蓄えるので原理的には充放電による劣化がありません．また，非常に大きな静電容量を持ちます．

● 品種が多い2セル直列，5.5 V品を使う

電気二重層キャパシタの定格電圧は低く，2.5～3.0 V/セル程度です．定格電圧を超えないようにすれば，

太陽電池の出力特性が丸見え！手作り電子負荷装置　Column 1

● 市販の電子負荷はμAオーダの電流が出力できない

今回使う太陽電池スフェラーアレイF12の負荷電流はμAオーダです．市販の電子負荷はμAオーダの電流を設定できません．そこで，ブレッドボードに手持ちの汎用OPアンプLM358と定番のNPN小信号トランジスタ2SC1815(東芝)を使って，電子負荷装置を製作しました．

● 回路の動作メカニズム

図Aに回路を示します．

OPアンプのプラス入力に入力した基準電圧とトランジスタのエミッタに挿入した電流検出抵抗の両端電圧をマイナス入力に入力し，両者を比較します．エミッタ電圧が基準電圧より低ければOPアンプの出力が高くなり，トランジスタのベース電流I_Bが増え，コレクタ電流I_Cも増えます．

基準電圧とエミッタ電圧が同じになるようにコレクタ電流I_Cが制御されて定電流動作をします．つまり，コレクタ電流I_Cは基準電圧÷エミッタ抵抗となります．エミッタ抵抗が100Ωなので基準電圧を100 mVとすると，コレクタ電流I_Cは1 mAとなります．細かく言うと，ベース電流I_Bもエミッタに流れ込むので，この計算結果はトランジスタの直流増幅率h_{FE}の逆数の誤差が生じます．

この回路で基準電圧を可変抵抗などで変化させれば可変型定電流電子負荷装置ができます．

〈並木 精司〉

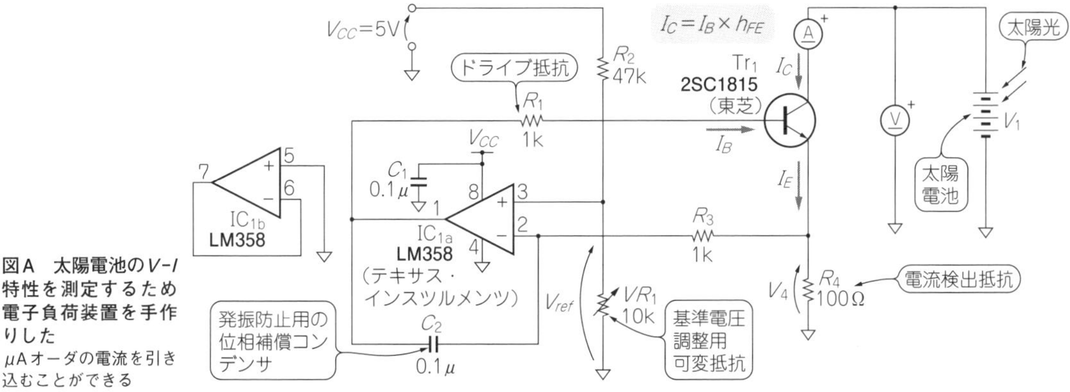

図A　太陽電池のV-I特性を測定するため電子負荷装置を手作りした
μAオーダの電流を引き込むことができる

充電回路は必要ありません．

ディジタル回路のバックアップ用として多くの製品が販売されており，価格も安く入手性も良いです．2セル直列で5.5 V耐圧のものが標準で，品種も多くそろっているので，この規格のものを使います．

今回は秋月電子通商で販売されている1 F/5.5 Vの電気二重層キャパシタ(SE-5R5-D105VY)を使うことにしました．

● 1 F満充電で，6日間連続曇りでも動き続ける

▶満充電5 V～終止3 Vで使って，太陽電池の不足分2.5 μWと電源の消費電力13 μWを補う

定格電圧5.5 Vから余裕率を90 %と仮定して充電電圧を5.0 Vとします．5.0 Vまで充電した1 Fの電気二重層キャパシタを放電終止電圧3 Vまで定電力放電したときの放電時間を計算してみます．

このときの消費電力は，曇りの日の不足電力2.5 μW(= 36.5 μW − 34 μW)と，電気二重層キャパシタの充電回路自体の約13 μWを加えた合計15.5 μWとしました．

▶1 F品で約6日間連続動作OK!

$$\frac{1}{2}\times 1\,\mathrm{F}\times\frac{(5\,\mathrm{V})^2-(3\,\mathrm{V})^2}{15.5\,\mu\mathrm{W}}\doteqdot 5161295\,\mathrm{s}\doteqdot 5.97\,日$$

約143時間，日数で5.97日間です．すなわち約6日間，雨天や曇りの日が連続しても動き続けます．6日間も厚い雲が垂れ込めた暗い天気が続くことはめったにないと考えて，そのうち1日でも晴れの日があれば電気二重層キャパシタは完全に満充電されるので，静電容量は1 Fで何とかなると判断しました．

⑤ 入力3～5 V，出力3.3 Vで放電！昇降圧型DC-DCコンバータLTC3129-1

● 設定範囲の広さ(入力1.92～15 V，出力2.5～15 V)が決め手

電気二重層キャパシタは5 Vまで充電し，3 Vまで放電することにしました．

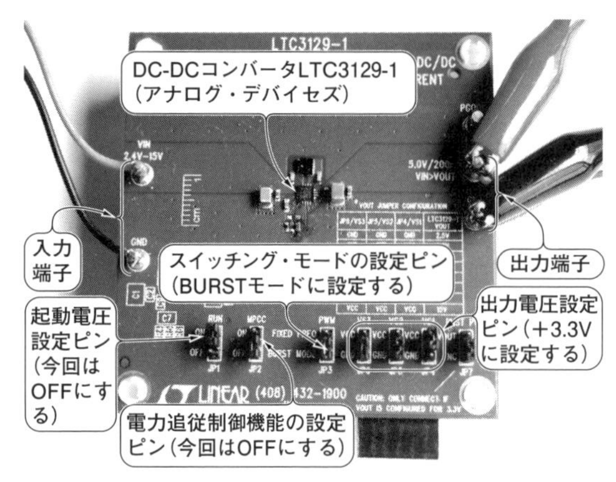

写真4　実験用の試作なのでDC-DCコンバータLTC3129-1の評価ボードDC1923Aをそのまま使った

電気二重層キャパシタの負荷となるDC-DCコンバータの入力は，少なくとも3～5Vの範囲をカバーできなくてはなりません．入力が3～5Vをカバーして出力が3.3Vという条件に合うDC-DCコンバータとして，LTC3129-1(アナログ・デバイセズ)があります．

LTC3129-1は昇降圧型DC-DCコンバータで，入力は1.92～15V，出力は2.5～15Vと設定範囲の広さが特徴です．LTC3129-1にはRUNという端子があり，外部の分圧抵抗で起動電圧を自由に変更できます．実験用の試作なので評価ボードDC1923A(**写真4**)をそのまま使います．

● 入力5.2～2.15Vまで動くように設定する

今回使用する太陽電池の効率が一番良い4.5～5V

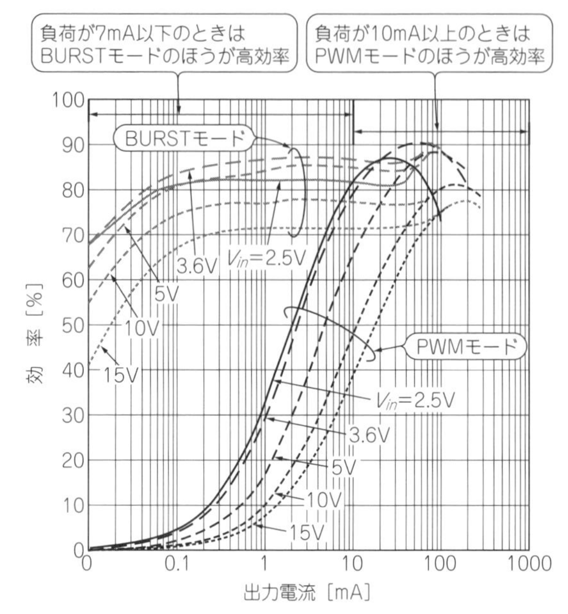

図7　DC-DCコンバータLTC3129-1が3.3Vを出力するときの出力電流対効率
今回は負荷が10mA以下なのでBURSTモードを使う

に起動電圧を合わせたいところです．しかし，起動電圧を調整すると，一緒にアンダ・ボルテージ・ロックアウト(UVLO：Under Voltage Lock-Out)電圧も上がります．

起動電圧しきい値(Run Threshold to Enable Switching(Rising))が1.22 V_{typ}，ヒステリシスが80mVなので，UVLO電圧のしきい値は1.14V(＝1.22－0.08)です．

DC-DCコンバータLT3129-1の電力追従制御機能を使わなかった理由　Column 2

● 電気二重層キャパシタに蓄えられる電力が小さくなってしまう

LTC3129-1にはMPPC(Maximum Power Point Control；最大電力点制御)機能が搭載されています．

太陽電池などの出力インピーダンスの高い発電デバイスをDC-DCコンバータの入力に接続したとき，発電デバイスが出力できる電力を最大限引き出すため，DC-DCコンバータの出力電流を調整する機能です．太陽電池の出力電力が最大となるときの出力電圧を最適動作電圧と呼びます．今回使った太陽電池スフェラーアレイF12の最適動作電圧は**表1**から6.0Vです．最適動作電圧は照度によって変化するので，太陽電池の出力電圧を6Vに保つようにDC-DCコンバータの出力電流を調整すれば常に最大電力が取り出せます．

LTC3129-1のMPPC機能を使うには，蓄電デバイスをDC-DCコンバータの出力側に置くことになります．このとき，蓄電デバイスの充電電圧は無線モジュールTWE-Lite DIPの最大定格3.6Vに制限されます．

電気二重層キャパシタに蓄えられるエネルギは充電電圧の2乗に比例して大きくなります．電気二重層キャパシタの定格電圧は5.5Vなので，3.6Vではその性能を十分利用できません．

以上の理由でLTC3129-1のMPPC機能は使わず，DC-DCコンバータの前にMPPC機能を持った充放電制御回路(**図2**)と蓄電デバイスを置きました．

〈並木 精司〉

起動電圧を4.8 Vに設定したとき，RUN端子の分圧抵抗比は3.9344(＝4.8 V÷1.22 V)です．UVLO電圧のしきい値が1.14 Vなので，分圧比をかけるとUVLO電圧は4.48 V(≒1.14 V×3.9344)です．すなわち電気二重層キャパシタの電圧が4.48 V以下になるとDC-DCコンバータは動作を停止します．

電気二重層キャパシタは5 Vまで充電され，4.48 Vで放電が終わります．電圧差が小さいので，電気二重層キャパシタに蓄えたエネルギを十分利用できません．

今回は起動電圧を設定せず，UVLO電圧を2.15 V_{typ}にします．そうすることで，電気二重層キャパシタの最大電圧である約5.2 Vから2.15 Vまでのエネルギを利用できます．

● 軽負荷時に効率が高い間欠発振モードを使う

LTC3129-1には，2つのスイッチング・モードがあります．連続(PWM)モードと間欠(BURST)モードです．

今回のように負荷が軽い場合はBURSTモードにします．**図7**に示すのは，出力が3.3 Vのときの出力電流対効率です．BURSTモードは入力5 Vで負荷10 μAのとき64 %，入力5 Vで負荷100 μAのとき81 %と高効率です．PWMモードでは，両者とも5 %にも満たない効率になっています．しかし，PWMモードは10 mA以上の負荷のときBURSTモードより高い効率になっています．負荷が大きい場合はPWMモードを使ったほうがよいです．

動かしてみる

● 6日連続動作は余裕

充電回路，太陽電池，DC-DCコンバータ，無線モジュールを接続したワイヤレス温度モニタを**写真5**に示します．

実際に動作させ，電気二重層キャパシタの充電電圧を測定すると，晴れた日の昼間で約5.2 Vでした．夜に放電され，翌朝残りの電圧を測定すると約4.3 Vでした．DC-DCコンバータの動作終止電圧は最悪でも2.29 Vです．放電バイパス・ダイオードD_3の順方向電圧(V_F)が0.3 Vとしても約2.6 Vまで動作するので，十分な余裕があります．

ただし，過放電で動作が止まるとDC-DCコンバータの再起動には大きな起動電流が必要です．曇りの日の太陽電池の出力では再起動できないことがあります．この場合は，外部から1回電源を加えて電気二重層キャパシタに少なくとも3 Vまで充電するか，晴れの日の昼間まで待ちます．

● 温度測定の結果もOK！

ワイヤレス温度モニタを使って送信した温度データをUSBタイプの無線モジュールToCoStick(現MONOSTICK)を使用して受信し，センサの測定データや電源電圧の時間変化を表示するソフトウェアTOCOS tag viewerをインストールしたパソコンで表

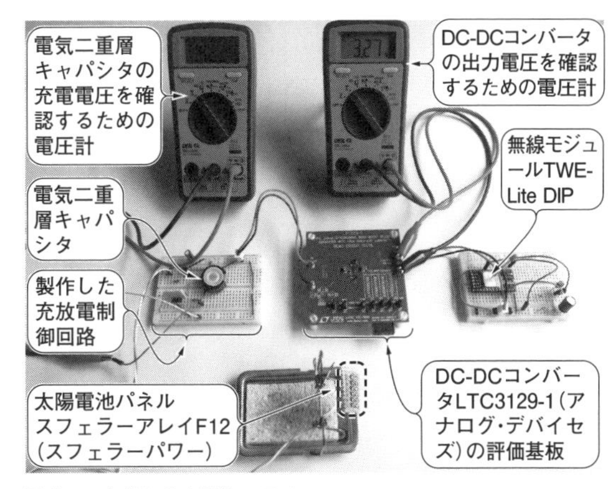

写真5　完成した実験システム
晴れた日の昼間に約5.2 Vまで充電され，翌朝残りの電圧を測定すると約4.3 Vだった．約2.6 Vまで放電できるのでまだまだ余裕だ

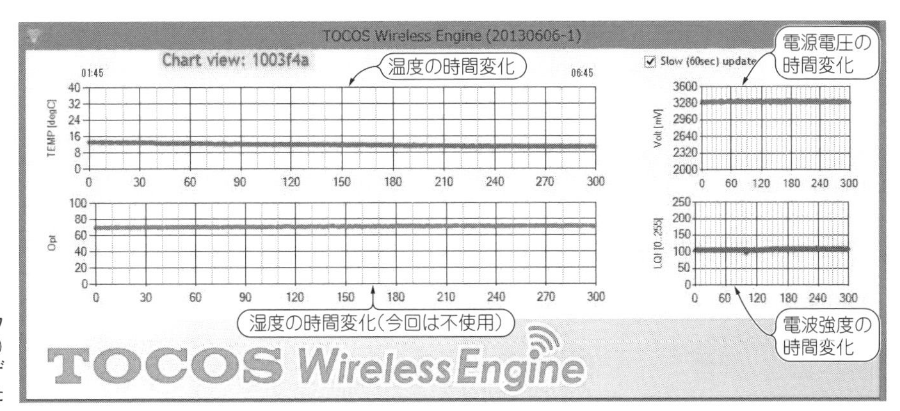

図8　パソコンのソフトウェア(TOCOS tag viewer)を使って子機が受信したデータの時間変化を確認した

	A	B	C	D	E	F	G	H	I	J	K
1		2014/10/7 7:31	DATA	69	489	1003f4a	3150	2100	6582	1097	800
2		2014/10/7 7:31	DATA	69	490	1003f4a	3250	2100	6582	1097	800
3		2014/10/7 7:31	DATA	72	491	1003f4a	3200	2100	6582	1097	800
4		2014/10/7 7:32	DATA	72	492	1003f4a	3160	2100	6582	1097	800
[illegible]		2014/10/[illegible]	[illegible]	72	493	[illegible]	3260	2100	[illegible]	[illegible]	800
19		[illegible] 13:59	DATA	51	[illegible]	[illegible]003f4a	[illegible]	[illegible]	[illegible]	[illegible]	[illegible]
20		[illegible]4/10/17 13:59	DATA	[illegible]	96	1003f4a	3290	[illegible]	7914	1319	[illegible]
21		2014/10/17 13:59	DATA	159	97	1003f4a	3290	2590	9708	1618	849
22		2014/10/17 13:59	DATA	159	98	1003f4a	3290	2590	7308	1218	849
23		2014/10/17 14:00	DATA	159	105	1003f4a	3280	2510	10506	1751	841
24		2014/10/17 14:00	DATA	159	106	1003f4a	3290	2590	9258	1543	849

データを取得した年/月/日/時間
電波強度
子機のID
電源電圧
温度
電気二重層キャパシタの充電電圧

図9　テキスト・ファイルとして保存された温度データをグラフ化するためExcelで開いて折れ線グラフを作成する

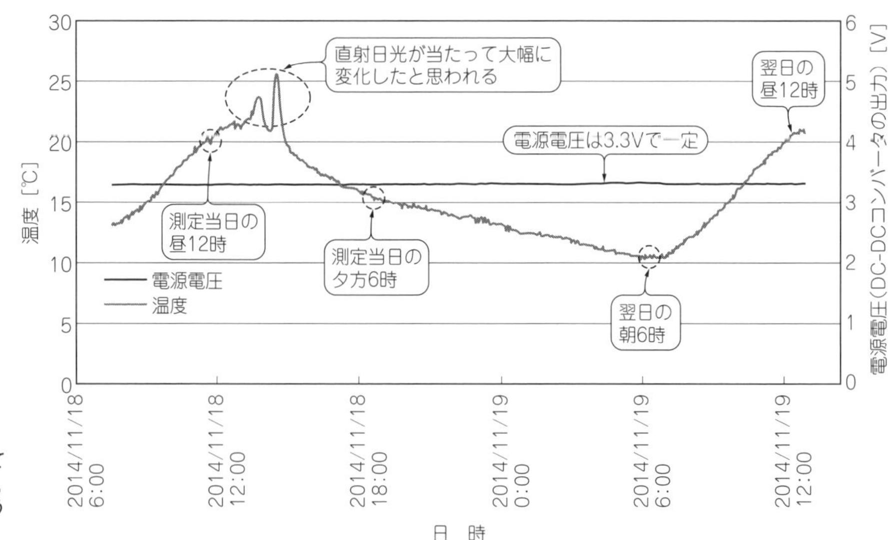

図10　1日連続運転をして放電状態を確認した結果，まだまだ余裕で動かせそうなことがわかった

示させたのが**図8**です．温度の測定データやTWE-Lite DIPの電源電圧の時間変化が表示されます．

子機が送ってきた温度データは，無線モジュールのID番号名のフォルダにraw.txtというファイル名のテキスト・ファイルとして保存されます．これをExcelで開いて，区切り文字をセミコロンに指定し，データ形式を文字列に設定してOKをクリックします．すると**図9**のような画面が表示されます．

- データを取得した年/月/日/時間
- 子機の電源電圧［mV］
- 温度［℃］×100
- 電気二重層キャパシタの電圧［mV］

この中から次のデータのみを残し，Excelで**図10**に示すグラフを作成しました．

＊

● まとめ

今回の製作と実験で，新たな発見がたくさんありました．光の明るさを表す照度が，大きなダイナミック・レンジを持っていることを初めて認識しました．晴れた日の昼間の屋外の照度は十万lxを超えます．ところが雨天の昼間の屋外の照度は数百lxしかありません．これは本当に大きな差と言わざるを得ません．

たった1 cm × 2.5 cmの小さな太陽電池で，無線機能を搭載した電子回路を1年中動かせることがわかりました．DC-DCコンバータや無線モジュールなど，電子部品の省エネ化がかなり進んでいることに驚きました．

今回の製作は，既存の部品を使用して自作した1つのケースとして決してベストの解ではありませんが，今後このような製品を開発される方に多少でも参考になれば幸いです．

◆参考文献◆

(1) 産業技術総合研究所 太陽光発電研究センター；性能の測り方，
https://unit.aist.go.jp/rcpv/ci/about_pv/output/measure.html

（初出：「トランジスタ技術」2015年2月号）

第8章 低消費電力のメモリ＆PICマイコンを動かす

キャパシタで1.7時間連続動作！ ソーラ・データ・ロガーの製作

藤岡 洋一 Yoichi Fujioka

(a)外観

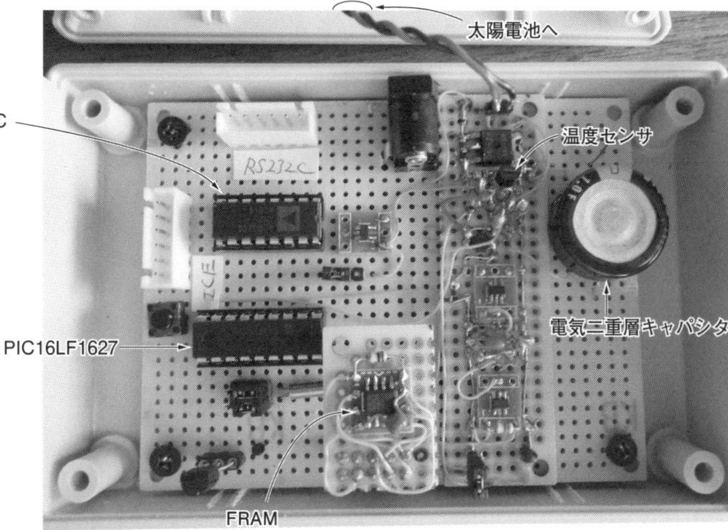

(b)内部

写真1　1Fのキャパシタで1.7時間連続動作できる温度・電圧データ・ロガー

太陽電池で発電したエネルギを電気二重層キャパシタに蓄え，その充電エネルギを利用して動作するデータ・ロガーを作りました．太陽が雲に隠れて発電電力がなくなっても，電気二重層キャパシタに電荷が充填されていれば，1.7時間連続でデータを記録し続けることができます．この製作事例から，低消費電力マイコンのスリープ・モードの効果的な使い方，書き込み時の消費電力も少なく電源を切ってもデータを保持してくれるメモリFRAMの使い方，そして，待機時の消費電力が小さいPWM/PFM切り替え型のDC-DCコンバータの使い方がわかります．〈編集部〉

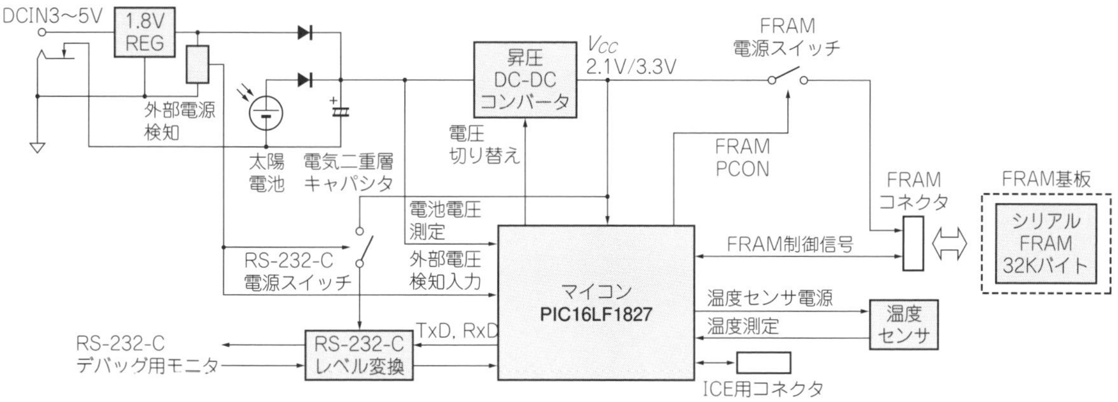

図1　FRAMと低消費電力PICマイコンによる温度・電圧データ・ロガーのブロック図

表1　製作したデータ・ロガーの動作モードごとの消費電流

マイコン動作モード	負　荷	1次側電流(1.2 V)	2次側電流
スリープ	1.8 V，32.768 kHz	70 μA	3 μA
温度計測	3.3 V，500 kHz	0.83 mA	370 μA
FRAM書き込み	3.3 V，500 kHz	1.72 mA	880 μA

製作物のあらまし

● 外観と回路図

PIC16LF1827(マイクロチップ テクノロジー)には，動作電圧や動作クロックを変えることで消費電力を抑える機能があります．今回はこのPIC16LF1827を使って温度と電圧のデータ・ロガーを製作しました(**写真1**)．使っていない周辺回路の電源を適宜切断することで，装置全体の消費電力を抑えています．

図1にブロック図を，**図2**に回路図を示します．基本的には太陽電池で発生したエネルギを電気二重層キャパシタに蓄積し，その電力で低消費電力PICマイコンPIC16LF1827を駆動し，一定時間ごとに温度，電圧のデータを測定します．測定したデータはFRAMに記録し，別途製作したFRAMリーダを用いてパソコンで読み出します．

● 1 F 5.5 Vの電気二重層キャパシタで1.7時間連続動作

表1に製作した装置の消費電流を示します．スリープ時の1次側電流が2次側電流に対して大きいのは，DC-DCコンバータが連続動作中であることと，ショットキー・バリア・ダイオードの逆リーク電流によるためです．

FRAM書き込み，温度計測の時間は，スリープ時間に対して無視できる程度なので，1次側(電池側)は平均して約100 μA消費するとします．

電気二重層キャパシタは満充電：1.5 V，終止電圧：0.9 Vとすると，使える電圧範囲V_A［V］は，

$$V_A = 1.5 - 0.9 = 0.6\ \mathrm{V}$$

$Q = CV = IT$より，

$$T = CV/I = 1 \times 0.6/100\ \mu = 6000\ \mathrm{s} = 100分$$

となります．これは電気二重層キャパシタだけの駆動であれば，約1.7 hの駆動が可能です．

晴天時は太陽電池から必要な電力が供給されますので，データ・ロガーは無給電で連続動作可能となります．**図3**に記録した温度および電池電圧を示します．

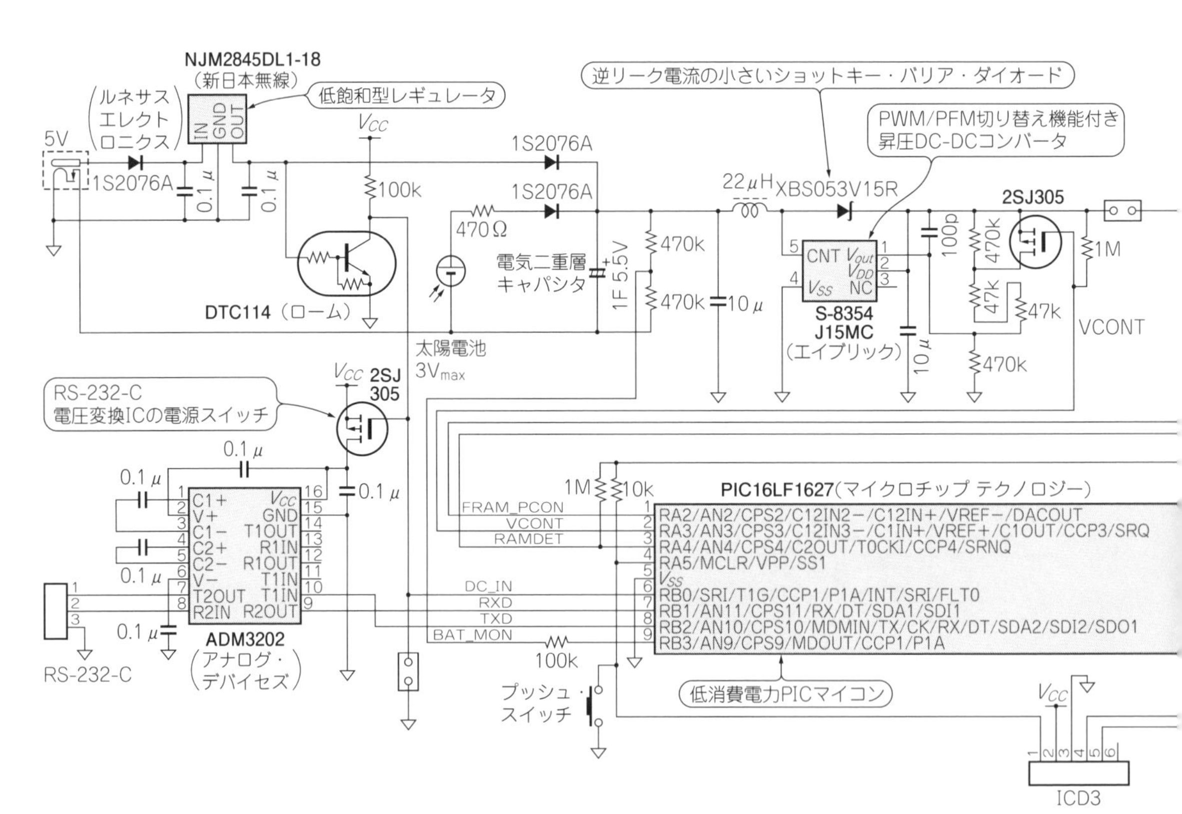

図2　製作したデータ・ロガーの回路

低消費電力化の工夫

● ①動作電圧の切り替え

PIC16LF1827は，スリープ状態ではメイン発振器を停止し，サブ発振器（32.768 kHz）での発振と，内部の16ビット・ハード・カウンタだけの動作になり，消費電力を最小にします．

本装置では，データ測定は10秒ごと，FRAM書き込みは1分ごとにしましたが，それぞれの処理時間は非常に短く，それ以外の大部分はスリープ状態のため，スリープ状態における消費電力を減らす必要があります．そこで，マイコンの動作電圧を1.8 Vと3.3 Vの2段階に切り替えられるようにしています．

昇圧DC-DCコンバータ S-8354J15MCは，電圧センス入力1.5 Vとなっているので，電圧センス入力が1.5 Vになるように外部抵抗を構成します．1.5 V駆動できるPチャネルMOSFET 2SJ305をVCONT信号でマイコン側から制御することで，可変電圧出力が可能となります．

● ②PWMとPFMを切り替える昇圧DC-DCコンバータの採用

使用した昇圧DC-DCコンバータIC S-8354J15MCは，自己消費電力そのものは9.1 μAと小さいのですが，

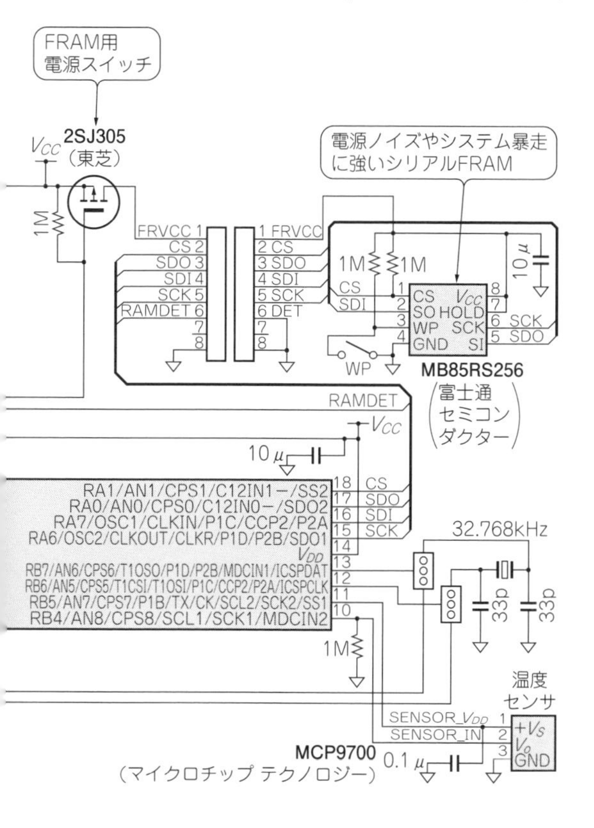

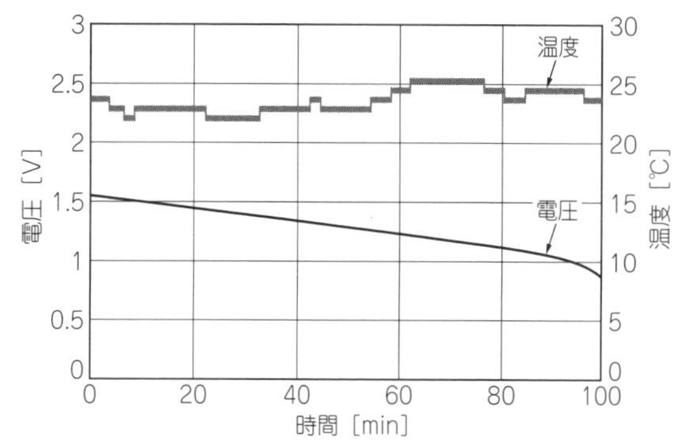

図3 製作したデータ・ロガーで記録した温度と電気二重層キャパシタ電圧

実際にインダクタを接続して動作するとスイッチング・トランジスタを通してGNDへ電流が流れるため，DC-DCコンバータ全体としては大きな電流が流れます．

PWM駆動では軽負荷時でも固定周波数でスイッチングするため効率が悪化します．それに対してPFM駆動では，軽負荷時にはスイッチング周波数が下がり，スイッチング・トランジスタに流れる電流が減少するためDC-DCコンバータの効率を改善できます．

今回のように負荷の軽いロー・パワー・システムでは，PWMとPFMを自動で切り換えるDC-DCコンバータを採用すると，システム消費電力を削減できます．

● ③低リーク電流ショットキー・バリア・ダイオードの採用

ショットキー・バリア・ダイオードは，種類によって逆リーク電流の大きさにかなりの幅があります．リ

Column 1

FRAMを接続する際は先にグラウンド，次に電源，最後に信号線

FRAMは脱着可能にしましたが，接続については注意が必要です．必ずグラウンドを先に接続し，次にV_{CC}，次に信号の順に接続しないと，接続されたIC内部でラッチアップが発生し，ICを破壊してしまうことがあります．

USBコネクタ，SDメモリーカードなどといった，電源および信号が混在するコネクタでは，コネクタ側で電源ピンの電極を長くしてラッチアップが発生しないようにくふうしてあります．今回のように通常のヘッダ・ピンを用いたコネクタでは，電源，グラウンド，信号が同時に装着されます．そこで電源にはMOSFETによるスイッチを入れ，装着ONの信号を確認してから電源をONするようにしています．また非装着時には信号線はすべて“L”にするなどの処理が必要です．〈藤岡 洋一〉

表2　ショットキー・バリア・ダイオードの逆リーク電流比較

メーカ名	型　名	逆リーク電流規格	12 V入力時入力電流値
東芝	CMS01	5 V，150 μA(max)	150 μA
トレックス	XBS053V15R	20 V，100 μA(typ)	40 μA

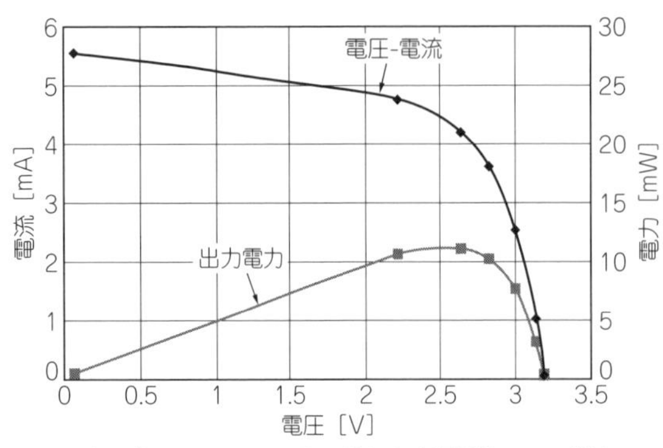

図4　ガーデン・ライトから取り外した太陽電池のI-V特性

ーク電流があるとせっかく昇圧した電圧が入力に戻ってしまうため，DC-DCコンバータの効率が悪化し，システムの消費電流が増加します．

今回のシステムで使用した電源回路で，リーク電流の違う2種類のショットキー・バリア・ダイオードを使ったときの消費電流を**表2**に示します．無負荷状態で入力電流に100 μA以上の差が出ています．できるだけ低リーク品を使うことが重要です．

● ④周辺デバイスの電源制御

消費電流が100 μA以下の世界になってくると，各デバイスの静止時のリーク電流が問題になってきます．今回は周辺デバイスとしてFRAMとRS-232-Cレベル・コンバータを使っています．これらは常時アクセスするわけではないので，それぞれMOSFETスイッチで電源のON/OFF制御を行っています．

ハードウェアの詳細

● 太陽電池

ホームセンタで売られているガーデン・ライトに使われていた防水型のソーラ・パネルを利用しました．**図4**に60 W電球直下でのI-V特性を示します．2.5 Vで約4 mAの電流が取れることがわかります．

● 電気二重層キャパシタ

1 F，5.5 Vです．太陽電池出力にダイオードを直列に接続して降圧し，最大約1.8 Vで充電しています．

● マイコン

マイクロチップ テクノロジーの低電圧駆動用8ビット・マイコンPIC16LF1827を使いました．18ピンDIPで使いやすいパッケージです．ROM 4 Kバイト，RAM 384バイト，10ビットA-Dコンバータ，リファレンス電圧源を内蔵し，動作電圧は1.8～3.5 Vです．乾電池2本での駆動を想定したマイコンでしょう．

仕様上，1.8 V動作時には内蔵クロック500 kHz，110 μAで駆動が可能です．スリープ時には外付け32.768 kHzの水晶発振だけの動作となり，約0.6 μAという低消費電流になります．

● 温度センサ

マイクロチップ テクノロジーの温度センサMCP9700を使用しました．3.3 V，6 μAで駆動できます．100 mV/℃のリニアな特性を持つので温度変換も簡単です．今回のような低消費電力装置向きのICです．

● 電源IC

0.9 Vから昇圧できるセイコーインスツル(現エイブリック)のS-8354J15MCを使いました．このICは負荷に応じてPWMまたはPFM駆動され，特に軽負荷時にはPFMとなってDC-DCコンバータの消費電力削減に有効です．

出力電圧設定用に電源端子とセンス端子が分かれており，外付け分圧抵抗で出力電圧を自由に設定できます．今回は低消費電力化のため，システム負荷に応じて電源電圧を1.8 V, 3.3 Vに変更できるようにしています．

● FRAM

データ記録用に，MB85RS256(富士通セミコンダクターメモリソリューション)を使用しました．容量は256 Kビット(32 Kビット×8)で，SPI接続となっています．今回はメイン基板から切り離せるように，8ピン・コネクタで脱着できるようにしています．

このFRAMはSRAMのように高速アクセスが可能でありながら，電源を切ってもデータを保持できるので，書き込み時の消費電力も少なく，今回のように電力を気にしつつ大容量のデータを記録するにはとても便利です．シリアル接続品，パラレル接続品が供給されています．

一般にはこうした用途では，SDメモリーカードなどのNANDフラッシュ・メモリが用いられますが，書き込み時の消費電力が多く，書き込み方法も複雑で小規模システムでは取り扱いが難しいです．

● RS-232-CドライブIC

装置のデバッグ用にRS-232-Cレベル変換IC ADM3202(アナログ・デバイセズ)を用いています．

シリアルFRAMの使い方　Column 2

シリアルFRAMは電源OFFでもデータが破壊されないように，2重3重の保護が施されており，読み出しは簡単ですが，書き込みについてはいくつかの処理が必要です．

● FRAMの構造

図AにシリアルFRAM MB85RS256の構造を示します．FRAMは構造上，DRAMに似ていますが，メモリ・セルのほかにステータス・レジスタという特別なレジスタがあり，メモリ・セルへの書き込みを制御しています．

メモリ・セルへのデータ書き込みについては，以下のステップが必要です．

(1) ライト・プロテクト端子$\overline{WP}$を“L”にする
(2) ライト・イネーブル・ラッチ WELのセット
(3) ステータス・レジスタ・ライト・プロテクト・ビット WPENの解除
(4) ブロック・プロテクト BP0，BP1の解除(ブロック書き込みプロテクトなど)
(5) ライト・イネーブル・ラッチ WELのセット
(6) データ書き込み
連続データ書き込み時には(4)，(5)の繰り返し

データ書き込み終了時には，ライト・イネーブル・ラッチ，必要に応じてブロック・プロテクト・ビットをセットし，書き込み禁止に設定します．このように$\overline{WP}$，WPEN，WELの3重のロックがかかっているため，電源ノイズやシステム暴走などによる誤書き込みに対しては非常に強くなっています．

一方でSRAM互換のパラレル品では，こうした書き込み保護機構は入っていないので，今回のようにリムーバブル・メディアに採用する場合はシリアル品が良いと思います．

＊　＊

今回は温度センサ，電池電圧の測定を行いましたが，0～3.3 Vの電圧範囲であれば，各種センサに対応可能なので，いろいろと応用が可能だと思います．

〈藤岡 洋一〉

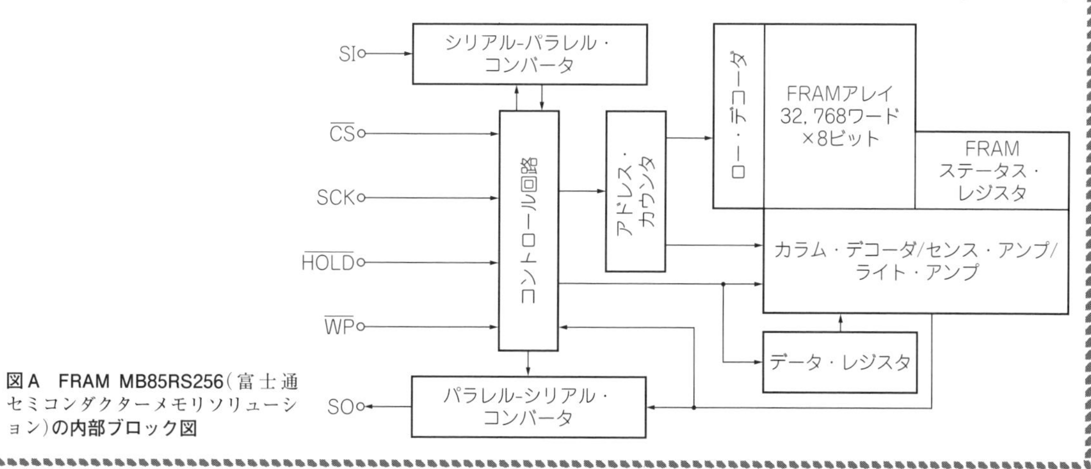

図A　FRAM MB85RS256(富士通セミコンダクターメモリソリューション)**の内部ブロック図**

デバッグ以外にもアプリケーションに応じていろいろな使い道がありますから，小規模組み込みシステムではモニタ用に1チャネルあると便利です．なお，このICは消費電力が大きいため，外部電圧入力のときだけ電源がONするようにしました．

● 開発，デバッグ用外部電源入力

開発用にDCジャック入力を設けてあります．DCジャック接続時は電気二重層キャパシタのグラウンド側は切り離され，充電できないようにしてあります．外部電源ON時は外部電源検知回路で検出し，システム電圧を切り替えられるようにしてあります．

◆参考文献◆

(1) FRAM MB85RS256データシート，富士通セミコンダクターメモリソリューション．
https://www.fujitsu.com/jp/group/fsl/documents/products/fram/lineup/MB85RS256TY-DS501-00046-6v1-J.pdf
(2) PIC16LF1827データシート，マイクロチップ テクノロジー．
http://ww1.microchip.com/downloads/en/devicedoc/41363A.pdf
(3) MCP9700データシート，マイクロチップ テクノロジー．
https://www.microchip.jp/docs/DS21942B_JP.pdf
(4) S-8354J15MCデータシート，エイブリック．
https://www.ablic.com/jp/doc/datasheet/switching_regulator/S8353_8354_J.pdf

(初出：「トランジスタ技術」2010年11月号)

この記事の関連プログラムは小誌Webページからダウンロードできます．
https://www.cqpub.co.jp/trs/

第9章 出力145 μJ！歩行中の移動のようすを2秒おきに記録できる

靴底の圧電ブザー発電で動く無電源加速度データ・ロガー

よし ひろし Hiroshi Yoshi

圧電現象を利用すると，微弱ながら電気を起こすことができます．本章では入手しやすい圧電スピーカを靴の中敷きに敷きつめ(**写真1**)，発電した電力をコンデンサに蓄積します．蓄積した電荷をマイコン・ボードで利用して，加速度センサとマイコンを駆動し，ランナーの加速度を2秒間隔で取得します．

● 素子1枚からどのくらいの電圧が取り出せるのか

圧電スピーカからは，振動させたり曲げたりすることで，電力を少しだけ取り出すことができます．実際にどの程度の出力を得られるか，簡単な実験をしてみましょう．強い曲げを加えると大きな電力を得られそうなので，**写真2**のような実験設備を用意しました．圧電スピーカが壊れないようにプラ板で裏打ちし，モータで曲げます．

図1に示すように，曲げたときには正のかなり大きな電圧出力を得られます．曲げから解放されると，今度は負の電圧が発生しています．上下に曲げたときの機械的特性が大きく異なるので，正負の電圧波形も異なっています．モータの回転が速いほうが出力電圧が高そうです．その代わり，電圧が出力される時間幅が

写真1　圧電スピーカを9枚配置した靴の中敷き
圧電素子は村田製作所の7BB-20-6L0

発電用の圧電素子は，表3個，裏3個の計6個組で使用．並列接続する

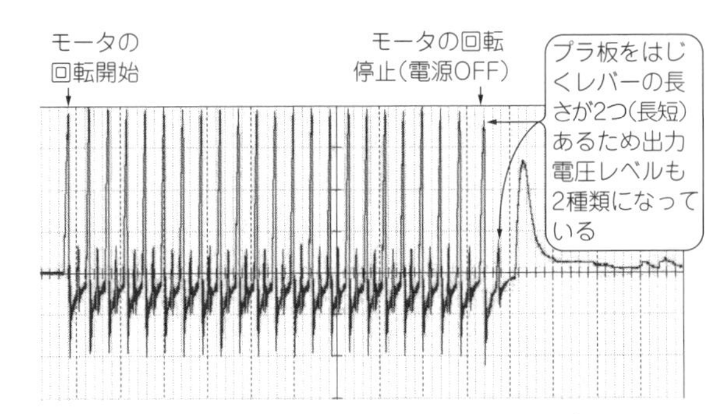

図1　圧電スピーカ1枚の出力(10 V/div，250 ms/div)
ピーク電圧は40 V近い

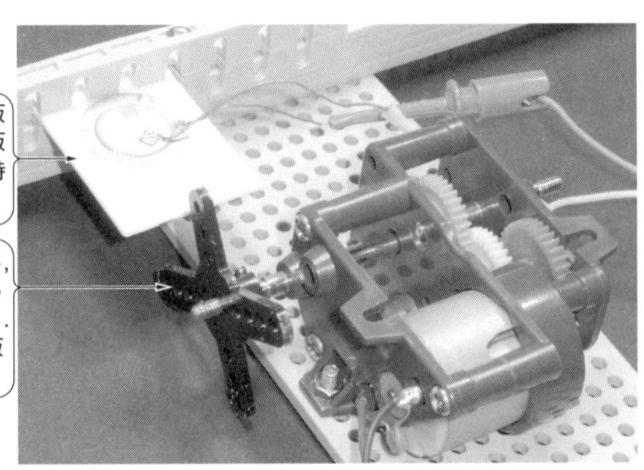

写真2　圧電スピーカをひずませる装置

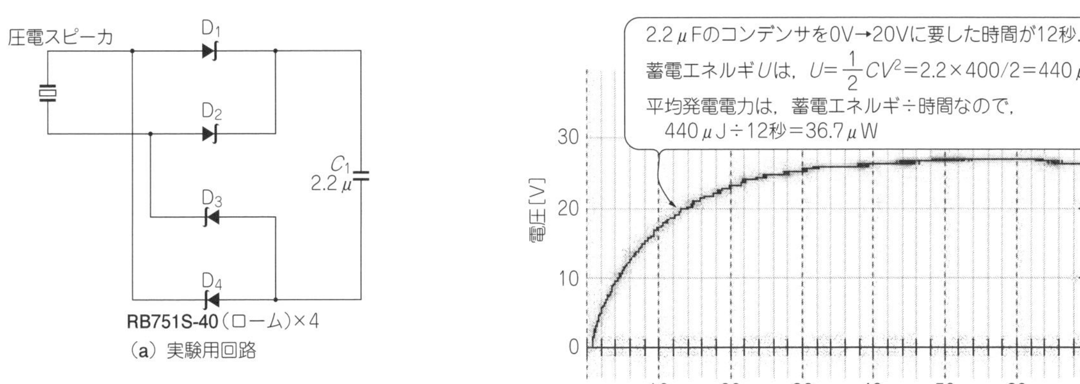

（a）実験用回路

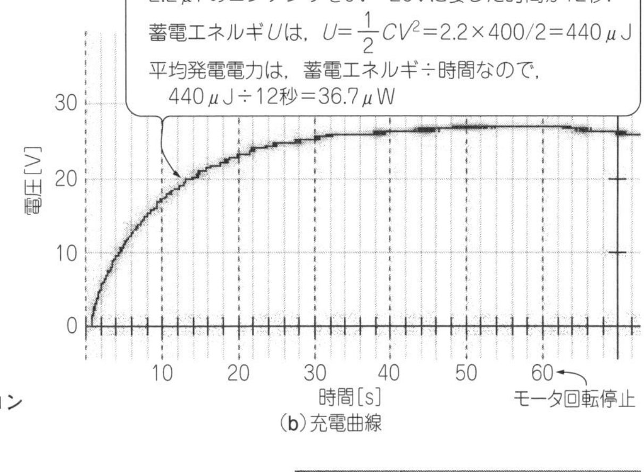

（b）充電曲線

図2　圧電スピーカからの出力を取り出す回路と2.2 μFのコンデンサに充電した結果

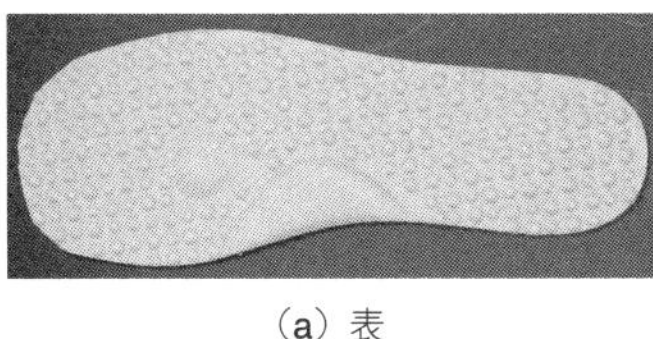

（a）表

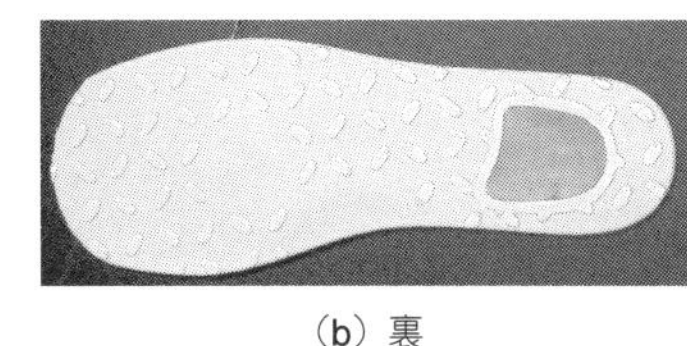

（b）裏

写真3　裏面に凹凸があり，圧電スピーカをひずませるのに適していた中敷き

短くなります．

▶2.2 μFを1分で0→26 Vまで充電できた

この圧電スピーカから出力を取り出し，蓄積する回路を作ります．圧電スピーカから出力される電圧は交流なので，整流してからコンデンサに蓄積します．実験ではダイオードの順方向電圧の小さなショットキー・バリア・ダイオード RB751S-40(ローム)を使いました[編注]．比較的漏れ電流も少ない品です．

コンデンサには漏れ電流が少ないフィルム・コンデンサを使います．ここでは2.2 μF，50 Vの積層フィルム・コンデンサを使用します．

実験回路を**図2**(a)に示します．モータで強い曲げを発生させた発電出力を充電した結果，**図2**(b)のように比較的短時間でコンデンサを充電できました．

● もっと電力を取り出すために…中敷きと圧電スピーカの加工

強い曲げを発生させて発電するために，靴の中敷きを加工して発電することにします．今回使用する中敷きの裏側には，特殊なパターンが採用されています(**写真3**)．靴側のクッションと相まって，このパターンの角部分が圧電スピーカの中央付近に当たると，うまい具合に曲げる力が働きます．曲げる力が強すぎると割れてしまうので，圧電スピーカを裏打ちして，簡単に壊れないようにします．模型用のプラ板などは繰り返し応力に耐えきれず，すぐに破損します．厚手の木綿生地を使用し，帽子用の芯やテーブル・クロスを張り合わせています．生地は力が加わると伸びて，配線が断線しやすくなるので，ご注意ください．

圧電スピーカはシート1面で9個使用します．裏表に合計18個貼り付けたものを，片足ごとに2シート使います．力の加わる方向を考慮して，各シートの表面3個と裏面3個を1つのセグメントとして，3つのセグメントに分けました．各セグメントの圧電スピーカは6個並列に接続します．かかとの左右，つま先では，力のかかる時期がずれます．そのために，圧電スピーカを全部まとめて接続すると，出力の位相差が原因で発電出力が相殺されることもあります．そこで各セグメントごとに整流回路を設けます．各シートの裏面の圧電素子と表面の圧電素子は逆位相になるので，並列接続の際に極性を逆に配線します．

● 中敷き発電の出力

整流回路を組み込んだ中敷き1枚(圧電スピーカ9枚)を使って，どの程度の出力が得られるかを確認してみましょう．コンデンサはセグメントごとにブリッジ整流した出力を束ねて，33 μF，50 Vの電解コンデンサを接続します．整流には圧電素子の出力電圧が高いので，シリコンのスイッチング・ダイオード 1SS133を使用しました．このときの発電出力を**図3**に示します．33 μFのコンデンサを0 V→22 Vにするのに55秒かかっていますから，蓄電エネルギU［J］は，

$$U=\frac{1}{2}CV^2=\frac{1}{2}\times 33\times 10^{-6}\times 22^2=7986\ \mu\mathrm{J}$$

平均発電電力は，蓄電エネルギ÷時間なので，

編注：RB751S-40は2020年5月現在，製造中止予定となっており，ロームは代替品としてRB751SM-40を推奨している．

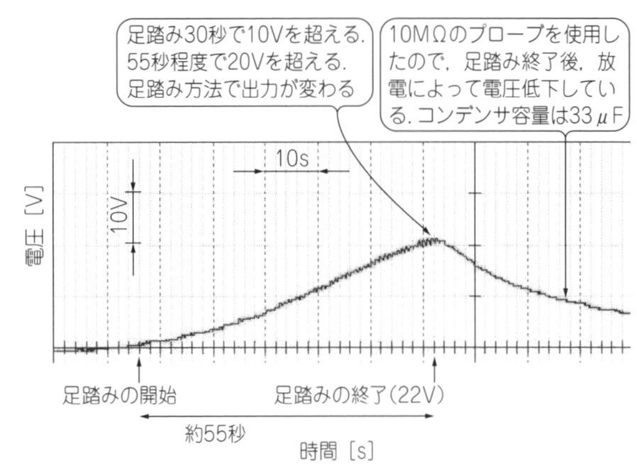

図3　圧電スピーカ9枚を仕込んだ靴で足踏みしたときの発電量の変化

$$7986\ \mu J \div 55秒 = 145.2\ \mu W$$

と求まります.

かかとから着地し，つま先で強く蹴り出すと，出力が多くなります．信号待ちの際に，つま先だけで飛び跳ねても，あまり出力は得られません.

● 歩行時毎秒600 μWを発電できた

上記中敷きを2枚ずつ，左右の靴底に仕込んで(計4枚，圧電スピーカ72個)30分間歩きました．30分間歩いて合計4600 μFコンデンサに0 V→7 Vまで電荷を蓄積しました．その時点から2秒ごとに3次元加速度センサのデータをマイコンに取得し，84秒経ったらデータをEEPROMに格納しました．基板を**写真4**に示します．その際のマイコン電圧とコンデンサ電圧の関係を**図4**に示します．歩き続ければ，毎秒600 μW発電できますから，この「2秒ごとに取得，84秒ごとに書き込み」を続けられたはずです．なお，4600 μFの蓄電回路についてはColumn 2で解説します.

▶低消費電力の加速度センサ

3次元加速度センサには，アナログ・デバイセズのADXL345を使用しました．毎秒6.5サンプル動作時の

発電デバイスから多くの電力を引き出すコツ

● $R_I = R_L$のとき電力を有効に取り出せる

発電デバイスの等価回路を**図A**に示します．理想的な発電電圧V_Gと内部抵抗R_Iで構成されているものとします．この状態で負荷R_Lに供給される電力P_w［W］を計算してみましょう.

$$P_w = I^2 R_L$$

Iは，R_IとR_Lの合成抵抗で決まるので，

$$I = V_G \div (R_I + R_L)$$

得られる電力P_wは，

$$P_w = I^2 R_L = \frac{V_G{}^2}{(R_I + R_L)^2} \times R_L$$

となります．いきなり式を見てもわかりにくいので，V_Gを10 V，R_Iを100 kΩとして，R_Lを50 k～150 kΩに変化させたときに得られる電力をグラフにしてみました．**図B**を見ると，$R_I = R_L$のとき電力を有効に取り出せることがわかります.

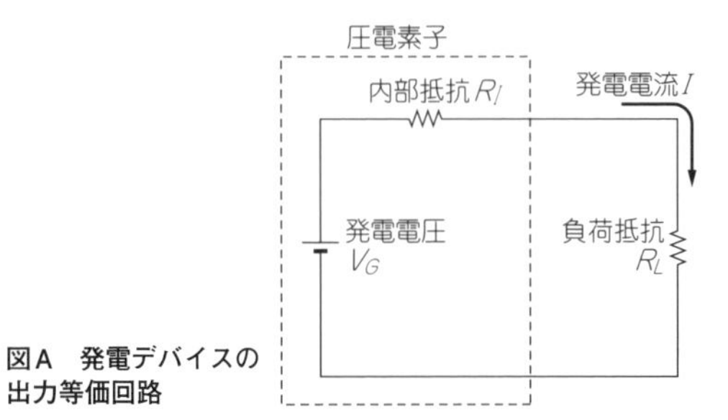

図A　発電デバイスの出力等価回路

● 太陽電池から最大電力を取り出すには

インピーダンスを一致させると最大電力を得ることができますが，直感的にはわかりにくいこともあります．小型太陽電池のI-V曲線を見てみましょう(**図C**)．電流が低い部分では電圧が少しだけ変化しますが，ほぼ定電圧となっています．つまり低インピーダンスです．電流が増えてくると，ある電圧を境に，急激に電圧が低下します．しかし電流はほとんど変わりません．いわゆる定電流特性と呼ばれ，高インピーダンスです．定電流特性の範囲では，電圧が高いほうが得られる電力が多くなります.

● 発電デバイスの出力は高い電圧で受け取る

図D(a)に示すようにコンデンサに発電電流をためる回路を考えます．コンデンサ電圧が1 Vで受け

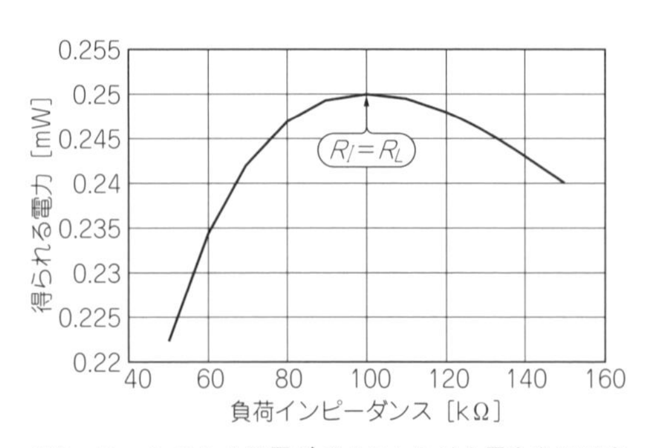

図B　$R_I = R_L$のとき発電デバイスから最大電力を取り出せる

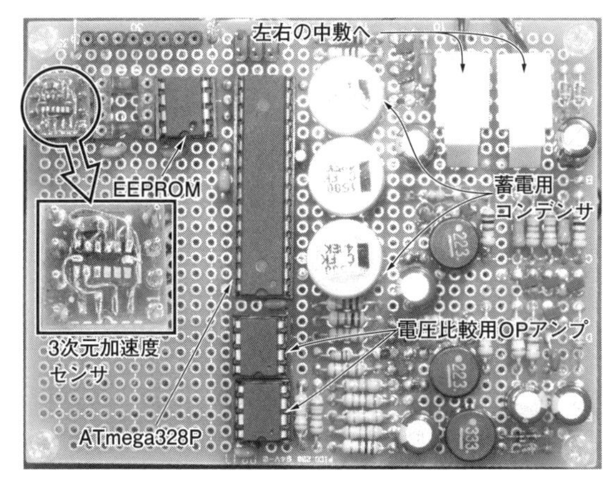

写真4　歩行者の加速度を2秒ごとに取得する基板

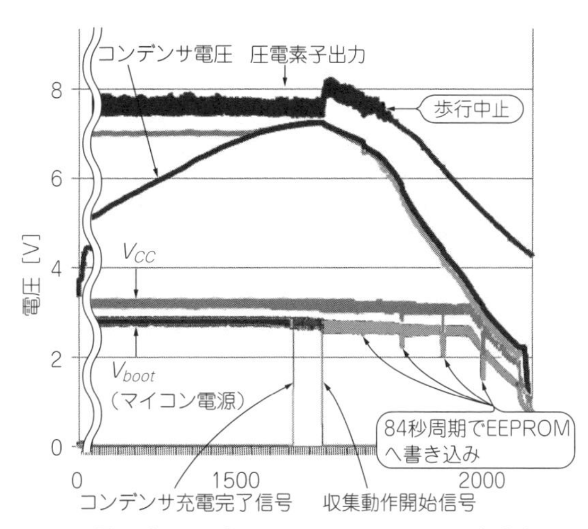

図4　圧電スピーカ72個でマイコン＋EEPROM＋加速度センサをどのくらいの頻度で動作させられるか
歩行は毎秒600 μWを出力できる．加速度センサは2秒ごと，EEPROMは84秒ごと動作させられた

消費電流が40 μAと，とても小電流で動作するのが特徴です．今回は使用しませんでしたが，32レベルのFIFOやTAP検出機能がついていて，用途によってはとても便利です．パッケージは，14ピンのLGA

Column 1

たときと，2.2 Vで受けたときの蓄電電力の比較を示しました．1 V動作時のほうが電流が少し多くなっていますが，蓄電電力では2.2 V動作時のほうが多くなります．

高インピーダンス発電デバイスも同じように，高い電圧で受けたほうが電力が多くなります．特に10 Vや20 Vなどの高い電圧を得られると，電圧の2乗で効くので大きな差が現れます．しかし，コンデンサの特性から電圧が高くなると漏れ電流が増えることと，高電圧で発電を続けるのが難しいとこもあるので，使用する電圧の範囲はある程度限られてきます．

太陽電池では，発電電圧や内部インピーダンスが変わると適切な動作点も変わるので，それに合わせて動作点を変更します．圧電素子による発電でも適宜動作点を変更することで多くの電力を得ることができるかもしれません．しかし，計算に使う電力との兼ね合いになります．　〈よし ひろし〉

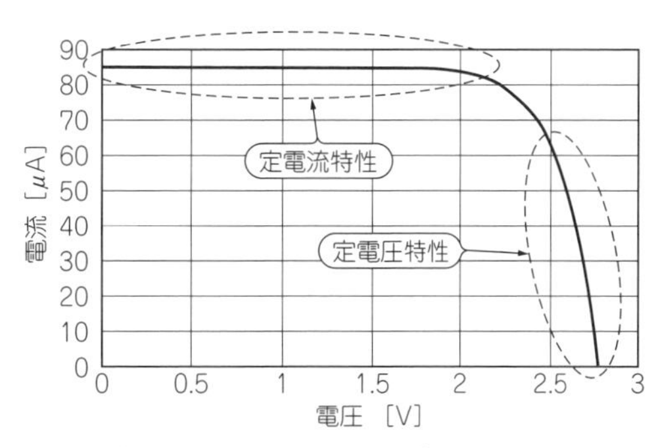

図C　一般的な太陽電池の*I*-*V*カーブ

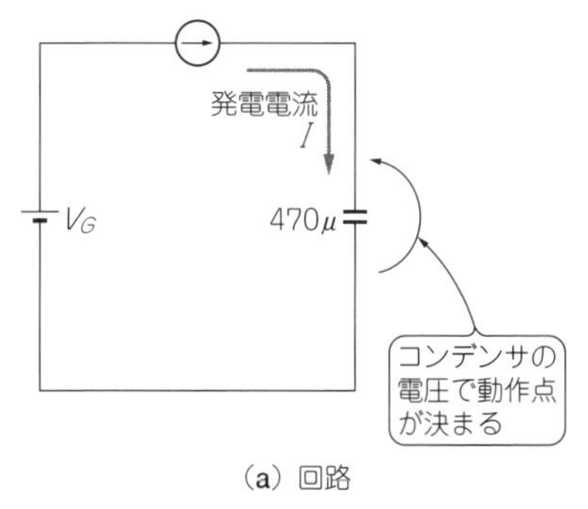

（a）回路

コンデンサが470μFで電圧が1.0V．
発電電流が80μAで5秒間充電する．

流入した電荷は，
$\Delta Q_1 = 85\mu \times 5 = 425\mu C$
増加した電圧は，
$\Delta V_C = 425\mu / 470\mu = 0.90V$
増加した蓄電エネルギは，
$\Delta U = (470\mu \times 1.9 \times 1.9/2) - (470\mu \times 1.0 \times 1.0/2) = 613.4\mu J$

（b）1Vで受ける

コンデンサが470μFで電圧が2.2V．
発電電流が80μAで5秒間充電する．

流入した電荷は，
$\Delta Q_1 = 80\mu \times 5 = 400\mu C$
増加した電圧は，
$\Delta V_C = 400\mu / 470\mu = 0.85V$
増加した蓄電エネルギは，
$\Delta U = (470\mu \times 3.05 \times 3.05/2) - (470\mu \times 2.2 \times 2.2/2) = 1048.7\mu J$

（c）2.2Vで受ける

図D　コンデンサに電力をためるときには，発電デバイス出力電圧が高い状態を維持するですが，使用するピン数が少ないので，8ピンSOP変換基板に取り付けて使用しています．

▶EEPROMへの書き込み

EEPROMには，アトメル(現マイクロチップ・テクノロジー)の1Mビット品を使いました．ページ・サイズが256バイトなので，*X*，*Y*，*Z*の3つの整数データ42サンプル分を1回の書き込みで記録できます．書き込みに要する時間は5 ms，消費電流が5 mAあるの

発電デバイスの電力を蓄える「蓄積・供給回路」の構成

発電デバイスの電力を蓄え，後段の回路を動作させるための「蓄積・供給回路」について解説します．ただ整流して，それを蓄積すればおしまいではありません．コンデンサ容量を増やせば動作時間は長くなります．反面，電荷を蓄積するまでに時間がかかるので，後段回路が立ち上がるまでに時間がかかるという問題があるからです．

● 発電デバイスから後段回路までの電力の流れ

筆者が製作した蓄積・供給回路は，マイコン・ブート用電源と2つの降圧電源，そして蓄電用コンデンサから構成されています(**図E**)．

ブート用電源は，2つの降圧電源が動作する前，マイコンが最初の動作を開始するための電源です．

発電出力が消費電力以上あるときには，大容量のコンデンサに電力をチャージしておきます．このコンデンサ群を蓄電用コンデンサと呼びます．発電出力が少ないときに，発電出力以上の電力が必要になったときは，この蓄電用コンデンサから電力を得ます．

回路

● 電源回路としての消費電流は5 μA以下

蓄積・供給回路を**図F**に示します．

マイコンは消費電流を少なくするために1秒周期で動作しています．マイコンが動作を開始すると，マイコン自体や回路の消費電流をコントロールできます．今回使用したATmega88Pでは，32 kHzの時計用水晶を用いてパワー・セーブ・モードで動作させると，消費電流は1 μA以下まで減らすことが可能です．最初に起動するときは大変ですが，一度起動してしまえば少ない電流で動作できます．

また，電圧を比較するとき，分圧抵抗の消費電流を減らすために，FET入力の低消費電流OPアンプを使用します．このOPアンプの電源も，マイコンのポートで制御しています．その結果，平均消費電流を5 μA以下に抑えています．

● マイコンを早く立ち上げるためのブート用電源

マイコンが動作するとき，動作電圧以下の状態における消費電流は，データシートなどに示されていません．今回使用するAVRマイコン ATmega88Pは2 V前後で動作を開始しますが，動作直前に最大で100 μ～200 μA程度の電流が流れます．さらに動作開始直後のマイコンは初期化が行われていないので，電流消費が多い場合もあります．

圧電素子からの発電出力を直結しただけでは，正常動作前の電子回路に大きな漏れ電流が流れてしまい，動作可能な電圧まで電圧を上げることができません．そこでブート用電源には電源スイッチの機能が組み込まれており，発電素子の出力が12 V以上に達すると，ブート用電源の出力がONになります．圧電素子で発電した電気をコンデンサに12 Vまで蓄積し，それを起動用コンデンサにチャージすることでマイコンを起動します．このとき，左右の足におのおの33 μF，腰に付けた基板に33 μF × 2個，合計132 μFのコンデンサに12 Vが蓄電されています．出力には100 μFのコンデンサが接続されているので，単純計算では7V近い電圧が出力されます．

出力電圧が高すぎると，マイコンを破壊することもあるので，充電電流を制限する抵抗と，出力電圧のリミッタを用意しました．リミッタは起動時の保護だけでなく，マイコンが動作を開始して，電源を供給できるようになったときに，ブート用電源の動作を禁止し，消費電流を減らします．

出力電圧リミッタの分圧抵抗と並列に接続されたコンデンサは，スピードアップ・コンデンサです．消費電流を減らすために大きな抵抗を採用しました．

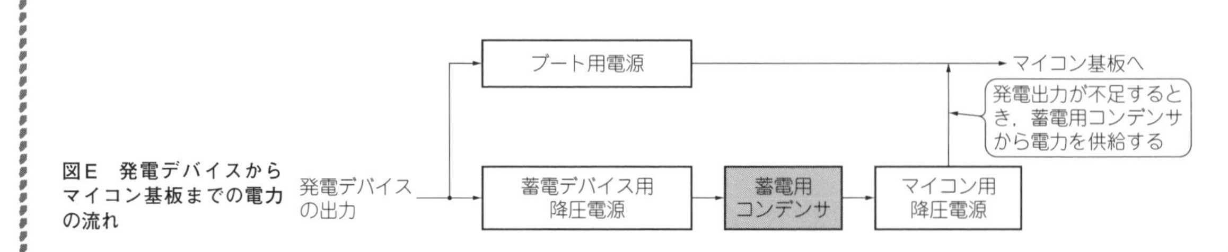

図E　発電デバイスからマイコン基板までの電力の流れ

で，少し重い負荷です．2秒周期でデータを取得して，42データ分を1ブロックにまとめて，84 s間隔で書き込みます．加速度センサの出力はもっと高速で取得したかったのですが，実現するには電力が足りませんでした．EEPROMの書き込みには大きな電力が必要です．動作時の各部電圧を見る限り，EEPROMが書き込み動作で消費する電力よりも，書き込みデータを転送している時の電力消費が多いようです．書き込みデ

Column 2

この結果，過電圧検出が遅くなるだけでなく，回復動作はほとんど実用にならないほど遅くなっています．これを軽減するために，コンデンサで動作を速めています．

● 蓄電デバイス用降圧電源

圧電素子の出力電圧が十分にあるとき，降圧チョッパで電圧を降圧して，蓄電用コンデンサへ充電します．蓄電用コンデンサは，充電電圧とともに静電容量が段階的に変化する構造を持っています．6.2 Vまでは100 μFです．マイコン用に電源を供給するためには，最低でも4 V程度の蓄電電圧が必要なので，100 μFをできるだけ短時間で必要な電圧まで充電します．

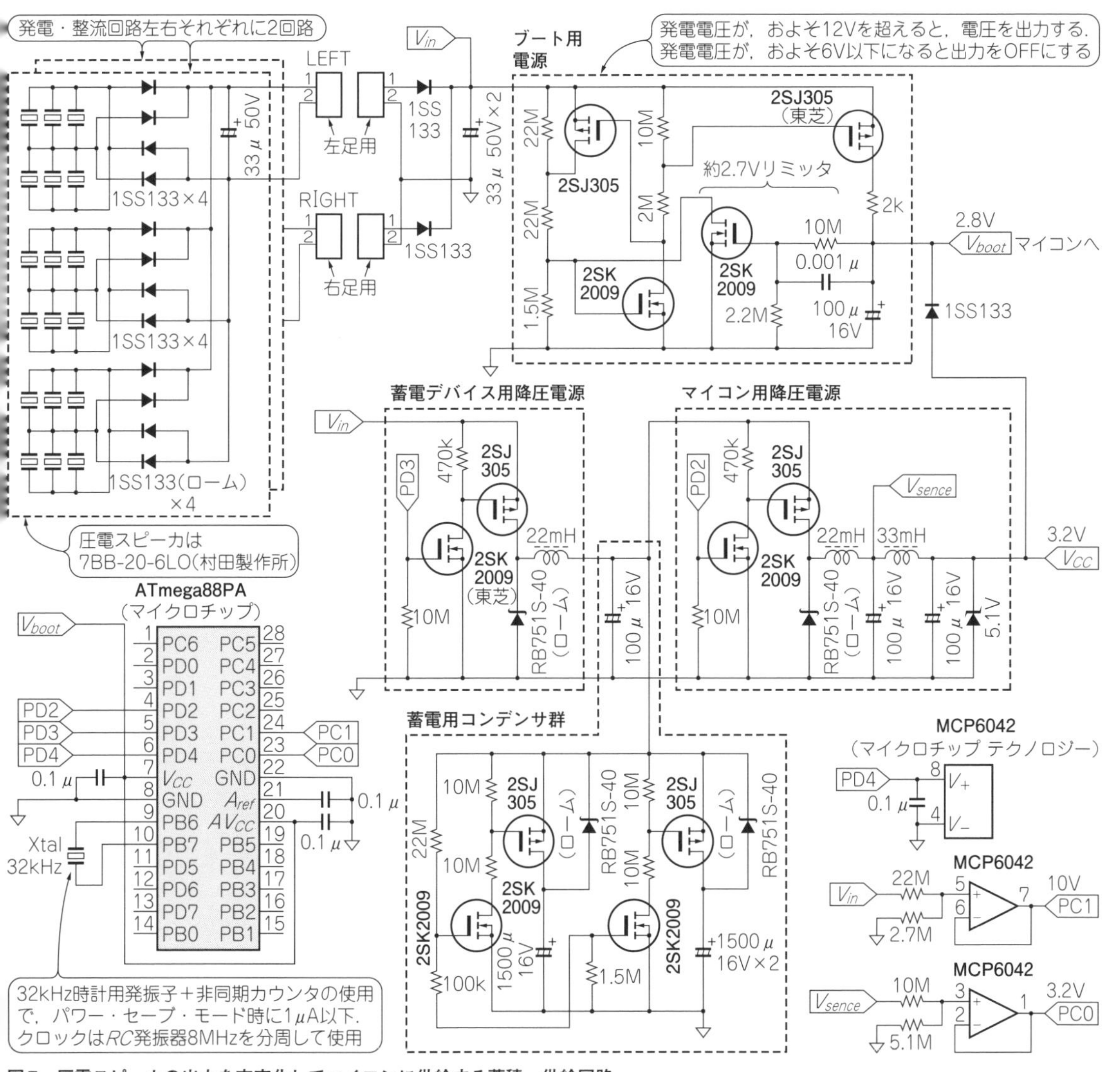

図F　圧電スピーカの出力を安定化してマイコンに供給する蓄積・供給回路

ータの転送中に降圧チョッパを動作させて，電源電圧の低下分を補充するようにしています．

当初EEPROMを2個並列に接続していましたが，I^2Cインターフェースが動作すると，書き込まないほうのチップも電力を消費するので1個だけにしました．必要であれば，電源を個別にコントロールする必要があります．

（初出：「トランジスタ技術」2010年11月号）

発電デバイスの電力を蓄える「蓄積・供給回路」の構成（つづき）　Column 2

● マイコン用降圧電源

マイコン用電源の電圧が不足する（3.3 V以下）とき，蓄電用コンデンサから電力を供給します．通常は，蓄電用コンデンサの蓄電電圧が5 V以上あるので，蓄電電圧はチェックせずに降圧チョッパを動作させています．1秒周期で動作します．

マイコン用電源電圧の確認は，消費電流を減らすために，A-D変換機能を行わず，コンパレータで電圧比較を行います．制御は必要電圧に達するまでスイッチングを繰り返す，簡単な方法です．ただし16回以上スイッチングを繰り返しても電圧が達しない場合は，次のサイクルで再度挑戦します．出力はリプルが多いので，簡単なフィルタをつけています．

蓄電用コンデンサの容量

●すぐたまり，なかなか減らないコンデンサが理想

発電した電力をコンデンサに蓄電するとき，蓄電量に従ってコンデンサの電圧が上昇します．蓄電量が多いと長時間動作させたり，大電流を流したりする際に有利です．

蓄電量を増やすには，電圧を上げる，または静電容量を増やす方法があります．コンデンサに蓄電したとき，蓄電した電力を取り出すためには，ある電圧以上の蓄電電圧が必要です．そのために，静電容量を大きくすると，取り出し可能な電圧まで蓄電するのに時間がかかってしまいます．理想的には，使える電圧まで短時間で充電でき，長時間使っても電圧がなかなか落ちない，そのようなコンデンサが欲しくなります．

● 制御は小さいタンクから満杯にしていく

蓄電用コンデンサでは，複数容量のコンデンサと簡単な制御回路を組み合わせて，そのような要求に近づけます．**図G**に蓄電用コンデンサの考え方を示します．

大きなタンクの一部を仕切って，いくつかの区画に分けてあります．タンクにたまった水は，蛇口の高さまで水がたまると使えるようになります．しきりの高さが，小さいタンクから大きなタンクの順に少しずつ高くなっています．そして，真ん中の小さなタンクにだけ，水が注がれています．空の状態から水が注がれると，最初に一番小さなタンクの蛇口まで水がたまります．このときから，蛇口が使えるようになります．このまま注水されると，小さなタンクは満杯になり仕切からこぼれ始めます．このこぼれた水が，次に小さなタンクへの注水となります．そのうち，このタンクも満杯となり，次の大きさのタンクへの注水が開始されます．このようにして，タンクを順番に満杯にして，いつでも使えるようにしていきます．このときの水を電気に置き換えたのが今回の蓄電用コンデンサです．タンクの代わりにコンデンサを使います．

図Fでは抵抗4本とMOSFET 2つで構成した比較・スイッチ回路が，各コンデンサの充電開始電圧を決定しています．MOSFETのV_{GS}を利用した簡単なものです．〈よし ひろし〉

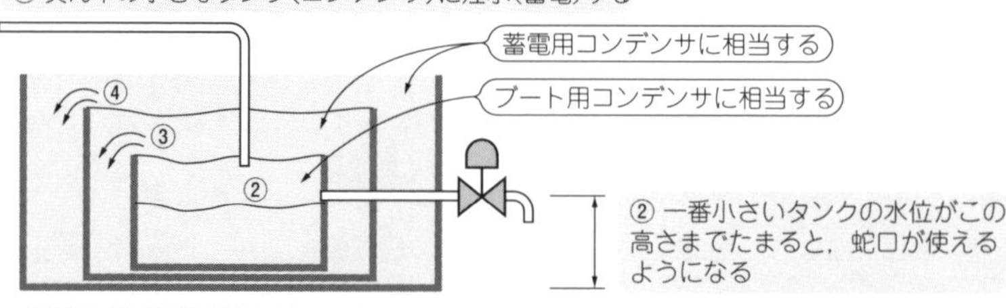

図G　発電デバイスから生じる電力をためる方法…小さいコンデンサから大きいコンデンサに順にためていく

Appendix 5

コンデンサ容量と起動時間のトレードオフを解決する 微小電力を100%蓄えて使い切るテクニック

微小電力をためるコンデンサ容量はどれくらいが良いか

● 起動時間は短く，動作時間は長いほうが良い

簡単に電力をためるにはコンデンサを使います．

図1に，抵抗を経由してコンデンサに充放電したときの曲線の例を示します．このときコンデンサにためる時間が長いほど，装置は長時間動作が可能になります．

▶コンデンサの容量を大きくすると動作時間は長くなるが立ち上がり時間も長くなる

コンデンサに電力をチャージするに従って，充電電圧が上昇します．ある電圧を超えると装置は動作可能になります．この電圧上昇に必要な時間が装置の起動時間になります．コンデンサ容量が小さいほど装置の起動時間が短くなり，容量が大きいほど起動時間が長くなります．また，起動できる電圧が低いほど，起動までの時間が短くなります．

▶マイクロワット発電デバイスでは，電力はなかなかたまらない

圧電素子を利用して足踏み発電を行っているときを想像してみます．例えば信号待ちで停止したとき，場合によっては数分間，電力の供給が途絶えます．この電力供給が途絶える数分間，システムが継続して動作するには，それに見合う大きな容量のコンデンサに蓄電されている必要があります．コンデンサにたまっている電力が多いほど，発電出力が減少してからの動作可能時間が長くなります．

コンデンサに蓄電されている電気エネルギU [C] は，

$$U = \frac{1}{2}CV^2$$

なので，静電容量を大きくするか，充電電圧を高くすることで，動作可能時間を長くできます．これは，起動までの時間を短くするための要求と相反します．

● 容量大→起動時間大のトレードオフ解決の提案

先述のとおりコンデンサに電気を蓄積する際に，装置が起動するために必要な電力を確保する起動時間と，

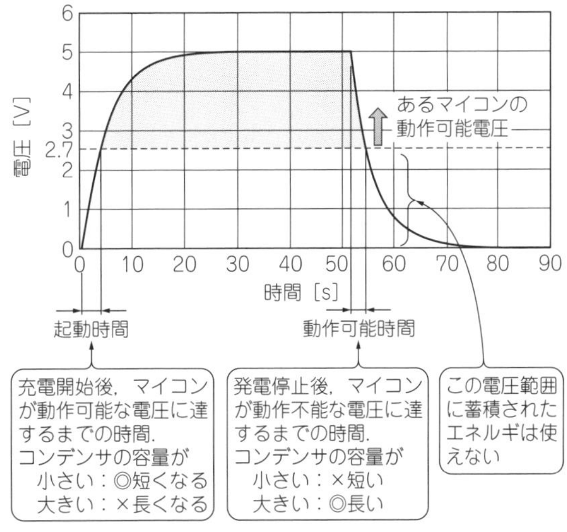

図1 コンデンサ容量を大きくすると動作時間は長くなるが立ち上がり時間も長くなってしまう
4.7 μFのコンデンサに100 kΩの抵抗を接続して5 Vの電源で充電した後，放電した充放電曲線

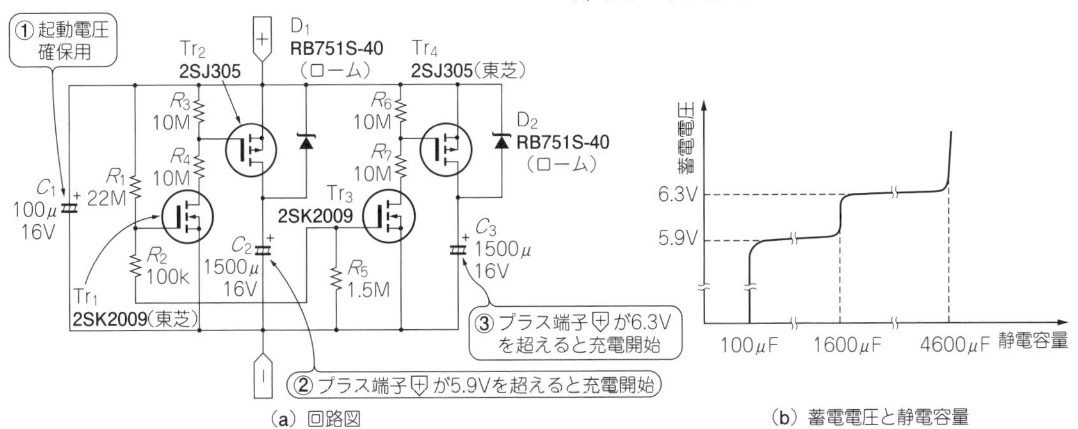

図2 蓄電電圧が高くなると静電容量が大きくなるストレージ・システムの例

APP5 微小電力を100%蓄えて使い切るテクニック

連続動作させるための蓄電量は背反する関係にあります．この問題を解決するため，**図2**に蓄電電圧が高くなると静電容量が大きくなるストレージ・システムの例を示します．この例では容量が3段階に変化します．

① 起動電圧を確保する

100 μFのコンデンサとして動作します．容量が小さいので比較的速く充電され，マイコンの動作に十分な電圧を短時間で確保し，供給します．

② データ収集のための電力を蓄積する

蓄電電圧が5.9 Vを超えると，1500 μFのコンデンサに蓄積を始めます．この段階では，1500 μ + 100 μ = 1600 μF相当のコンデンサになります．1500 μFのコンデンサが5.9 Vまで蓄電されると，放電時には1600 μF相当のコンデンサになります．

③ データ記録のための電力を蓄積する

蓄電電圧が6.3Vを超えると，1500 μF × 2のコンデンサに蓄積を始めます．この段階では，蓄電時には3000 μ + 1500 μ + 100 μF = 4600 μF相当のコンデンサになります．3000 μFのコンデンサが6.3Vまで充電されると，放電時にも4600 μF相当のコンデンサになります．このまま蓄電電圧が上昇しても，4600 μF相当のコンデンサとして使用できます．

このストレージ・システムの特徴は，蓄電の段階に応じて大電流あるいは長時間の負荷を接続できるようになることです．

コンデンサにためた電力を使いきるには

● マイコンの動作電圧範囲は蓄電デバイスが出力する電圧範囲より狭い

コンデンサへの蓄電では，蓄電量に応じて電圧が大きく変化します．蓄電を目的としたコンデンサに直接，マイコンなどを接続した場合を考えてみましょう．

マイコンでは動作電圧範囲が限られています．例えばAVRでは上限が5.5 V，下限が1.8～2.7 Vです．マイコンの電源電圧がその電圧範囲から外れると，マイコンは正しく動作しなくなります．

先ほどはコンデンサが空になるまでの時間を計算しました．しかしコンデンサに蓄えられた電力は，空になるまで使うことができるわけではなく，マイコンなどが動作できる下限電圧で制限されます．その結果，動作できる時間はもっと短くなります．例えば下限電圧が2.7 Vのとき，コンデンサが放電して蓄電電圧が2.7 V以下に低下すると，マイコンの動作は保証できません．このように実際の動作時間は計算値よりも短くなり，充電した電力のかなりの部分を使えないことになります．

このようなことから，電力を蓄積するためのコンデンサの後段にDC-DCコンバータを用意して，コンデンサから電力を取り出します．例えばマイコンの動作電圧が3.3V ± 0.3 Vとします．これに対してコンデンサの蓄電電圧は2～5Vまでを利用したいとします(**図3**)．どうしたらよいでしょうか．

● コンデンサ電力をマイコンにできるだけ多く供給する

① コンデンサ電圧が高いとき

目的とする電圧に対してコンデンサの電圧が高い場合は，降圧型のチョッパ回路を使い，電圧を低下させます．回路的には通常のスイッチング・レギュレータと同じです．シリーズ・レギュレータ方式に比べて，電力を有効に使うことができます．

② コンデンサ電圧が低いとき

目的とする電圧に対してコンデンサの電圧が低い場合は，昇圧型チョッパ回路を使い，電圧を昇圧します．

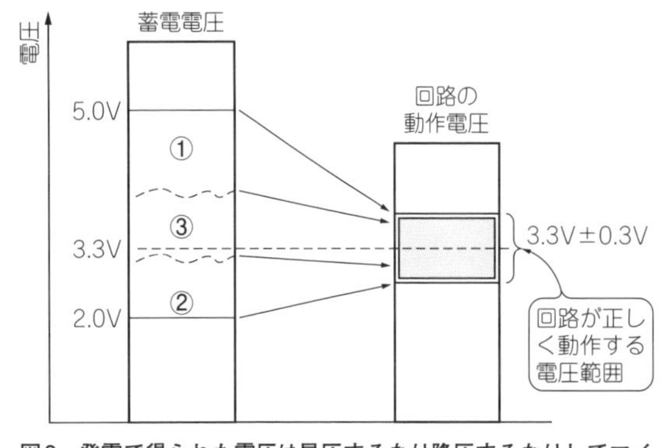

図3　発電で得られた電圧は昇圧するなり降圧するなりしてマイコンの動作電圧範囲に合わせる

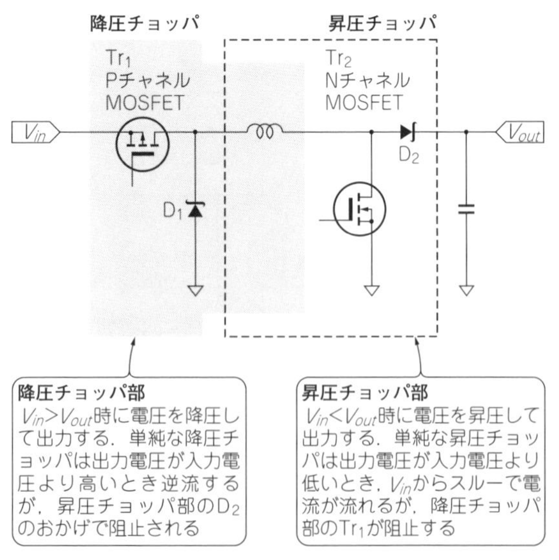

図4　昇降圧チョッパの回路例

図1の例では，マイコンの動作電圧以下の電力は使うことができませんでした．しかし昇圧型チョッパを使用すると，低い電圧の電力を取り出して有効に使用できます．入力電圧がマイコンの動作電圧を挟んで上下に変化するので，降圧チョッパと昇圧チョッパを組み合わせる必要があり，回路的にはちょっと複雑になります．

③ コンデンサ電圧がちょっとだけ高いとき

目的とする電圧に対してコンデンサの電圧がちょっとだけ高い場合には，微妙な問題があります．降圧チョッパでは，必要な出力電圧が得られず，昇圧チョッパでスイッチング動作を行うには，スイッチングを行うための損失も無視できません．

このようなときは入力と出力を直結するのが一番損失が少ない方法です．

④ コンデンサ電圧がマイコンより高かったり低かったりするとき

図4に昇降圧チョッパの例を示します．コイルを挟んで前段が降圧チョッパに，後段が昇圧チョッパになっています．入力電圧が高いときはTr_2をOFFにすると，降圧チョッパの出力に逆流防止ダイオードが直列に入った形になります．ダイオードD_2の損失を嫌うときは，このダイオードをMOSFETに置き換えて常時ONにします．

入力電圧が低いときはTr_2をONにすると，昇圧チョッパの前段に回路的に大きな意味を持たないTr_1とD_1が追加された形になります．D_2をMOSFETに置き換えている場合は，同期整流を行います．

マイコン向け電源としてのくふう

● マイコンの動作電流はμAからmAに一気に変動する→電源を分けて大きめのコンデンサを入れる

負荷となるマイコン回路の消費電流は次の理由により大きく変動します．

(1)動作モードなどによる消費電流の変動
(2)電源制御による回路への電力供給

回路によっては変動幅が3けた(50 μA→40 mA)以上になることもあります．電源回路の常識から言えば，レギュレータの出力は安定化しておきたいところです．しかし正確にコントロールすると，そのぶん制御回路の消費電流が増大します．消費電流を減らすには電圧変動が許容される範囲内でコントロールします．

電圧が下降して許容範囲を超えるときだけ電圧を制御することで，制御に必要な電力を節約できます．また，重要な部分だけダイオードで分離して，電圧の変動を減らす方法も有効です．それぞれの特性に応じた対策を施します．

例えば消費電流が少ないマイクロコントローラ部分だけダイオードで分離して，大きめのコンデンサを接続するだけで，ほかの部分に比べて安定した電圧を供給できます(**図5**)．

なお，環境発電専用のIC LTC3588(アナログ・デバイセズ)では，消費電流がとても少ない設計になっているので，レギュレータの出力は高精度で安定しています．また，MPU用の電源と，電流が多い通信系などの電源を分けて供給できるものがあります．

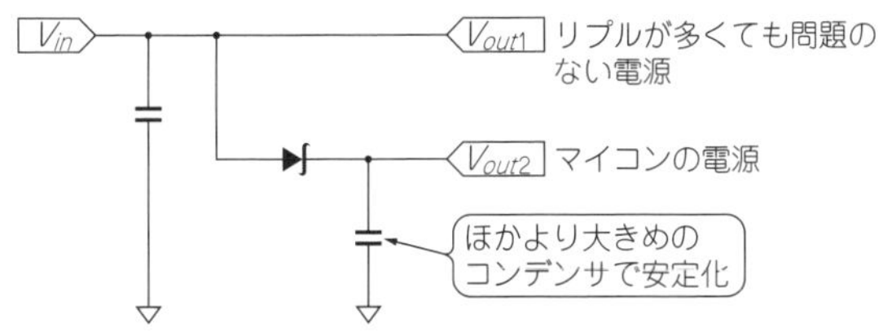

図5　簡易的に電圧の変動を抑える方法

● 蓄電デバイスの出力インピーダンスはまちまち→低インピーダンスのコンデンサを並列接続

電流を消費するとき，電源には内部抵抗があり，電流が流れるだけで電圧が降下します．この内部抵抗やコイル分などを含めて，電源インピーダンスと呼びます．蓄電されたコンデンサから電荷が流出するとき，電荷の減少分による電圧の低下に加え，電源インピーダンスによる電圧降下が加わります．

一般的なコンデンサやキャパシタの内部抵抗の例を**表1**に示します．

電力用電気二重層キャパシタは，内部抵抗がとても低いので，電流が大きく変化するときの影響が少ないのが特徴です．同じ電気二重層キャパシタでも，コイン型の電気二重層キャパシタで特に容量が小さいものは，内部抵抗が100 Ωを超えるものがあります．数mAの電流変化でも数百mVの電圧変化が起きるので注意が必要です．

蓄電量が大きいのですが，電流変化には必ずしも強くないので，このようなときは，低インピーダンスのコンデンサを並列接続すると，電流変化による影響を

表1　コンデンサの種類と内部抵抗
コイン型の電気二重層キャパシタは内部抵抗が100 Ωを超えるものがある

種　類	内部抵抗［Ω］
低インピーダンス・アルミ電解	0.05 ～ 0.5
低*ESR*固体アルミ電解	0.01 ～ 0.1
バックアップ用電気二重層キャパシタ(コイン型)	30 ～ 300
リード線型電気二重層キャパシタ	0.01 ～ 10
電力用電気二重層キャパシタ	0.6 m ～ 20 m

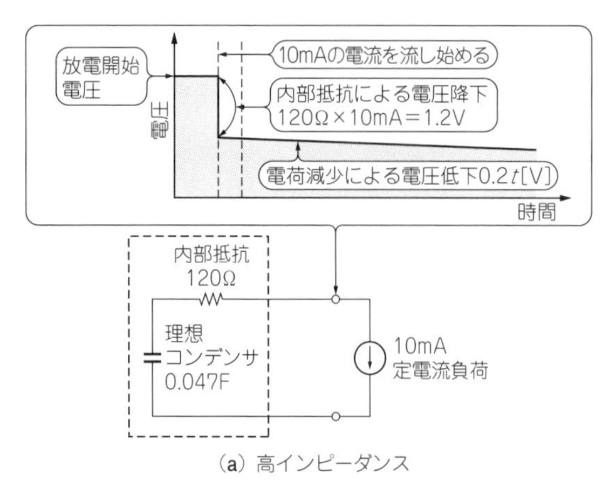

(a) 高インピーダンス

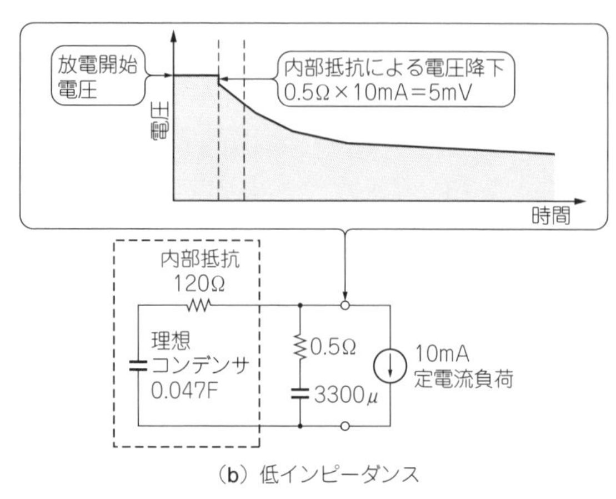

(b) 低インピーダンス

図6　蓄電デバイスの出力インピーダンスはまちまち→低インピーダンス・コンデンサを並列接続

軽減できます(**図6**)．

このほかにMOSFETをスイッチに使用した場合にもオン抵抗(数十m～数十Ω)が加わります．回路電流が急変すると，内部抵抗による電圧降下が発生するので，必要に応じて電圧変化を軽減するためのコンデンサを追加します．

〈よし ひろし〉

(初出：「トランジスタ技術」2010年11月号)

コンデンサへの電荷の出し入れと電圧の変化　Column 1

● 蓄積

本文の**図1**に示したのは，4.7 μFのコンデンサに100 kΩの抵抗を接続して5Vの電源で充電した後，放電したときの充放電曲線です．コンデンサに蓄積される電荷Q［C］は，

$$Q = It \cdots\cdots (A)$$

ただし，I：電流［A］，t：時間［s］

と表されます．コンデンサに抵抗を接続して電流を流すと，コンデンサに電荷が流れ込み，その流入量に応じてコンデンサの電圧が上昇していきます．

電荷が蓄積されたコンデンサの端子電圧V_{cap}［V］は，

$$V_{cap} = Q/C = It/C \cdots\cdots (B)$$

ただし，C：静電容量［F］

になります．

抵抗を使って電流を流したので，コンデンサの電圧が上昇するとともに電流が減ります．そのため，電圧上昇のスピードが時間経過とともに遅くなり，**図1**のような曲線で電圧が上昇していきます．

コンデンサの電圧が0 Vのときに，100 kΩの抵抗を5 Vに接続すると，50 μAの電流が流れます．計算を簡単にするために47 μAの定電流で充電するものとして計算してみましょう．

式(B)から，

$$V_{cap} = 47\ \mu\mathrm{A} \times t \div 4.7\ \mu\mathrm{F} = 10\,t$$

つまり，V_{cap}は0.1秒で1 Vになり，0.5秒で5 Vまで充電できます．放電時においても，同じような計算が成り立ちます．このようにコンデンサの端子電圧は，コンデンサの静電容量に加え，電流と時間で決定されることがわかります．

● 放電

コンデンサに充電された状態で，1 mAの電流を1 msだけ流したとします．流出する電荷Q［C］は，

$$Q = 1\ \mathrm{mA} \times 1\ \mathrm{ms} = 1\ \mu\mathrm{C}$$

このときの電圧変化ΔV_{cap}［V］は，

$$\Delta V_{cap} = 1\ \mu \div 4.7\ \mu = 0.213\ \mathrm{V}$$

この結果，蓄電しているコンデンサの電圧は，0.213 Vほど低下することがわかります．このとき，コンデンサ容量が100 μFであれば，

$$\Delta V_{cap100} = 1\ \mu \div 100\ \mu = 0.01$$

となり，0.01 Vの低下にとどまります．

実際のシステムでは，連続的に流れる電流や間欠的に流れる大小の電流がいろいろに組み合わされて，電荷が流出しています．それらの電荷の流出を合算すると，計算期間内での電圧降下を求めることが可能です．

〈よし ひろし〉

第10章 出力70 μC! 20 mVから起動する昇圧コンバータで低消費電力マイコンを動かす

圧電ブザー踏み付け発電で動く無電源リモコンの製作

藤岡 洋一 Yoichi Fujioka

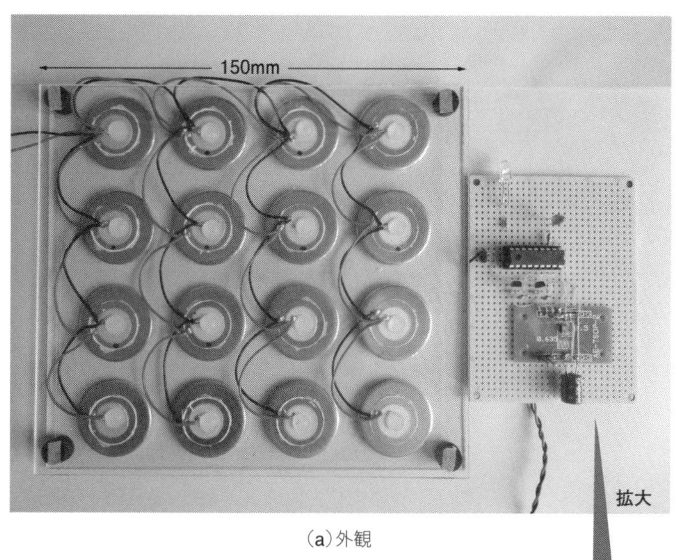

(a)外観

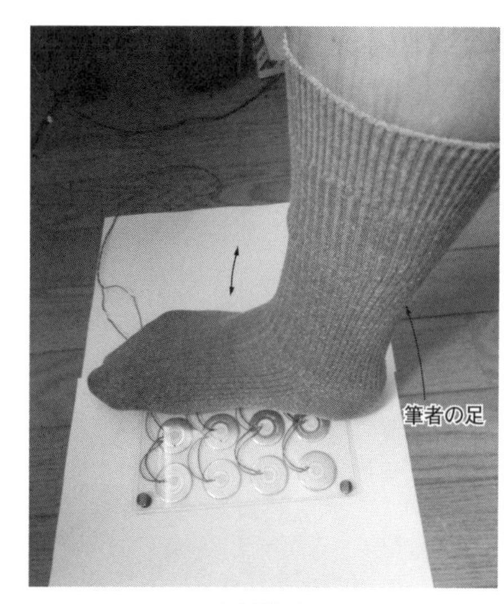

(b)発電中

(c)基板外観

写真1　圧電発電リモコンの外観

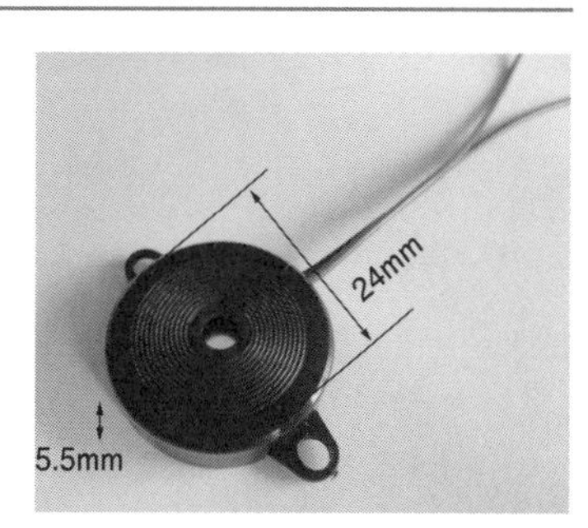

写真2　直径24 mmの圧電ブザー SPT08 (SPL)

● 製作するもの

低損失の全波整流ブリッジを内蔵し，圧電素子の発電電力を安定して後段に供給する電源IC LTC3588(アナログ・デバイセズ)を用いて，圧電デバイスによる電池を使わない赤外線リモコンを試作しました．**写真1**に圧電発電リモコンの外観を示します．

LTC3588は入力にブリッジ整流器を持ち，圧電デバイスで発生した交流電圧を整流し，外付けコンデンサに蓄えた後，設定に応じて高効率の降圧DC-DCコンバータで1.8，2.5，3.3，3.6 Vの電圧を出力します．

● 成果…赤外線リモコンを動かしてテレビをON/OFFした

圧電素子を集めた圧電モジュールを17回踏む(コンデンサ0 V→5 Vまで充電)と，赤外LEDを光らせることでソニー製のテレビの電源を1回だけON/OFFできます．2回目以降は7回踏めば(コンデンサ3 V→5 Vまで充電)ON/OFFできます．

テレビまでの距離は1.5 mです．

● 圧電発電モジュール

▶作り方

発電用に試作した圧電モジュールを示します．直径24 mmの圧電ブザーSPT08(SPL，**写真2**)の発音体を取り出して16個並列に接続し，150 × 150 × 5 mmのアクリル板ではさみました(**図1**)．

使用した圧電ブザーは極性が統一されていないため，約半分がストレス方向に対して逆方向の起電力を発生しました．これらを並列接続すると結果的に発生電圧がキャンセルされて電圧を取り出せません．個々に電圧極性を確認する必要があります．

▶1回踏むと70 μC発生！

この圧電発電モジュールを片足で軽く足踏みして発電したときの波形を**図2**に示します．負荷抵抗として10 kΩを接続しています．約5 Hzで4 V_{P-P}の電圧が取れています．

図3に製作した圧電リモコンの回路を示します．なお，この圧電モジュールをLTC3588に接続したときの入力コンデンサ220 μFの充電波形を**図4**に示します．1回足踏みしたときに約300 mVの電圧上昇が見られます．このときに

$$Q\ [\mathrm{C}] = CV = 220\ \mu\mathrm{F} \times 0.3 = 66.6 \times 10^{-6}$$

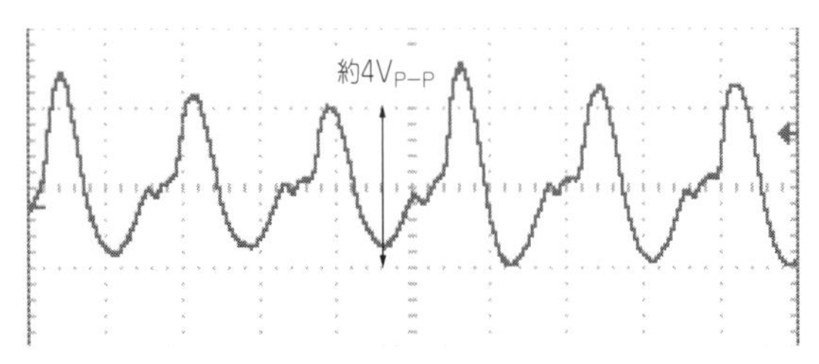

図2　圧電発電モジュールを片足で軽く足踏みして発電したときの波形(2 V/div，100 ms/div)

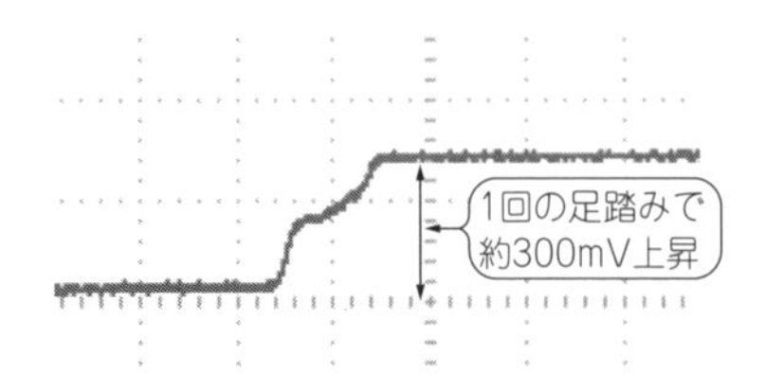

図4　圧電モジュールをLTC3588に接続したときの入力コンデンサ220 μFの充電波形(2 V/div，500 ms/div)

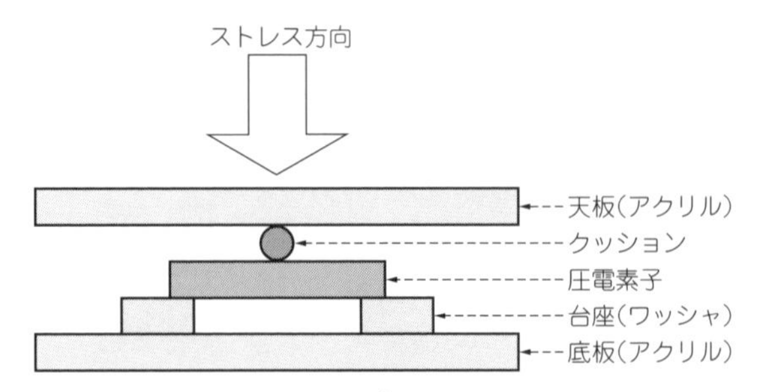

図1　発電用に試作した圧電モジュール
直径24 mmの圧電ブザー SPT08の発音体を取り出して16個並列に接続した．なお，この圧迫方式は，(株)音力発電が特許を取得している(特許第453206)

より，約70 μCの電荷が蓄積されていることがわかります．

今回は圧電素子を16個，並列接続しましたが，素子の数を増やせば取り出せる電力も大きくなります．また，データ送信手段として簡単な赤外線リモコンとしましたが，低消費電力の無線通信モジュールを使えば，さらに応用が広がると思います．

圧電モジュールは打撃衝撃や連続振動，例えば身近な例では単純な貧乏揺すりでも発電できますので，アイデアによっていろいろとアプリケーションが考えられるでしょう．

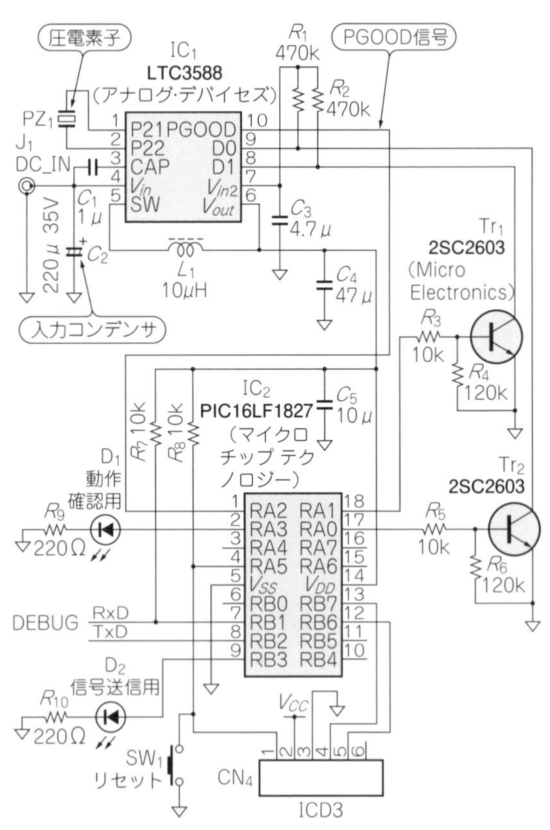

図3　圧電リモコンの回路

● リモコンの回路

図3に製作した圧電リモコンの回路を示します．LTC3588の出力は1.8～3.6 Vまで設定可能なので，動作電圧範囲が1.8～3.6 VのPIC16LF1827を使用し，1.8 Vまで使い切ります．入力コンデンサには220 μF，35 Vを使用しました．入力コンデンサには軽負荷時には最大20 Vまで充電されるので，コンデンサの耐圧には注意します．

入力コンデンサの容量を大きくすると，連続して取り出せる電流と時間を増やすことができますが，充電に要する時間が長くなります．そこで出力側回路の動作を満足できる時間を測定して決めます．

LTC3588からは電圧出力準備が整ったことを示すPGOOD信号が出力されるので，マイコンはPGOODを確認して動作させます．PIC16LF1827は内部にPOR(Power-On Reset)を持ち，1.6 Vでリセットがかかります．

今回は赤外線リモコンのキャリア周波数(40 kHz)を，マイコン内部のPWMモジュールを使って発生させているため，回路的には非常に簡単にまとめられました．クロックはマイコン内蔵の8 MHzの発振器を使用します．

動作時には赤外線コード(テレビ電源のON/OFF)が出力されますが，動作が目に見えないため，確認用に別に赤色LEDを一瞬点灯させています．

実装にあたって今回は0.5 mmピッチの拡張基板を用いましたが，LTC3588はグラウンド端子が出ておらず，IC背面の露出パッドになっているため，実装には注意が必要です．筆者はIC背面の基板表面を削って，露出パッドにはんだ付けしたグラウンド線を通しました．

● リモコン・コードの生成法

図5に試作した赤外線リモコンの波形タイミングを示します．今回は手元にあるソニー製テレビの電源ON/OFF のコード(テレビ側では同じコード受信でON/OFF のトグル動作をする)を発生させています．なお，受信側での誤動作を防ぐため，確実に受信させるためには3回以上同じコードを連続送信する必要があります．

▶内蔵タイマとPWM発生器を使う

送信側ではマイコンPIC16LF1827のタイマ0を0.1 ms割り込みタイマとして構成し，割り込み回数をカウントすることで送信に必要な1ビットのパルス幅を決めます．PIC16LF1827はタイマ2を周波数およびデューティ比がプログラム可能なPWM発生器として構成でき，ソフトウェアによる割り込み処理なしにハードウェア的にバースト波形を出力できます．

今回はリモコン送信用に周波数40 kHz，デューティ 50%のフリーラン・キャリア出力として設定し，リモコン送信データ“H”のとき，赤外線LEDをバースト発光させます(**図6**)．今回は1回の充電で，電圧出力がUVLOによってOFFされるまで赤外リモコン・コードを連続送信し，蓄積電荷を使い切っています．実測では10フレーム以上のリモコン・コードの送信が確認されています(**図7**)．

リモコン・コードを発生させつつ，圧電モジュールを，連続で足踏みしたときの入力コンデンサの充電波形とマイコンの電源電圧の波形を示します(**図8**)．入力コンデンサの電圧が徐々に上昇し，約4 s後にUVLOのリリース電圧5 Vに達すると，マイコンへ3.6 Vの電圧が供給され，マイコンは直後に出力電源電圧設定を1.8 Vに切り替えます．その後マイコンは赤外リモコン信号を出力し，約700 ms後に入力コン

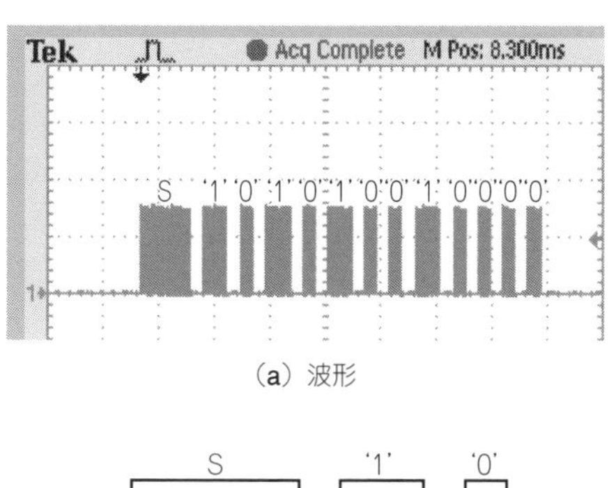

(a) 波形

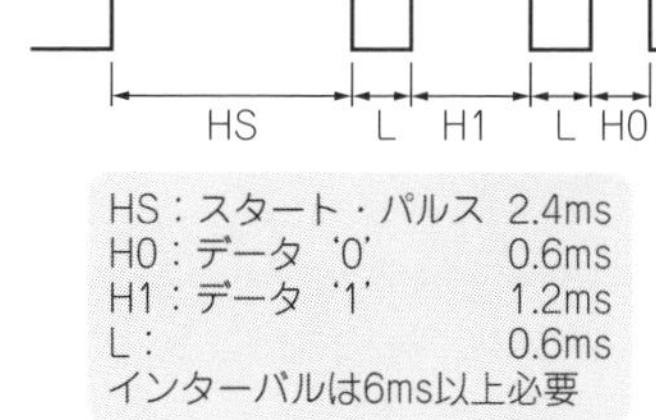

HS：スタート・パルス 2.4ms
H0：データ '0' 0.6ms
H1：データ '1' 1.2ms
L： 0.6ms
インターバルは6ms以上必要

(b) タイミング

図5 試作した赤外線リモコンの波形タイミング
ソニー製のテレビをON/OFFする信号

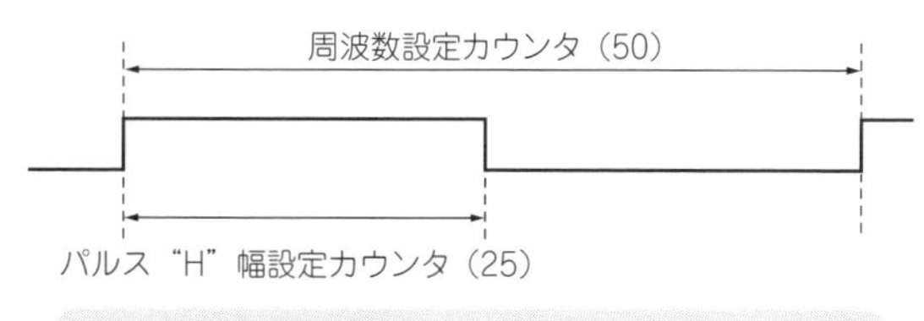

PWM発生器プログラム例
キャリア周波数＝40kHz，デューティ50%

f_{OSC}＝8MHzのとき，
カウンタ・クロック＝f_{OSC}/4＝2MHz
周波数カウンタ設定値＝2M/40k＝50
パルス幅設定カウンタ設定値＝周波数設定カウンタ設定値×デューティ＝50/2＝25

図6 赤外線リモコン・キャリア周波数(40 kHz)発生用PWMの設定例

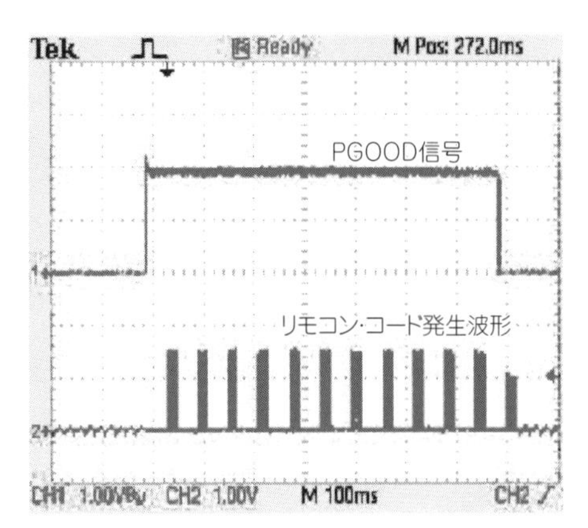

図7　製作した装置はPGOOD信号が“H”の期間中に12フレームのリモコン・コードを発生させた(1 V/div，100 ms/div)

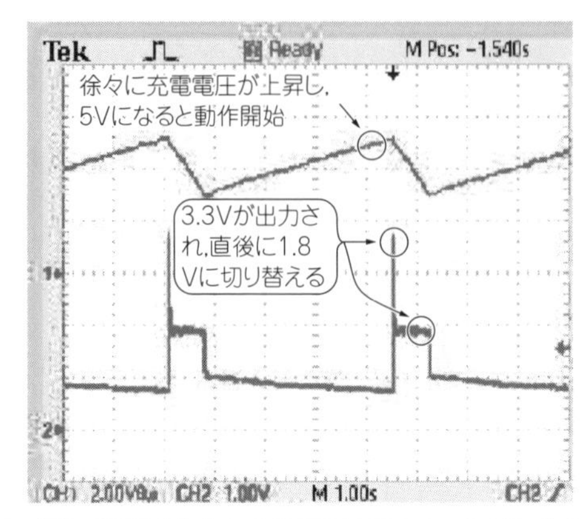

図8　連続で足踏みしたときのLTC3588入力コンデンサの充電波形とマイコンの電源電圧の波形(2 V/div，1 V/div，1 s/div)

デンサの電圧が2.8 VになるとUVLOが働いて電圧出力がOFFとなり，動作停止します．

● LTC3588の特徴

▶安定して電圧供給するためにUVLOを持つ

発電デバイス搭載装置の電源は，後段デバイスが安定動作できるエネルギを供給するため，入力に十分なエネルギを蓄積してから動作を開始する必要があります．また，出力電圧が下がったときに出力デバイスが不安定な動作をしないように出力を停止する必要があります．そのために内部にUVLO(Under Voltage Lock-Out)機構を持ちます．

入力コンデンサの蓄積電圧がUVLOの出力設定電圧より約1 V高くなると，DC-DCコンバータは動作を開始し，出力に安定した電圧を供給します．このとき出力が設定電圧の92%を超えるとPGOOD信号が“H”になります．マイコンはPGOOD信号を使ってスリープ状態から復帰します．放電が進み入力コンデンサの電圧がUVLOの下限電圧に達すると，UVLOは降圧DC-DCコンバータをOFFし，自己消費電流を最小にします．この後，負荷側マイコンはLTC3588の出力コンデンサに蓄えられた電荷で駆動されます．

LTC3588は出力電圧を内部コンパレータで常時モニタし，設定電圧の92%になるとPGOOD信号を“L”にします．マイコンはPGOODが“L”になったことを検知して動作を終了し，スリープ状態に入ります(**図9**)．

▶電圧設定変更でヒステリシスを大きくし長時間駆動する

UVLOのヒステリシスは約1 Vしかないため，負荷側のデバイスは出力電圧が固定であると，その範囲内の入力電圧でしか動作できず，電流，駆動時間を広げるためには大きなコンデンサが必要です．

出力電圧設定はLTC3588が動作中でも変更できる

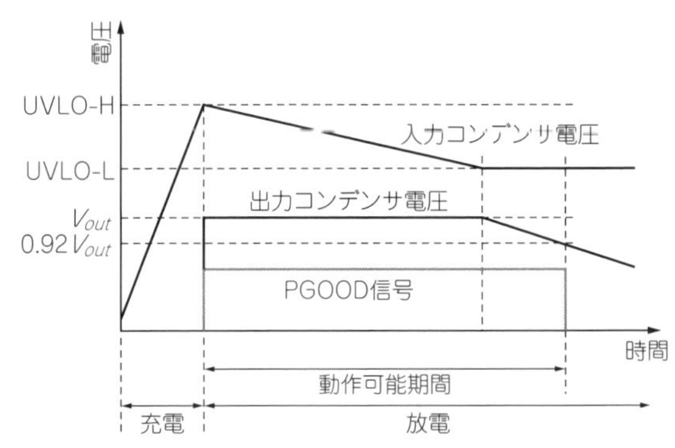

図9　LTC3588充放電電圧とPGOOD信号との関係

ため，電圧設定をマイコンからダイナミックに変更することで，入力動作電圧範囲を広げることができます．

電圧設定端子をプルアップ(D1 = D0 = ‘1’，3.6 V出力)することで入力コンデンサは5 V以上まで充電でき，マイコンには設定最大電圧である3.6 Vが供給されます．直後にマイコン側からこれらの電圧設定端子を(D1 = D0 = ‘0’，1.8 V出力)に設定変更すると，UVLOシャットダウン・スレッショルドを2.8 Vまで下げられます．したがって，使える入力電圧範囲を2.8～5.0 Vまで広げることができ，入力コンデンサの容量を増やさずに長時間の出力駆動ができるようになります．

◆参考文献◆

(1) LTC3588データシート，アナログ・デバイセズ．
https://www.analog.com/media/jp/technical-documentation/data-sheets/j35881fb.pdf
(2) PIC16LF1827データシート，マイクロチップ テクノロジージャパン．
http://ww1.microchip.com/downloads/en/DeviceDoc/41391C.pdf
(3) 赤外線リモコン送信機，フジテック・ラボラトリ
http://www.fujitec-labs.com/index.htm

(初出：「トランジスタ技術」2010年11月号)

第11章 低消費電力マイコンMSP430の内蔵OPアンプと動作モードを活用

単3電池2本で10年動作する一酸化炭素検出器の製作

渡辺 明禎 Akiyoshi Watanabe

低消費電力動作回路の製作例として，ワンチップ・マイコンMSP430F2274(テキサス・インスツルメンツ)を使った一酸化炭素検出器(**写真1**)を紹介します．煙センサ[1]などをはじめとする火災検知用検出器は電池交換頻度を少なくするために，10年程度の動作時間が要求されます．

ここでは，火災だけでなく，暖房機器などの不完全燃焼時に発生する一酸化炭素(CO)を検出する装置を取り上げ，設計方法を詳しく説明します．

キーデバイス①…一酸化炭素センサ

一酸化炭素は毒性ガスで，無味，無臭のため，致死量のガス濃度に暴露されても気が付かず，非常に恐ろしいガスです．燃焼型暖房機器の不完全燃焼により発生することが多く，特に最近の高気密な部屋の場合，定期的に換気を行わないと，危険なガス濃度に達することがあります．

写真1　製作した一酸化炭素検出器の外観

● 一酸化炭素の毒性

表1に一酸化炭素の毒性を示します．35 ppm(0.0035 %)で8時間滞在時の最大許容ガス濃度に達し，800 ppmでは2～3時間で死亡，と極めて毒性が高いことがわかります．

特に怖いのは，頭痛，目まいなどの症状が現れても臭いがしないため，気が付かずに意識不明となる場合があることです．新聞紙面にも一酸化炭素中毒で死亡の事件が載ることもあり，ひとごとではありません．

燃焼型暖房機器のある各部屋に一酸化炭素検出器を設置するのは，安全面で極めて重要なことです．

● 一酸化炭素センサTGS5042の動作原理

今回使用したCOセンサはフィガロ技研の電気化学式センサTGS5042(**写真2**)です[2]．**図1**に電気化学式ガス・センサの概略動作原理図を示します．

電気化学式ガス・センサは，化学反応(酸化還元反応)によって発生する電子を電流という形で取り出し

表1　一酸化炭素の毒性

空気中のCO濃度	有毒ガスが人体に作用する時間
9 ppm (0.0009 %)	ASHRAE(注)によるリビング・ルームにおける短時間最大許容濃度
35 ppm (0.0035 %)	8時間滞在する場合の最大許容濃度
200 ppm (0.02 %)	2～3時間滞在において，わずかに頭痛，疲労感，目まい，吐き気症状が表れる．
800 ppm (0.08 %)	45分で，目まい，吐き気，ふるえ．2時間で意識不明，2～3時間で死亡
1600 ppm (0.16 %)	20分で頭痛，目まい，吐き気．1時間で死亡
3200 ppm (0.32 %)	10分で頭痛，目まい，吐き気．30分で死亡
6400 ppm (0.64 %)	1～2分で頭痛，目まい，吐き気．10～15分で死亡

上記の数値と症状は一般的な記述であり，この説明を利用するにあたり，いかなる責任も負わない．
注▶ASHRAE：アメリカ暖房技術協会

写真2　一酸化炭素(CO)センサTGS5042の外観

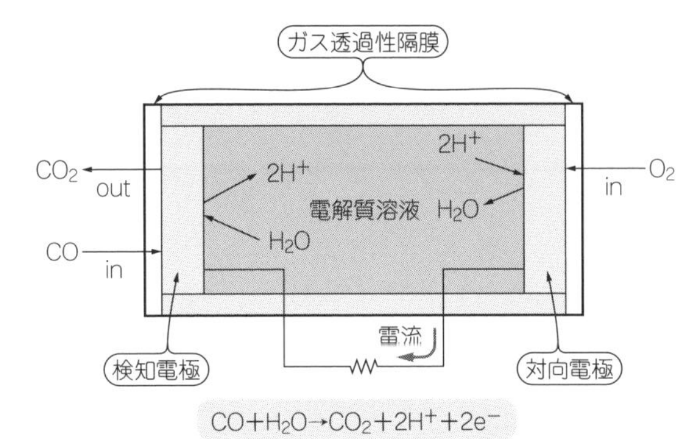

図1　電気化学式ガス・センサの概略動作原理図

ます．そのときの化学反応式を以下に示します．

$$CO + H_2O \rightarrow CO_2 + 2H^+ + 2e^-$$

動作原理図に示すように，検知電極で水により一酸化炭素の酸化反応が生じ，それによって生成される電子と等量の水素イオンが，対抗電極で空気中の酸素と反応して水が生成されます．

この一連の反応によって発生する電流は，検知電極側のガス濃度に比例するため，この電流を測定することでガス濃度を検知することができます．

● 一酸化炭素センサTGS5042の特性

一酸化炭素センサの特性を**表2**に示します．検知対象濃度は0～10000 ppmなので，非常に低濃度から高濃度まで測定することができます．

ただし，COガス中の出力電流は，1.00 n～3.75 nA/ppmと小さいので，使用するOPアンプには注意が必要です(後述)．

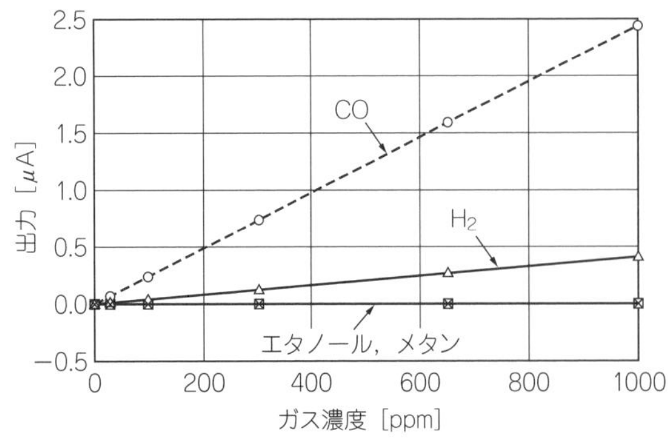

図2　一酸化炭素センサTGS5042のガス濃度と出力電流の関係

表2　一酸化炭素センサTGS5042の特性

センサ品番	TGS5042
検知対象ガス	一酸化炭素
検知対象濃度	0～10000 ppm
COガス中出力電流	1.00～3.75 nA/ppm
ベースライン・オフセット	<±15 ppm相当
使用温度範囲	−10～+60℃(常用) −40～+70℃(一時的)
使用湿度範囲	5～99 %RH(結露無きこと)
応答時間(T90)	60秒以内
期待精度	±20 %(CO：0～100 ppm) ±15 %(CO：100～500 ppm) (20±5℃/50±20 %RH)
保存条件	−10～+60℃(常用) −40～+70℃(一時的)
重量	約12 g
標準試験条件	20±2℃，40±10 %RH
標準試験環境下での予測寿命	5年以上

寿命は5年以上ですが，5年を経過したら交換することが推奨されています．

図2に各ガス種における感度特性を示します．COとH_2以外にはまったく感度がないことがわかります．空気中にはH_2はほとんど存在していないので，検知電流が流れた場合，空気中にCOガスがあると考えて問題ないと考えられます．

● 一酸化炭素の基本測定回路

図3にTGS5042の基本測定回路を示します．ガスによって発生するセンサの出力電流I_sはOPアンプと抵抗R_2の組み合わせによって電圧($V_{out} = I_sR_2$)に変換されます．抵抗R_1は回路電源がOFF時に発生するセンサの分極を防ぐ役目をします．

注意点は，センサ出力端子に大きな電圧がかかると，センサがダメージを受ける可能性があることです．したがって，センサにかかる電圧は±10 mV以下に抑えてください．

なお，使用するOPアンプの特性により，正しく電

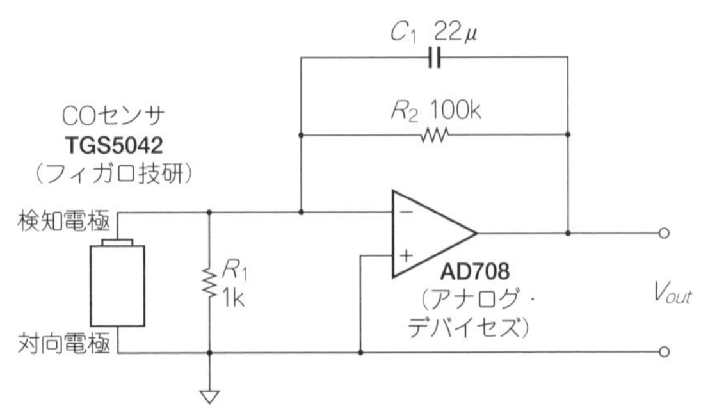

図3　TGS5042の基本測定回路

表3　AD708とMSP430F2274内蔵OPアンプの比較(断りの無い項目は最大値)

	オフセット電圧	ドリフト電圧	バイアス電流	ドリフト電流
AD708J	± 100 μV	± 1 μV/℃	± 2.5 nA	± 40 pA/℃
F2274	± 10 mV	± 10 μV/℃(typ)	± 5 nA	−

流から電圧に変換されない場合もあるので，紹介した回路以外を使う場合は注意してください．

● MSP430内蔵OPアンプの検討

表3にAD708(アナログ・デバイセズ)とMSP430F2274(テキサス・インスツルメンツ)内蔵OPアンプの特性の比較を示します．TGS5042の基本測定回路で推奨されているAD708は，オフセット電圧をはじめ，非常に優秀な特性です．

しかしながら，動作電源電圧範囲は±3V以上であり，電池動作には適していません．かといって，電源電圧が1.8Vから動作し，低消費電流，低ドリフトのOPアンプは高価です．

そこで，MSP430F2274内蔵のOPアンプが使えないか検討しました．オフセット電圧，バイアス電流は補正できるので，特に問題はありません．

最も問題なのはドリフト電圧です．基本測定回路の場合，R_1があるので，出力端子においてドリフト電圧は100倍(＝R_2/R_1)され，10 μV/℃×100＝1 mV/℃となります．1mVの変化はCO濃度の変化に換算すると，

CO濃度変化
＝出力電圧/R_2/COセンサの感度
＝1 [mV/℃]/100 [kΩ]/1 [nA/ppm]
＝10 ppm/℃

となり，これでは使うことができません．

そこで，外部にアナログ・スイッチを付け，常にドリフト電圧の影響を校正することにより，測定精度を確保しました(後述)．

キーデバイス②…低消費電力マイコンMSP430F2274

● 390 μA/MIPSの低消費電流

MSP430F2274は非常に低消費電力動作に適しており，電池を使ったアプリケーションに最適なマイコンの1つです．**表4**に低消費電力動作モードを示します．

低消費電力で動作させるためには，CPUの動作停止，クロック回路の動作停止，各周辺モジュールの動作停止を行います．アクティブ・モードの場合，マイコンのすべての機能が動作しているので，大きな電流が流れます．しかし，その電流値は390 μA/MIPS(V_{CC}＝3 V)です．

F2274の場合，低消費動作モードとしてLPM0～LPM4までの動作モードが用意されており，数字が大きくなるに従い，消費電流は小さくなります．

動作停止のCPUをウェイクアップするためには，割り込みを利用します．割り込みとしては，入力端子の電圧変化，タイマなどの定期割り込み，各周辺モジュールからの割り込みを使うことができます．

● ロー・パワー・モードLPM3で消費電流0.6 μA

検出器の場合，定期割り込みによるセンサ出力の測定が必要なので，動作モードはLPM3とします．

正確な時間が必要な場合，時計用32.768 kHzの水晶発振子を使いますが，特に時間精度が不要な場合，内蔵のVLO(very low power, low frequency oscillator)を使うことができ，そのLPM3動作モード時の消費電流はわずか0.6 μAです．

一酸化炭素検出器の回路

図4に全回路を示します．電源として単3形乾電池を2個使用しました．

● MSP430F2274内蔵OPアンプ周辺

OPアンプにF2274内蔵のOA0を使い，動作モードを0，すなわち汎用OPアンプとして動作させました．

R_1は，回路の電源がOFFのときに発生するセンサの分極を防ぐ役目をします．COガスによって発生す

表4　動作モードとCPU，クロック，動作電流の関係

モード	CPUとクロックの状態	V_{DD}＝3 V時の動作電流
Active	CPUは動作，すべてのクロックはイネーブル	390 μA/MIPS
LPM0	CPUは停止，周辺モジュールは動作	90 μA(f_{DCO}＝1 MHz)
LPM1	−	−
LPM2	CPU，MCLK，SMCLK停止，DCO，ACLKは動作	25 μA
LPM3	CPU，MCLK，SMCLK，DCO停止，ACLKは動作	0.9 μA(f_{ACLK}＝32.768 kHz) 0.6 μA(f_{ACLK}＝VLO)
LPM4	CPUとすべてのクロックが停止	0.1 μA

□ 今回使うモード

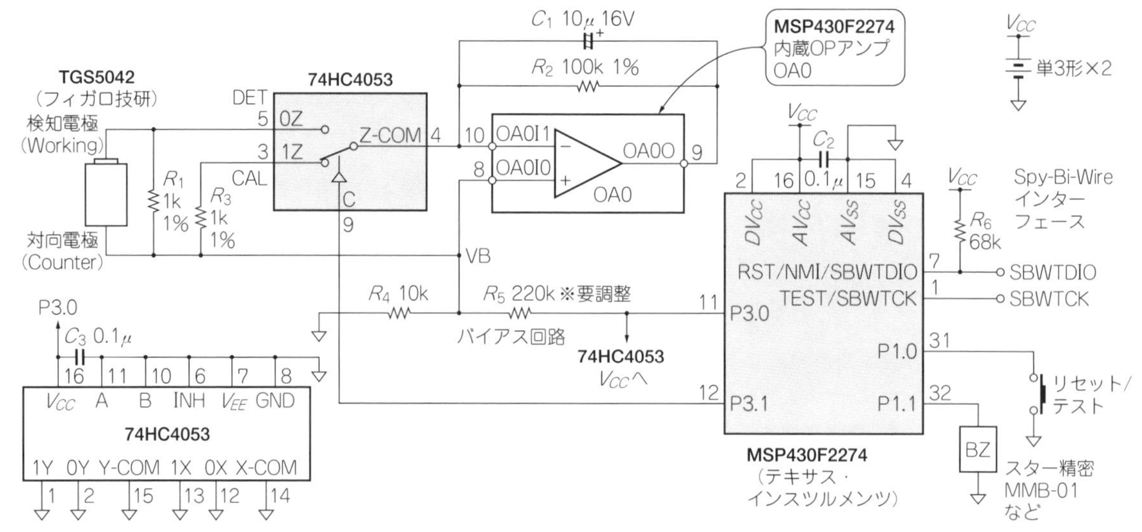

図4　一酸化炭素検出器の回路

るセンサの出力電流I_sはOPアンプと抵抗R_2の組み合わせによって電圧$V_{sensor} = I_sR_2$に変換されます．

ただし，R_4，R_5によって，OA0の非反転入力端子はバイアスされているので，実際のOPアンプの出力電圧は，

$$V_{out} = I_sR_2 + V_B$$

となります．内蔵OPアンプのオフセット電圧によっては，正常に動作しない場合があります．そのときは，R_5の値を変更し，OPアンプの出力電圧が0.1 V程度になるようにしてください．

● 校正用アナログ・スイッチ4053の動作

入力端子の74HC4053によるスイッチ回路は校正用です．まず，アナログ・スイッチをCAL側にした状態でOPアンプの電源をONにし，V_B + OPアンプのオフセット電圧を測定します．

次にアナログ・スイッチをDET側にし，OPアンプの出力電圧を測定し，先ほど求めたCAL時の電圧差から，センサの出力電圧(電流)を求めることができます．これにより，温度によるOPアンプのオフセット電圧のドリフトを校正することができます．

実際の動作波形を**図5**に示します．これはDET側にした状態での波形です．測定がスタートしたら，OA0モジュールを動作させ，P3.0をHighにして，OPアンプにバイアス電圧を加えます．OPアンプには，

$$C_1R_2 = 10\ \mu\text{F} \times 100\ \text{k}\Omega = 1\ \text{s}$$

という時定数があるので，出力電圧が安定するのに，約6 sかかります．安定したら，A-Dコンバータの基準電圧をONにします．それらは約100 μsで安定化するので，その後に，OPアンプの出力電圧を求めます．CAL側とDET側の2回測定が必要なので，測定時間は計12 s必要です．

リセット/テスト用にタクト・スイッチ，警報用にブザーを取り付けました．

リセットは警報が鳴っているときに押すと，警報が鳴り止みます．しかし，5分間経過してもCO濃度が低くならない場合，再度警報が鳴ります．

テストは，警報が鳴っていないときに押します．正常動作している場合，1 s警報が鳴ります．1カ月に1回くらい動作テストを行います．

● そのほか

F2274のソフトウェア開発用インターフェースはSpy-Bi-Wireを採用したので，低価格な開発環境(eZ430など)で使用することができます．

TGS5042はセンサの分極の影響を最小限にするために，センサ両極間をリボンで短絡してあります．回路基板にセンサを実装する場合，中央付近のCutting Pointのところを切断して，手はんだにより基板に実装します．

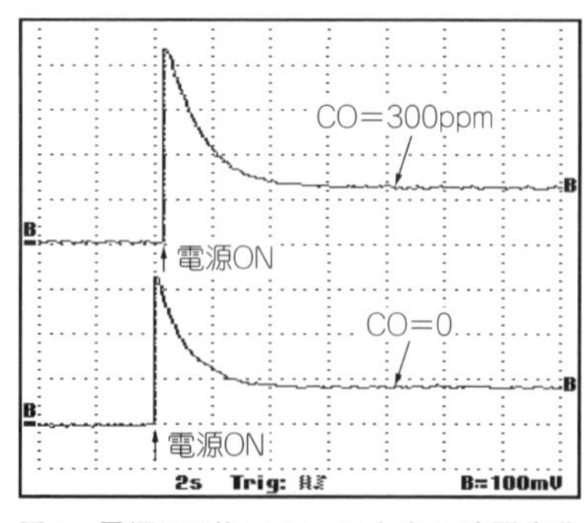

図5　電源ON後のセンサ出力の時間変化
(2 s/div，100 mV/div)

製作した一酸化炭素検出器の特徴

● 概算消費電流

家庭用一酸化炭素検出器は一般に電池で動作させます．したがって，消費電流を小さくすればするほど，電池交換の頻度が減ります．ここでは，TGS5042の寿命は5年以上なので，動作可能期間を10年とし，5年以降はセンサの状態を見ながら使うこととしました．

10年間動作させるためには，各回路の動作電流を調べる必要があり，そのなかで動作電流が大きい部分を重点的に対策します．結果を**表5**に示します．A-D変換関連は必要なときだけ電源を入れ，その時間も短いので，平均消費電流は非常に小さく無視することができます．

OPアンプの動作電流が50 μA，バイアス回路が15 μA，74HC4053が4 μAと大きいので，間欠動作させます．それぞれの電源は，内部モジュールの動作停止，I/O端子によりON/OFFします．COセンサの出力電圧を測定するのに10 s必要なため，平均消費電流を小さくするために，測定周期を120 sとしました．

なお，測定時間周期を120 sとしましたが，これは電池の容量から逆算した結果であり，この周期を短くしたい場合，OPアンプの動作時定数を半分の0.5sとすれば，測定時間周期を60 sとすることができます．

CO濃度の値を正確に知る必要がある場合，この時定数を長くする必要がありますが，警報機では特に高精度は必要ないので0.5 s(基本測定回路では2.2 s)でもまったく問題はありません．

F2274のロー・パワー・モードLPM3のときの電流が0.6 μAなので，この一酸化炭素検出器の平均動作電流は約7.5 μAとなります．

内蔵OPアンプの最低動作電圧は2.2 Vなので，電池の終止電圧0.9 V × 2 = 1.8 Vまで使い切ることができません．そのとき，容量が6割減少したとすると，単3マンガン乾電池(黒)の場合，600 mAhの容量があります．

したがって，

600 mAh/0.0064 mA
≒ 9.4万時間 = 3900日
≒ 10年

動作することができます．実際には警報時間で電池の寿命は短くなりますが，電池寿命に影響を与えるほど頻繁に警報が鳴るようであれば，かなりハードな使い方となるので電池は早めに交換してください．

表5 消費電流の概算(ADC：A-Dコンバータ)

動作回路	120 s周期における動作時間	消費電流	平均消費電流
MSP430動作(3 V，1 MHz)	1 ms	300 μA	0.0025 μA
MSP430(LPM3)	120 s	0.6 μA	0.6 μA
OA0(内蔵OPアンプ)	12 s	50 μA	5 μA
バイアス回路	12 s	15 μA	1.5 μA
74HC4053	12 s	4 μA	0.4 μA
ADCリファレンス	1 ms	250 μA	0.002 μA
ADCコア	160 μs	600 μA	0.0008 μA
警報(テスト)	50 μs(1 s/1カ月)	10 mA	0.004 μA
合計			7.51 μA

● 警報濃度設定

警報濃度は市販の一酸化炭素検出器を参考に決めました．濃度で危険度は大幅に変わるので，2段階の濃度で警報のしかたを変えます．

- 低濃度：CO濃度50 ppm
- 高濃度：CO濃度150 ppm

低濃度の場合，COが検出されてから6分経過しても濃度が下がらない場合に，長い間欠時間で警報を鳴らします．音声で警告してもよいでしょう．高濃度の場合，150 ppmを超えた時点で，すぐに短い間欠時間で警報を鳴らします．

一酸化炭素の毒性で説明したように，仮に低濃度でも長時間COガスに暴露すると，体に悪影響を与えます．そこで積算濃度で，警報を鳴らしてもよいでしょう．

積算濃度は以下で求めます．

積算濃度 = $T \times C$
ただし，T：ガスの暴露時間［h］，C：CO濃度［ppm］．

例えば，30 ppmで5時間COガスが検知された場合，150 ppmhとなります．このように，積算濃度が150 ppmh以上に達した場合，警報を鳴らせばよいでしょう．

制御用ソフトウェアの処理の流れ

制御用ソフトウェアのフローチャートを図6に示します．リセット・スタート後，各レジスタを初期設定します．スタンバイ時のクロックはF2274内蔵のVLOを使うので，その発振周波数をDCO(Digital Controlled Oscillator)の発振周波数から求めます．

DCOはマイコン出荷時に校正されており，±5％の精度で発振周波数を求めることができます．COガスの有無の測定は120 s周期で行うので，タイマ割り込み周期を12 sに設定してLPM3に移行し，スタンバイ・モードにします．このモードの消費電流は0.6 μAです．

12 s周期のタイマ割り込みが入ったら，T_Cntを1アップし，すぐにLPM3に入ります．そしてT_Cnt = 10となったら120 s経過したことになるので，CO

濃度を測定します．フローチャートでは簡略化していますが，A-Dコンバータで電圧測定する時間以外はLPM3にします．

CO濃度が150 ppmを超えた場合，警報を鳴らします．この場合，CO濃度が50 ppm以下にならない限り，ずっと警報が鳴り続けるので，警報を停止したい場合はリセット・ボタンを押してください．

CO濃度が50 ppmを超えて150 ppm以下の場合，CO_Cntを1アップし，これが5を超えたら，すなわち120 s × 5 = 600 s = 10分経過したら，警報を鳴らします．

動作確認

一酸化炭素検出器の動作確認にはCOガスが必要になります．しかし，COガスは有毒なので入手は困難です．そこで，不完全燃焼時に一酸化炭素が発生することを利用し，一酸化炭素を作ることにします．

図7を見てください．まず，ガラス・コップ(熱の変化に強いパイレックス製など)を逆さまにし，コップ内でライタ(チャッカマンなど)を点火します．そのときは，火力を最小にし，火傷，火災に十分注意します．条件で異なりますが，数秒で数百ppm，火が消えた場合，数千ppmの一酸化炭素が発生します．

一酸化炭素を発生させたら，すぐに一酸化炭素センサにコップをかぶせます．すると，**図8**のように一酸化炭素センサの出力が大きくなり数十秒後に安定した出力電圧となります．TGS5042の場合，センサの感度(1000 ppm時の出力電流)は貼り付けられているラベルに書いてあります．今回は1547だったので，感度は1.547 nA/ppmとなります．したがって，出力電圧からガス濃度を次式で求めることができます．

ガス濃度
= OPアンプの出力電圧/R_1/COセンサの感度

例えば，出力電圧が100 mVだった場合，

ガス濃度
$= 0.1\ [\mathrm{V}]\ /100 \times 10^3\ [\Omega]\ /1.547 \times 10^{-9}\ [\mathrm{A}]$
$= 646$ ppm

となります．

ただし，OPアンプの出力電圧は，実際の出力端子

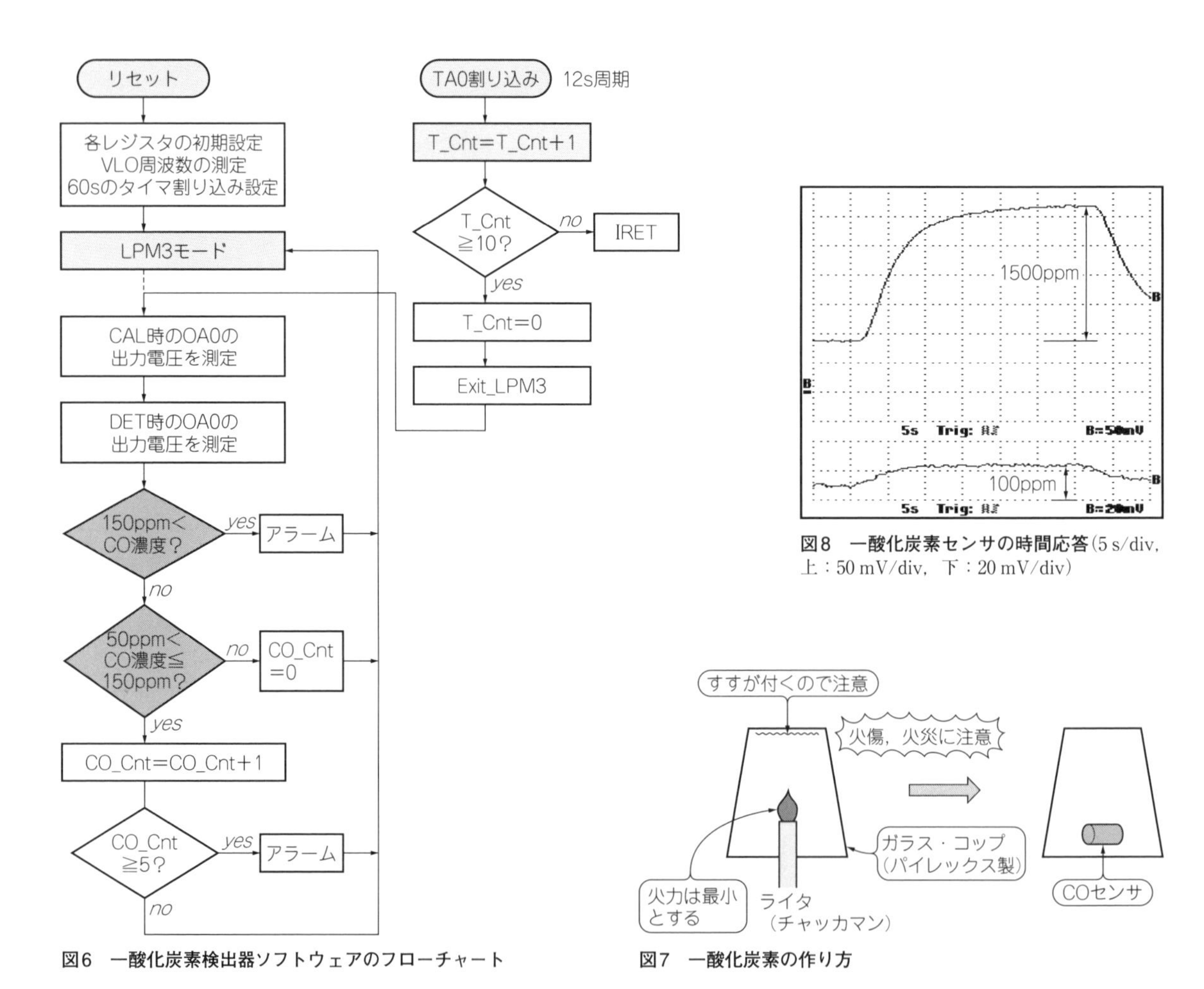

図6　一酸化炭素検出器ソフトウェアのフローチャート

図8　一酸化炭素センサの時間応答(5 s/div，上：50 mV/div，下：20 mV/div)

図7　一酸化炭素の作り方

の電圧からオフセット分を引いた値であることに注意してください．

今回は紹介できませんでしたが，以下の機能は実装しておくとよいと思います．

▶5年経過アラーム

動作設計を10年で行ったので，10年間動作を続けることができます．しかし，一酸化炭素センサの寿命は5年以上となっています．したがって，スイッチON後5年を経過したら，その警告を発報します．

そのときの対処は，センサ交換がベストです．いっぽうで，高価なセンサなので，問題がなければ使い続けたいと判断される人もいると思います．そこで，紹介した方法で，センサが正常に動作しているかを確認します．

なお，発振源としてF2274の内蔵DCOを使って校正しているので，VLOの発振周波数精度は±5％です．したがって，5年に±3カ月ほどの誤差があることに注意してください．正確な時間を知りたい場合は32.768 kHzの水晶振動子を使いますが，それでも動作可能時間は10年程度となります．

▶電池消耗の温度による判断

一酸化炭素検出器は有毒ガスを検知するので，いかなる場合でも動作不良があってはいけません．

したがって，電池容量がいつのまにかなくなってしまって動作していない，という最悪事態にならないように，電池容量の判断は非常に重要です．

電池容量は温度によって大幅に変わるので，常にF2274の内蔵温度センサで温度を測定し，温度により，電池切れを判断する電圧値を変えるようにします．

▶温度センサによる火災警報

火災の場合，COガス，煙，温度の順で変化が現れます．したがって，これらの検知を併用することにより，さらに信頼性のある火災検出器とすることができます．

F2274には温度センサが内蔵されているので，温度が50℃を超えたら警報を鳴らします．

この記事の関連プログラムを本誌Webページに掲載しています．〈編集部〉
https://www.cqpub.co.jp/trs/

◆参考文献◆

(1) 渡辺 明禎；OPアンプを2個内蔵するMSP430F2274，トランジスタ技術，2008年4月号，p.205，CQ出版社．
(2) TGS5042 電気化学式COセンサ・データシート，フィガロ技研．
(3) MSP430F2274データシート，テキサス・インスツルメンツ．
▶ http://focus.ti.com/lit/ds/symlink/msp430f2274.pdf
(4) MSP430x2xxxユーザーズ・ガイド，テキサス・インスツルメンツ．
(5) MSP430 USB Stick Development Tool EZ430-F2013，テキサス・インスツルメンツ．
▶ http://focus.ti.com/docs/toolsw/folders/print/ez430-f2013.html

（初出：「トランジスタ技術」2008年6月号）

リチウム電池によるRTCのバッテリ・バックアップ回路のひと工夫 Column 1

RTC（リアルタイム・クロックIC）などをリチウム電池でバックアップする際の工夫を，**図A**をもとに解説します．

① 回路電源とバックアップ電源はショットキー・バリア・ダイオードで切り替える

RTCに比べて運転時の電流が大きいマイコンなどをバックアップするときは，回路電流を考慮してダイオードを選ばなくてはなりません．

② バックアップ時の消費電流を確認できるように抵抗R_1（100～470 Ω）をバックアップ用電池がつながるラインに入れる

一般的に，バックアップ時の電流はごく小さい値（10 μA以下）なので，R_1の電圧降下は無視できます．

③ テスト・ポイントTP_1とTP_2を設けておき，R_1の両端電圧を測ればバックアップ電流が測れるようにする

④ バックアップ用電池の入れ替えを考慮して，短時間なら電圧を保持できるコンデンサC_1，C_2をバックアップ電源に入れておく 〈下間 憲行〉

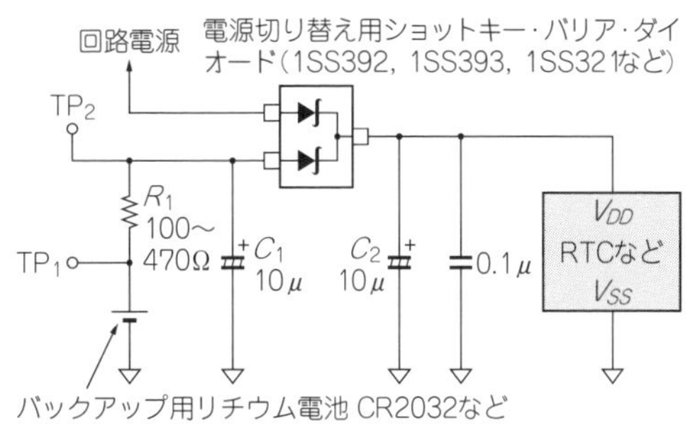

図A リチウム電池によるバッテリ・バックアップ回路の工夫

第12章 消費電流やメモリ使用量をコツコツ減らす

コイン電池1個で8年動作する温度データ・ロガーの製作

渡辺 明禎 Akiyoshi Watanabe

温度データを長時間記録できる電池動作の温度データ・ロガーは，無人で簡単に温度変化を記録できるので，さまざまな分野に使うことができます．

ここでは，屋外などで，温度を測定する際に便利な電池動作の温度データ・ロガーを製作します（**写真1**）．

1.8V動作／消費電流0.1 μAのPIC18F25K20

● 1.8 V動作で最高動作クロック周波数64 MHz

ここでは，ワンチップ・マイコンとしてマイクロチップ・テクノロジーのPIC18F25K20を使いました．これは，フラッシュ・プログラム・メモリが32 Kバイト，SRAMが1536バイト，データEEPROMが256バイトの低電圧動作用の最新PICマイコンで，Kシリーズと呼ばれています．

長時間の電池動作を行うためには，低電圧から動作する低消費電力のマイコンが必要になります．PICシリーズの場合，nanoWatt TECHNOLOGYシリーズとして低消費電力化が行われ，Sleep時の消費電流が0.1 μA以下と極めて低く，低消費電力動作が可能です．また，PICxxLFxxとして，電源電圧が2 Vから動作するものもあります．

Kシリーズは，さらに低電圧で動作するPICで，**図1**に電源電圧とクロック周波数の関係を示します．参考までにPIC16LF88も載せておきます．Kシリーズは，動作電源電圧範囲が1.8 Vまで拡張されただけでなく，動作クロック周波数も64 MHzまで高くなり，飛躍的に性能が向上しており，高度な機能を持つ電池動作アプリケーションに適していることがよくわかります．

● 新たに追加されたCPU停止／周辺モジュール動作のIdleモードで消費電流1 μA

Kシリーズでは**表1**に示すように，動作モードとしてIdleモードが追加されました．もっとも消費電流が少ない動作モードはSleepですが，このモードでは周辺モジュールの動作は停止しています．

Kシリーズでは，周辺モジュールが動作した状態でCPUをOFFにできるIdleモードが追加されたので，CPUコアの動作だけを停止することができ，周辺モ

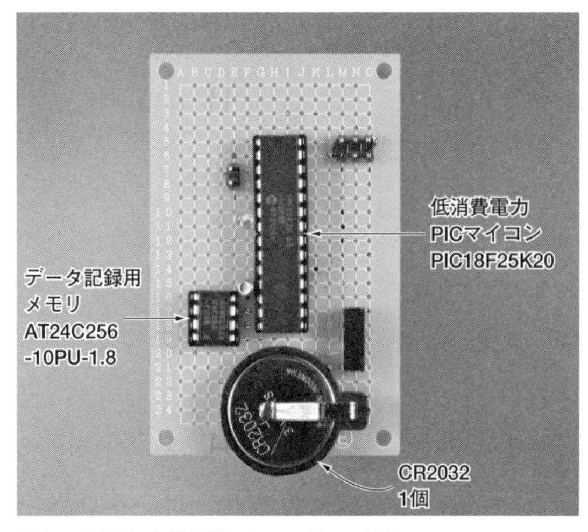

写真1　製作した温度データ・ロガーの外観

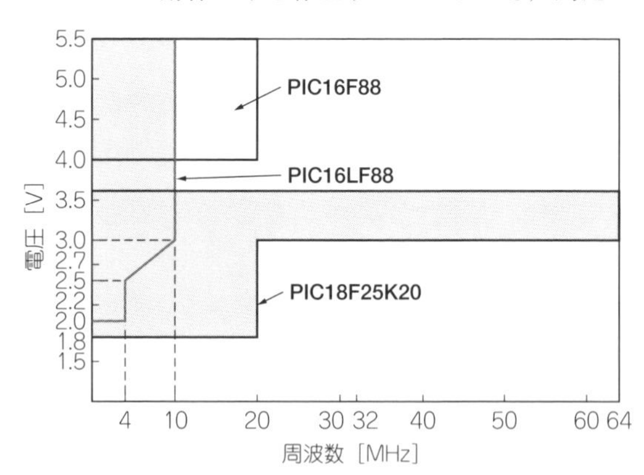

図1　PICマイコンの動作電圧とクロック周波数の関係

表1　PIC18F25K20の動作モードと消費電流の関係

モード	CPU	周辺	消費電流，V_{DD} = 1.8 V
Run	ON	ON	400 μA（1 MHz）
Idle	OFF	ON	1 μA
Sleep	OFF	OFF	0.1 μA

□ Kシリーズで特徴的なモード

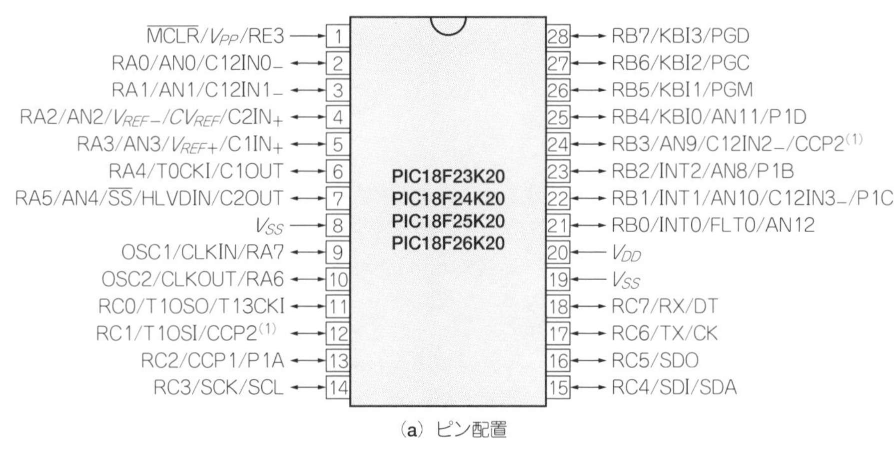

(a) ピン配置

(b) 外観
(PIC18F25K20)

図2　PIC18F2xK20のピン配置と外観

ジュールが動作している状態での消費電流をRun動作時の0.25 %程度まで小さくすることができます．

図2にPIC18F25K20のピン配置を示します．主な周辺モジュールとして，汎用I/Oポートが25端子，10ビットA-Dコンバータが11チャネル，8ビット・タイマが1つ，16ビット・タイマが3つ，コンパレータが2つ，SPI，I^2C，USARTなどがあり，さまざまな応用に使うことができます．

温度データ・ロガーの回路

温度データ・ロガーのデータ保存用メモリとしては，32 KバイトのEEPROMを使います．

測定周期を60 s(1分)としたので，最長ロギング時間は，32768 × 1分 = 32768分 ≒ 546時間 ≒ 22日程度となります．

図3に全回路図を，**写真1**に外観を示します．

● 温度センサはサーミスタを使用

温度センサにSEMITECのサーミスタ104CT-4を使ったので，センサ回路は非常に簡単です．**図4**に温度とセンサ抵抗の特性を示します．－50～＋250℃の温度測定に使用することができます．

104CT-4なので，25℃の抵抗は100 kΩで，温度が上昇するにつれ，センサ抵抗は小さくなっていきます．

したがって，この回路に流れる最大電流は，

$$V_{DD}/R_1 = 3\ \mathrm{V}/100\ \mathrm{k\Omega} = 30\ \mu\mathrm{A}$$

となります．R_1に並列に接続されているC_1はノイズ除去用で，その時定数は22 msです．ハムなどの除去には十分ではないので，ハムの混入が大きい場合は，A-D変換結果をその周期分だけ積分してハム成分を除去するのも有効な方法です．

● 動作モニタ用にLEDを用意

ロギングが正常に行われているかをモニタするため

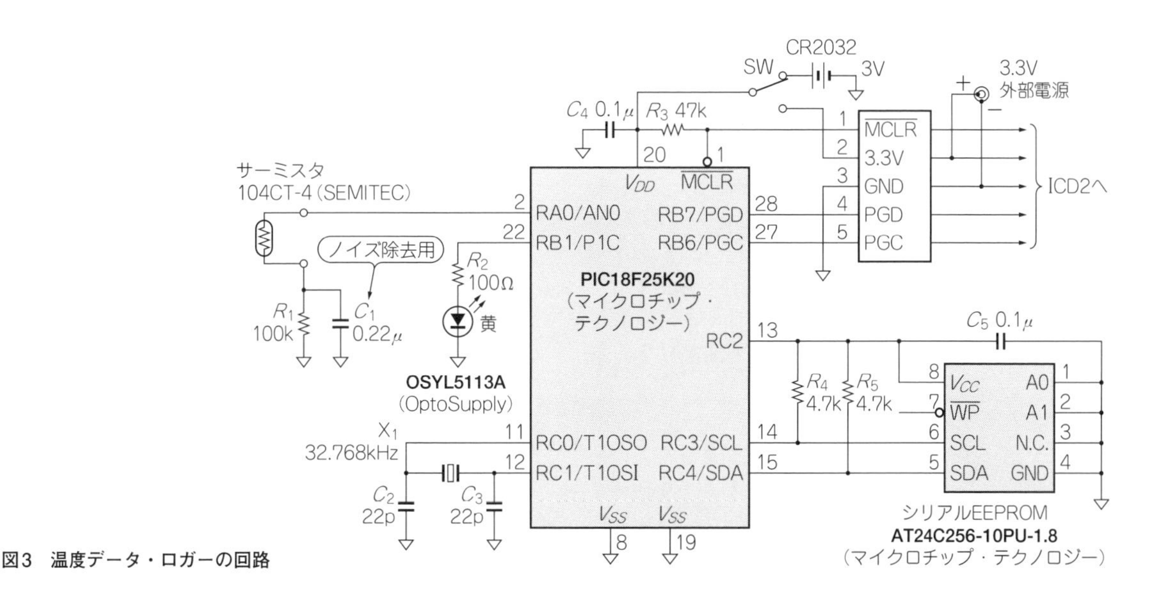

図3　温度データ・ロガーの回路

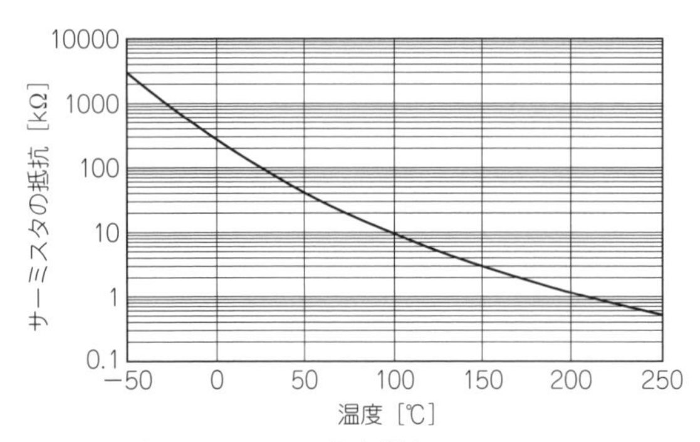

図4　サーミスタ104CT-4の温度特性

に，高輝度LED(黄色)を付けました．効率を高めるためにパルス駆動とし，駆動電流を10 mAとします．そのときの順方向電圧降下は1.9 Vなので，

$$R_2 = (3\ \mathrm{V} - 1.9\ \mathrm{V})/10\ \mathrm{mA} \fallingdotseq 100\ \Omega$$

とします．電池電圧が下がってくると，明るさも暗くなってくるので，電池電圧に連動させて，駆動パルスのオン・デューティ比を変化させてもよいでしょう．LEDの駆動電流の波形を**図5**に示します．

● 温度データ・ロギング用に外付けEEPROMを使用しその電源はI/Oポートから得る

電池電圧が1.8 Vまで動作可能にするために，EEPROMとして1.8 Vから動作するAT24C256-10PU-1.8を使いました．このEEPROMとのインターフェースはI^2Cなので，PIC18F25K20のI^2Cモジュールを使うことができます．

EEPROMのスタンバイ電流は最大2 μA(V_{CC} = 3.6 V)なので，スタンバイ状態にしておくだけで電流をわずかですが消費してしまいます．

そこで，EEPROMの電源は，汎用I/O端子のRC2から取ることにしました．I/O端子からは25 mAの電流を取り出すことができますが，電圧低下などを考慮し，10 mA程度を目安とします．それ以上の電流が流れる場合は，外部にトランジスタなどの電流スイッチを付けたほうがよいでしょう．

今回，EEPROMの電源電流は3 mA程度なので，I/O端子にEEPROMのV_{CC}端子を直結できます．EEPROMは，計4つ接続することができるので，128 Kバイトまでの温度データ・ロガーを簡単に製作できます．

● 内蔵16ビット・タイマTimer1で周期割り込みをかける

定期的なウェイクアップに内蔵タイマTimer1からのタイマ割り込みを使いました．時間精度を得るために，発振源として，32.768 kHzの水晶振動子を使いました．Timer1は16ビットのタイマなので，2 s周期で割り込みをかけることができます．

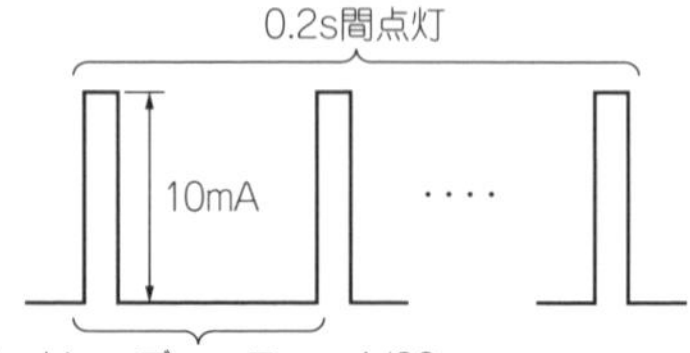

図5　LEDの駆動波形　オン・デューティ＝1/20

さらに，プリスケーラを1/8にすれば，16 s周期までは，ソフトウェアを工夫しなくても定期的な割り込みを発生させることができます．

それ以上の割り込み周期が必要な場合は，数回の割り込みを使って，割り込み周期を得ます．

今回は，保存用メモリとしてEEPROMを使いましたが，SDカードを使えば，飛躍的に長時間のロギングに使用することができます．この場合のインターフェースには，PIC18F25K20のSPIモジュールを使います．SDカードへ書き込み時の電流を測定し，10 mAを超えるようでしたら，外部に電流スイッチ回路を付けてください．

制御用ソフトウェアの処理の流れ

● 差分データを記録することでメモリを節約

温度データを0.1℃単位でロギングすると，1バイトでは0～25.5℃までしか記録できないので，2バイト/サンプリングが必要です．しかし，EEPROMの容量は32 Kバイトと小さいので，ロギング時間が短くなってしまいます．

そこで，温度の場合急激な温度変化はないので，データを差分データとしました．したがって，温度変化は±12.7℃以下であれば，1バイト/サンプリングでデータを保存できます．それ以上の温度変化があった場合は，2バイトでデータを保存します．

● プログラムの動作

フローチャートを**図6**に示します．リセット・スタート後，各レジスタを初期設定し，Sleepとします．このとき動作しているのはTimer1モジュールだけなので，消費電流は1 μA程度です．

Timer1の最長割り込み周期は16 sなので，何回かの割り込みにより60 sを経過したら，温度センサ回路をONにします．この回路には，ノイズ除去用に時定数22 msのフィルタが入っているので，センサ電圧が安定するまで0.2 s間待ちます．

このとき，同時にLEDを点灯させますが，パルスで駆動することにより，平均消費電流を小さくします．

0.2 s経過したら，A-Dコンバータにより温度を測定し，温度センサ，LEDをOFFとした後データ処理をし，そのデータをEEPROMに保存します．

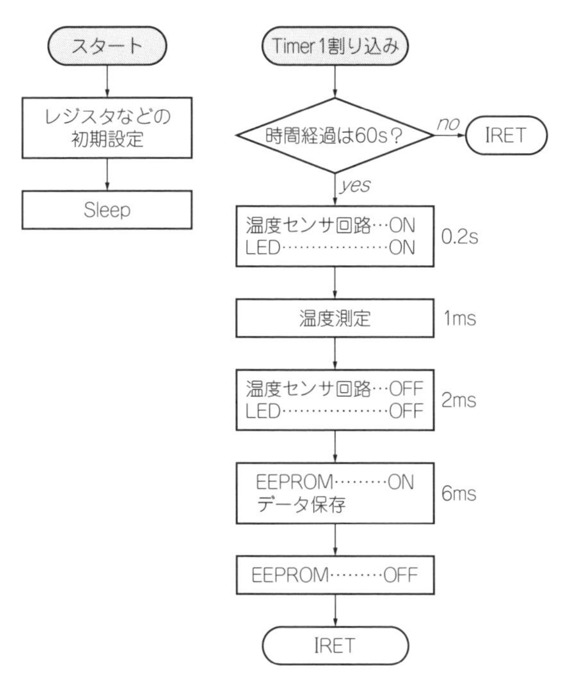

図6　温度データ・ロガーのフローチャート

消費電流＆動作期間の概算

今回設計した温度データ・ロガーは，屋外で長時間使うことを想定しています．したがって，電池切れでデータをロギングできないと問題なので，動作時間には余裕を持って設計します．また，冬などでは外気の温度が氷点下になることも予想されるので，電池容量の低温による低下にも十分注意します．

ここでは，ソフトウェアの流れに従って，消費電流がどのように変化するかを計算し，**表2**のようにしてみました．一酸化炭素検知器のように，回路ごとにまとめた形にするかは，使いやすいほうを採用すればよいでしょう．結果はまったく同じになります．

前述のフローチャートを見ながら表を見てください．まず，Sleepの時間はおよそ60 s(1分)で，CPU，周辺回路すべてが停止しているので，消費電流は32.768 kHzのTimer1モジュールだけで，約1 μAです．

Timer1がタイムアップした後の消費電流の変化は表のとおりですが，重要なのは電流がどれだけの時間消費されるかなので，チャージ量を求めるために，「電流×動作時間」を求めます．この値が大きい箇所がもっとも重要で，チャージ量が大きいステップがある場合，そこの消費電流，動作時間を工夫して小さくすることにより，装置全体の消費電流を少なくすることができます．

全チャージ量を求めたら，動作周期は60 sなので，60で割ることにより平均消費電流を求めることができます．結果は3.2 μAとなりました．ピーク電流はEEPROMが3 mA，LEDが10 mAなので，特に問題はありません．

表2　消費電流の概算

動作状態	状態 [ms]	電流［μA］ 各部	電流［μA］ 全体	電流×時間 [μA・s]
Sleeping	59791		1	59.791
CPU	Sleep	1	−	−
温度センサ	OFF	0	−	−
LED	OFF	0	−	−
EEPROM	OFF	0	−	−
温度センサのウォームアップ	200		531	106.2
CPU	Sleep	1	−	−
温度センサ	ON	30	−	−
LED	ON (パルス)	500 (10mA)	−	−
EEPROM	OFF	0	−	−
温度の測定	1		1130	1.13
CPU	Run	600	−	−
温度センサ	ON	30	−	−
LED	ON (パルス)	500 (10mA)	−	−
EEPROM	OFF	0	−	−
データ処理	2		600	1.2
CPU	Run	600	−	−
温度センサ	OFF	0	−	−
LED	OFF	0	−	−
EEPROM	OFF	0	−	−
データ保存	6		3600	21.6
CPU	Run	600	−	−
温度センサ	OFF	0	−	−
LED	OFF	0	−	−
EEPROM	ON	3000	−	−
トータル時間［ms］	60000	全チャージ［μA·s］		189.921

平均電流＝全チャージ／時間＝0.190 mA・s/60 s ＝ 0.0032 mA
ピーク電流＝3 mA(EEPROM)，10 mA(LED)

使用した電池はCR2032で，その電池容量は220 mAhです．したがって，

220 mAh/0.0032 mA ≒ 7万時間 ≒ 3000日 ≒ 8年

動作することができます．

電池動作に余裕があるので，サンプリング周期をもっと短くすることや，さらに長時間のロギングにも使用できます．その場合，EEPROMは保存容量が小さいので，SDカードなどを使うのがよいでしょう．

この記事の関連プログラムを本誌Webページに掲載しています．〈**編集部**〉
https://www.cqpub.co.jp/trs/

◆参考文献◆

(1) PIC18F25K20データシート，DS41303C，マイクロチップ・テクノロジー．
▶ http://ww1.microchip.com/downloads/en/DeviceDoc/41303C.pdf

(初出：「トランジスタ技術」2008年6月号)

Appendix 6

電池で動作するマイコン応用回路設計の基礎知識

電池で動作する装置を作る場合，電池交換頻度を少なくするために，低消費電力回路設計が必要です．そのためには，電池の種類，マイコンの低消費電力動作，周辺回路の低消費電力動作など，さまざまなことを考慮し，設計することになります．

ここでは，各項目に分けて，設計に必要な基礎知識を説明します．さらに，簡単な例を使い，低消費動作のための設計方法を紹介します．

マイコン応用回路設計で着目したい電池の特性

電池の種類は非常に多く，すべてを知るためには電池ハンドブック(1)などを見る必要があります．

ここでは，マイコンを使った小規模なアプリケーションに焦点を当てて説明します．そのような用途の場合の主な電池の特性を**表1**に示します．表の電池の公称電圧は1.2～3 V程度です．

公称電圧9 Vの006Pは取り上げませんが，006Pはレギュレータを使うことにより，長時間動作のアプリケーションに使うことができます．

● 電池の公称容量

電池は，使用する温度，流す電流，終止電圧を何Vとするかなどで，電池容量が大幅に変わってきます．

したがって，表中の値は1つの目安としてとらえてください．単位はmAhなので，100 mAhの場合，一定電流100 mAを流すと1時間で，50 mAならば2時間で電池容量が無くなることを意味しています．

● 電池の温度特性

図1～**図3**に，マンガン乾電池，アルカリ乾電池，コイン形リチウム電池の温度特性を示します．温度20℃のとき，電池容量は**表1**に示した値以上を期待できます．しかし，－20℃では，電池容量は数分の1に激減してしまいます．

したがって，冬期に屋外で電池を使う場合，動作時間が大幅に減少するので注意が必要です．

● 電池の推奨負荷範囲

図4にマンガン乾電池(黒)，アルカリ電池の負荷容量と持続時間の関係を示します．マンガン電池の場合，負荷電流が10 mAで持続時間は110時間なので1100 mAh，100 mAでは8時間なので800 mAh，300 mAでは1.3時間なので390 mAhと電池容量は急激に小さくなっていきます．

したがって，使用できる負荷の範囲は限定され，表

表1　マイコンを使った回路で使用することの多い電池の特性

電　池	JIS呼称	公称電圧	公称容量［mAh］	推奨負荷範囲	自己放電率
リチウム	CR2032	3 V	220	≦4 mA 重負荷(パルス)	1% / 年
アルカリ，単3	LR6	1.5 V	2000	～1,000 mA	1～5% / 年
マンガン(黒)，単3	R6	1.5 V	1000	～300 mA	1～5% / 年
マンガン(赤)，単3	R6	1.5 V	700	～200 mA	1～5% / 年
ニッケル水素，単3	HR6	1.2 V	～2000	～1,000 mA	10～20% / 月
エネループスタンダード，単3	HR6	1.2 V	1900	～1000 mA	30% /10年
酸化銀	SR43	1.55 V	125	≦0.23 mA	1～5% / 年

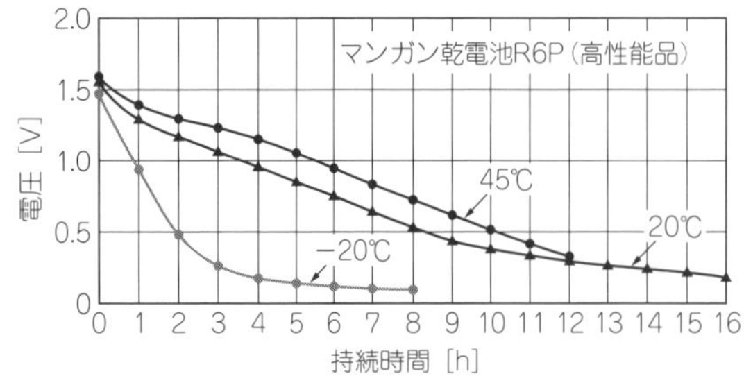

図1(2)　マンガン乾電池(高性能品)の温度特性

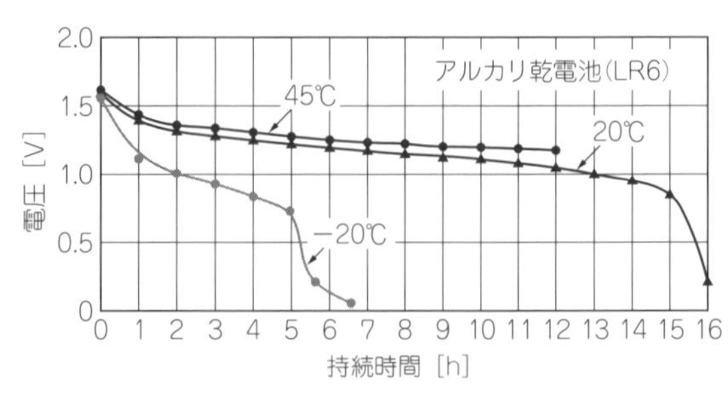

図2(2)　アルカリ乾電池(高性能品)の温度特性

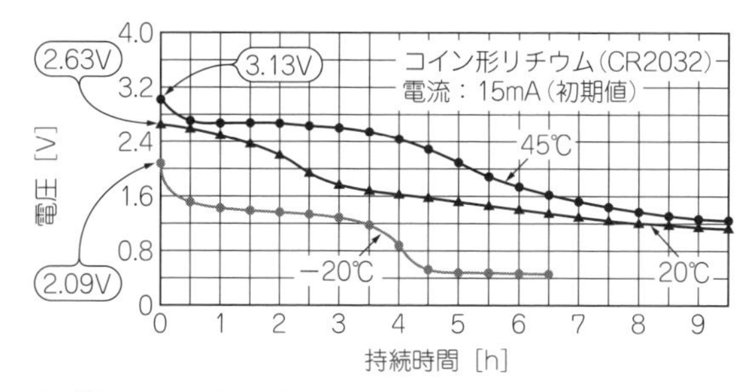

図3(2) **コイン形リチウム電池CR2032の温度特性**

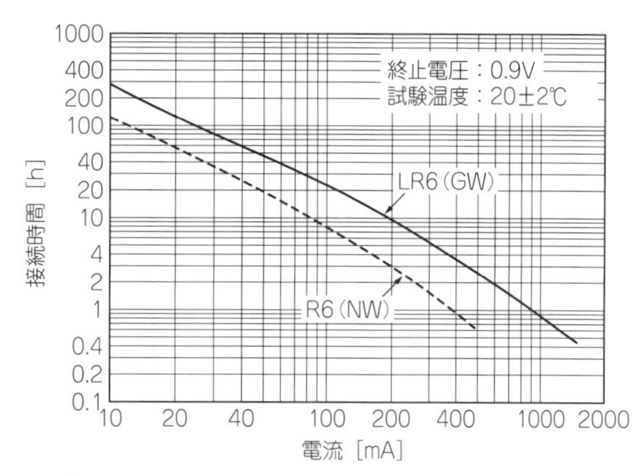

図4(3) **マンガン乾電池(黒)，アルカリ電池の負荷容量と持続時間の関係**

の推奨負荷範囲内で使うようにします．なお，パルス的に大電流を流す場合は，表中の値より大きな電流を流しても，電池容量に影響がない場合もあります．

● 自己放電率

電池は外部負荷に電流を流さない場合でも，自己放電により電池容量は徐々に小さくなっていきます．マンガン，アルカリ電池などの1次電池は数%/年で，10年程度の使用期間であれば，特に電池容量の低下を気にする必要はありません．

いっぽう，2次電池である充電池の場合，自己放電率が大きい場合があります．ニッケル水素電池の場合，10～20%/月で，数カ月で電池容量はなくなってしまうので，長時間動作の装置に使うことはできません．

回路設計のポイント

● 低消費電力動作に適したマイコンを選ぶ

マイコンのCPUは，動作するクロック周波数の大きさに比例して消費電流が増えます．

したがって，特に動作する必要がない場合は，クロックを停止して，CPUをスリープ・モードにし消費電流をほぼ0にしておきます．

また，ソフトウェアを工夫することにより，同じ作業でも極力短い動作時間となるようにプログラミングし，実行時の消費電流を小さくなるようにします．

スリープ状態のCPUをウェイクアップする方法として，一般的に周辺モジュールからの割り込みを利用します．主なものとして，I/O端子の電圧変化，タイマ割り込みなどがあります．

定期的にウェイクアップする場合はタイマ割り込みを使いますが，この状態の消費電流が小さいものが低消費電力用には適しており，1 μAを切るマイコンもあります．

● マイコンの未使用端子の処理

未使用のI/O端子は一般に開放状態なので，入力端子に設定しておくと，ノイズなどでゲートがON/OFFを繰り返し消費電流が大きくなることがあります．そこで，I/O端子は出力端子に設定しておきます．

入力端子として使う場合，必ずプルアップ，もしくはプルダウンします．

マイコンに手を近づけて消費電流が増えるようならば，未処理端子がある可能性があります．

表2　消費電流の概算

動作回路	2秒周期における動作時間	消費電流	平均消費電流
CPUスリープ	1988 ms	2 μA	1.988 μA
CPU実行	12 ms	500 μA	3 μA
センサ回路	100 μs	30 μA	0.0015 μA
A-Dコンバータ・モジュール	50 μs	600 μA	0.015 μA
データ保存	8 ms	2 mA	8 μA
合　計			13.0045 μA

最大消費電流(データ保存＋CPU実行)＝2.5 mA

● 平均消費電流の概算

電池にとって，回路の消費電流は時間的に平均した値となります．したがって，大電流が必要な回路がある場合でも，それを間欠動作させれば，平均消費電流を小さくでき，動作時間を長くすることができます．

例えば，100 mAを消費する回路があった場合，1秒間に1 msだけ動作させたとすると，平均消費電流は，

$$1\ \mathrm{ms}/1\mathrm{s} \times 100\ \mathrm{mA} = 0.1\ \mathrm{mA}$$

となります．さらに平均消費電流を低くしたい場合は，動作時間を短くするか，動作させる周期を長くします．

実際の低消費電力動作の設計においては，**表2**に示すように各回路の電流の消費状態を調べます(内容は後述)．

そこから平均消費電流を求め，どの回路がもっとも平均消費電流が大きいかを見つけ出し，大きい回路だけを重点的に検討します．

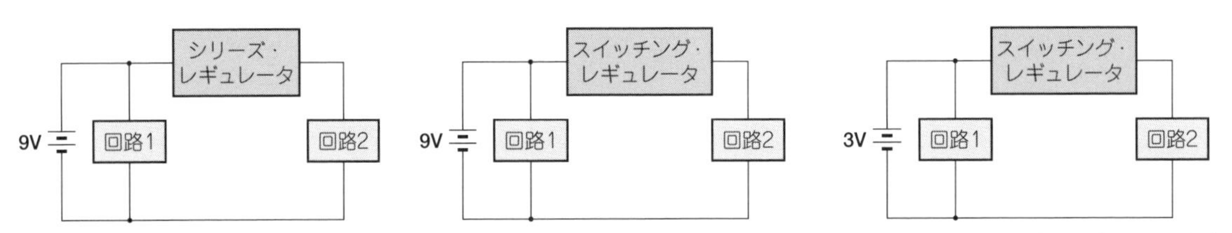

図5　異なる電圧の回路が混在する場合の対策方法

表3　動作最低電圧と電池容量比の関係(単位：%)

電　池	1.8 V	2 V	2.2 V	2.4 V	2.6 V
マンガン電池(黒)×2	100	84	60	40	21
マンガン電池(赤)×2	100	75	57	36	25
アルカリ電池×2	100	89	71	38	15
リチウム	100	86	71	50	−

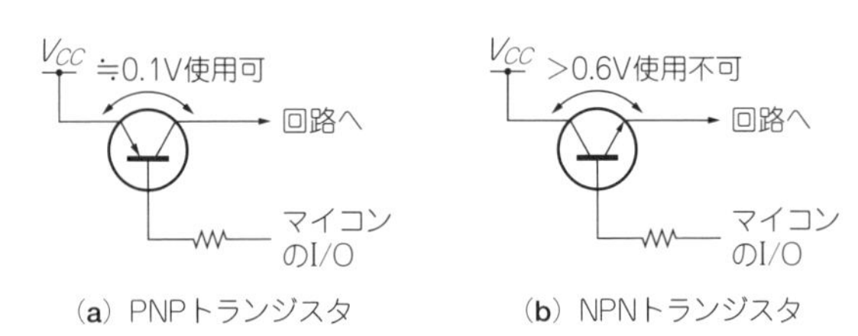

図6　バイポーラ・トランジスタを使った電流スイッチの例

● 周辺回路の電源電圧を小さくする

乾電池の終止電圧は0.9 Vなので，2本使った場合1.8 Vとなります．低消費電力動作モードを持つマイコンのCPUコアのほとんどは，1.8～2 Vで動作します．

しかし，内蔵モジュールの中には，最低電源電圧が1.8 Vより大きい場合もあります．そのような場合，動作可能最低電圧はそのモジュールで決まり，電池を100%使いこなすことはできません．

表3に，いくつかの電池の動作最低電圧と電池容量比の関係を示します．特に注意が必要なのはマンガン乾電池で，例えば2.2 Vまでしか使えないとすると，公称容量の60%くらいまでしか使えないことになります．

したがって，長時間動作のためには，マイコンの内蔵モジュールだけでなく，周辺回路の電源電圧も極力低くする必要があります．また，どうしても電源電圧が低いものが見つからない場合は，昇圧型スイッチング・レギュレータを使うのも1つの方法です．

● 周辺回路の電圧に合わせて電池を選定する

周辺回路の中には，電池より高い電源電圧が必要となるケースもあります．そのときの対応策としては，主に**図5**で示す3つの方法があります．

まず，電池として高い電圧のものを使用し，レギュレータで低い電圧を作る場合で，**図5(a)**がシリーズ・レギュレータ，**図5(b)**がスイッチング・レギュレータの場合です．シリーズ・レギュレータの場合，回路2に流れる「電流×電源電圧差」の損失が発生するので，効率は悪化します．

いっぽう，**図5(b)**の場合，スイッチング・レギュレータの効率は80%以上を期待できるので，効率の悪化を小さくすることができます．**図5(c)**は，低い電圧の電池を使い，昇圧型スイッチング・レギュレータにより，回路2の電源電圧とする場合で，**図5(b)**と同様に効率の良い使い方です．

図5(b)，**図5(c)**のどちらを選ぶかは，回路1と回路2のどちらが消費電流が大きいかで決まります．効率的には，消費電流の大きい回路の動作電圧に合わせて電池を決定します．ただし，実設計では，コスト，製品の大きさなどにより，電池を決定する場合も多いでしょう．

● 大電流消費回路は間欠動作させる

外部に大電流を消費する回路がある場合，その回路を間欠動作させて消費電力を下げます．間欠動作させるための電流スイッチとして，その回路の消費電流が10 mA程度以下である場合，一般的に，I/O端子からじかにその電流を供給することができます(マイコンによって異なる)．

それ以上の場合，外部回路として電流スイッチを付けます．その電流スイッチとして，**図6**に示すようにPNP型トランジスタを使います．NPN型はコレクタ-エミッタ間電圧が0.6 V以上となるので，使用できません．

● 電池電圧の監視＆警報回路を用意する

電池の電圧を何Vまで動作させるのかで，使用できる時間は大幅に変わることはすでに説明しました．したがって，電池電圧を常に監視し，必要であれば，電池切れを警告する回路が必要となります．

周辺に大電流の回路があると，一時的に電池電圧が低下します．したがって，その大電流回路が動作しているときに電池電圧を調べることが重要です．

警報器などは，電池が消耗してしまい，緊急時に動

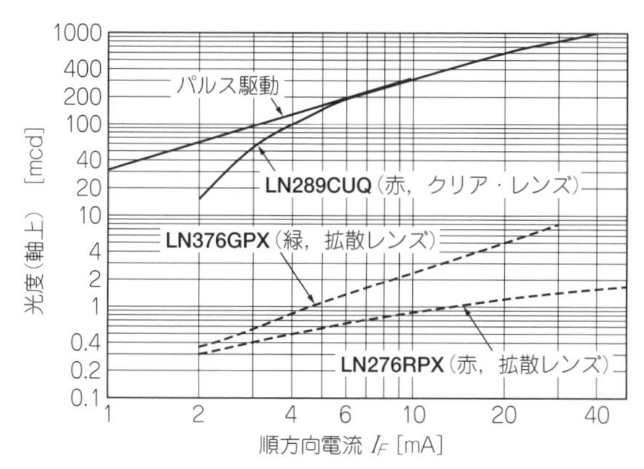

図7 LEDの順方向電流と光度の関係

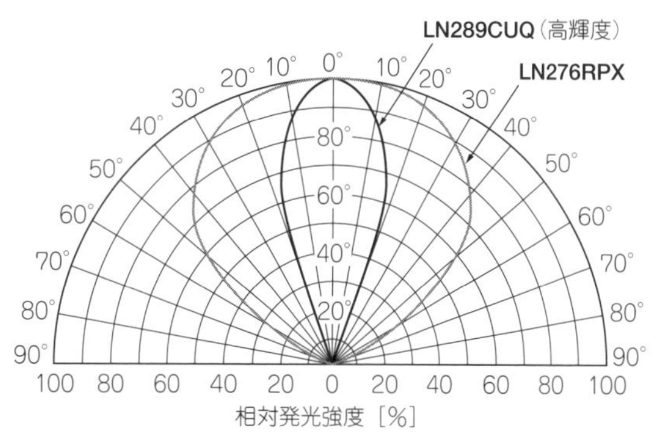

図8 LEDの指向特性

作しないとたいへん問題なので，電池切れの警報を必ず鳴らします．ただし，人がいなくてすぐに対応できない場合もあるので，音声，光などで間欠的に知らせ，最低でも数日間警告が出せるようにします．

● 温度の監視も重要

電池は図1などで説明したように，使用する温度で大幅に電池容量が変わります．したがって，温度を監視するのも重要です．少なくとも1時間に1度くらいは温度を確認し，温度が低くなったら電池切れの警報を出す電源電圧を高めにしてもよいでしょう．そうすることで，電池切れ警報を鳴らしている間の電池切れを防ぐことができます．

● 表示デバイスの選定

さまざまな情報を表示するためのデバイスとして，消費電流が大きいLEDは極力使用を避けます．

表示デバイスとしては，低消費電流のLCDが適しています．最近のマイコンには，LCD表示用モジュールを内蔵しているものも増えています．

● LEDを低消費電流で動かす方法

LEDを使いたい場合は，LEDの特性をよく知ることにより，低消費電流動作をさせることができます．

▶人間の目が明るく感じるLEDを使う

図7はLEDの順方向電流と光度の関係です．まず，LN276RPX(赤，拡散レンズ)とLN376GPX(緑，拡散レンズ)を比較すると，同じ順方向電流で光度は数倍異なります．また，人間の目は500 nm付近の感度がもっとも高いので，500 nm付近のLEDを使うと，より小さな順方向電流で同じ明るさが得られます．

いっぽう，赤色LEDどうしで比較した場合，同じ光度を得たいなら，高輝度型のほうが圧倒的に順方向電流が少なくて済みます．例えば，1 mcdの光度が必要な場合，LN276RPXでは，順方向電流として13 mAが必要です．高輝度のLN289CUQ(赤，クリア・レンズ)では2 mA以下で済みます．

▶パルス駆動することで平均消費電流を抑える

注意点は，順方向電流が小さい領域では効率が悪化し，光度は急激に小さくなっていくことです．したがって，小さな直流電流で駆動すると，発光効率は小さくなってしまいます．

そこで，パルス駆動します．**図7**において，もっとも発光効率が大きい順方向電流は10 mAなので，駆動電流を10 mAとします．そしてオン・デューティ比を10%とすると，平均駆動電流は1 mA，平均光度は30 mcdとなります．1 mcdの光度が必要な場合，オン・デューティ比を0.33%とすると，平均駆動電流はわずか33 μAで済みます．

ただし，一般に高輝度型は**図8**に示すように，指向特性がシャープで，軸上を離れると急激に光度が低下します．したがって，用途によっては十分注意する必要があります．

LEDの点灯時間は，情報を表示するだけならば，常時点灯の必要はまったくありません．例えば，3秒周期で1秒間だけ点灯したとすると，それだけでLEDの平均駆動電流を1/3にすることができます．

設計のフロー

図9に示す低消費データ・ロガーを例に，低消費電力回路の設計手順を説明します．

この回路では，2秒周期でセンサ回路により温度を測定し，そのデータをEEPROMに書き込みます．各回路の消費電流，動作時間を図中に示します．

● 動作の流れ

このデータ・ロガーのフローチャートを**図10**に示します．センシング，データ保存に要する時間はわずかなので，それ以外の時間はCPUをスリープ状態に

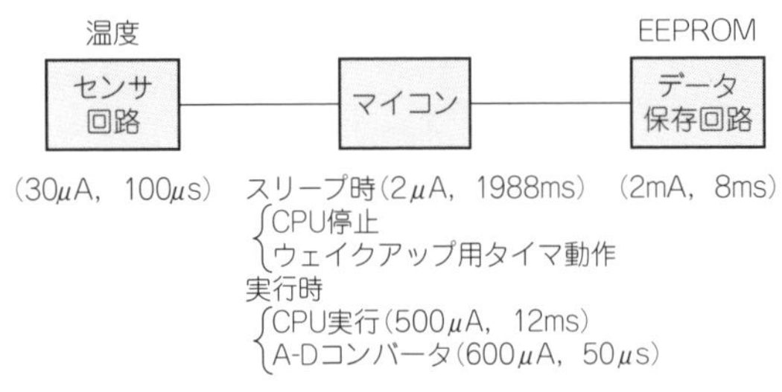

図9 低消費電力データ・ロガーの構成例
かっこの意味:(消費電流, 動作時間)

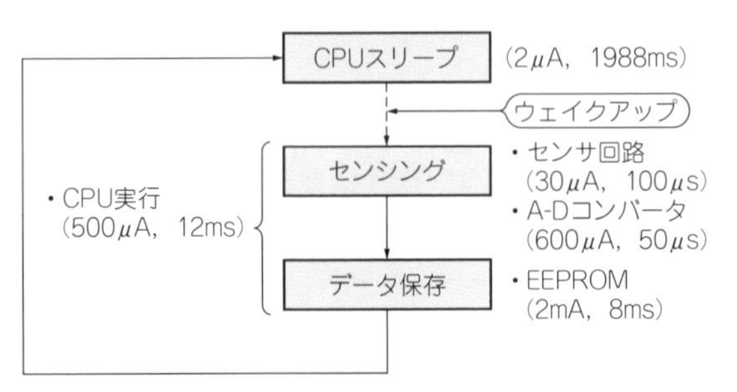

図10 低消費電力データ・ロガーのフローチャート
かっこの意味:(消費電流, 動作時間)

しておきます.

このとき, CPUコアは動作停止で, ウェイクアップ用タイマだけが動作しています. このとき, 消費電流は2 μAでその時間は1988 msです.

タイマがタイムアップすると, 割り込みによりCPUが動作を開始します. まず, センサ回路を通電し, 安定したらマイコン内蔵のA-D変換モジュールでセンサ電圧を測定します. そのときの消費電流と時間は図のようになっています. センサ電圧を測定したら, そのデータをEEPROMに保存します. それに, 2 mA, 8 msかかったとします. これらの作業で, CPUは12 ms間動作しています. 一連の作業を終えたら, CPUをスリープ状態とし, 再び2秒後に同じ一連の作業を繰り返します.

● 平均消費電流

このデータ・ロガーの平均消費電流を求めるために, **表2**(p.127)を作成します. 重要な点は灰色の部分で, まず, 最大消費電流に注意します.

次に, 平均消費電流を調べて, 仕様を満たさない場合は, デバイスを回路の変更, 動作時間の検討, 動作周期の検討などを行い, 仕様を満たすようにします.

例では, 2秒周期のロギングなので, 平均消費電流は13 μAと小さくできましたが, 1秒周期なら26 μA, 0.1 s周期なら260 μAと増えていくので, 電池, 回路, デバイスなどの再検討が必要です.

● 動作時間

各電池における動作時間を**表4**に示します. このデータ・ロガーの動作時間を1年とするならば, すべての電池でクリアできます. しかし, 最大消費電流が2.5 mAなので, SR43の場合, 推奨負荷の範囲を超えるので, 使うことはできません.

動作時間を2年としたい場合, 回路, 動作条件などを再検討すれば, CR2032で使えるでしょう. 5年であればマンガン電池を使うことができます.

◆参考・引用*文献◆

(1) ダヴィッド・リンデン編;電池ハンドブック, 朝倉書店.
(2)*トランジスタ技術, 1995年7月号, p.272, CQ出版社.
(3)*パナソニック
▶ http://industrial.panasonic.com/www - data/pdf/AAC4000/AAC4000PJ2.pdf

〈渡辺 明禎〉

(初出:「トランジスタ技術」2008年6月号)

表4 電池と動作時間の関係

電 池	容量 [mAh]	推奨負荷範囲	時間	日	月	年
SR43	125	≦ 0.23 mA	9615	401	13	1.1
CR2032	220	≦ 4 mA	16923	705	24	1.9
マンガン電池(赤)× 2	700	～ 200 mA	53846	2244	75	6.1
マンガン電池(黒)× 2	1000	～ 300 mA	76923	3205	107	8.8
アルカリ電池× 2	2000	～ 1,000 mA	153846	6410	214	17.6

停電などの緊急事態に備える

即席サバイバル回路集

そこらの部品でサクッと作るプロの技!

安価な昇圧ICで効率82%！超小型パワーLED点灯回路

即席回路 1

TO-92パッケージで1Wパワー LEDを点灯．台湾製の安価な3端子昇圧チョッパHT7733Aで作る．最低動作電圧0.7 V

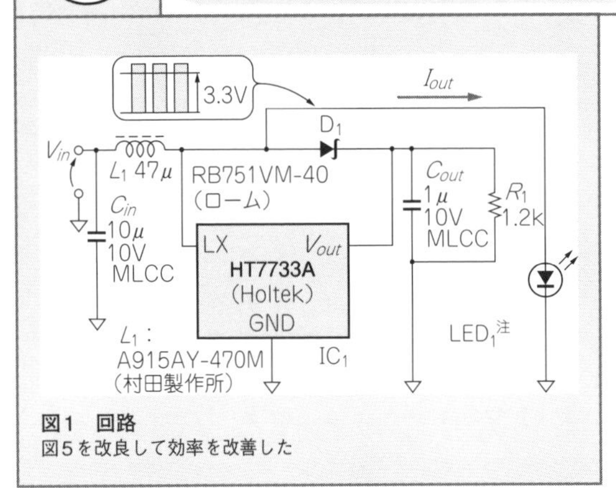

図1　回路
図5を改良して効率を改善した

電池数本を使ったLED点灯回路では，昇圧回路か降圧回路のどちらかを使って定電流出力を得る構成が一般的です．

これは，白色LED 1個当たりのV_Fが約3～3.5 V程度であることと，LEDの電流I_Fを制限する必要があるためです．電圧が十分であれば降圧チョッパか抵抗のみでの電流制限の出番です．電圧が不足する場合はチョッパやチャージ・ポンプでの昇圧回路，そして，電池電圧のぎりぎりまで動かす場合は昇降圧チョッパの出番となりますが，価格は上がります．

電池1～2本と昇圧チョッパを使って白色パワーLEDを点灯させる場合，チョッパ部の変換効率は65～70 %程度は期待できます．しかし，80～90 %を狙うとなるとそれなりに高価なICを使うことになります．本当に低価格とするならば，PNPとNPNのブロッキング発振が良いですが，部品点数が少ないため効率改善の調整箇所もあまりなく，素子特性で性能がほぼ決まってしまいます．

そこで今回は，変換効率70 %程度の低価格な昇圧チョッパICを用いて，効率を改善させる方法を検討してみました．

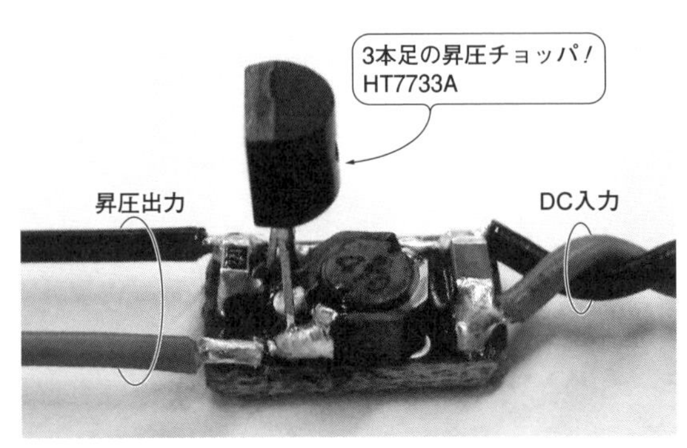

写真1　昇圧チョッパHT7733Aと周辺回路

● 回路

回路を**図1**に示します．外観を**写真1**に示します．

本来は出力を定電圧制御しているフィードバック回路を，LEDへの出力とは別に整流した負荷抵抗値で制御して，スイッチング出力端子電圧を可変にしました．

これにより，LEDの整流用ショットキー・バリア・ダイオードと電流制限抵抗を削除できるため，定電圧電源としての効率が75 %だったものを**図1**の回路では82 %程度まで改善できました．

同一損失で比較しても出力電流が増加しているため，入力電圧が2.4 Vほど確保できれば，TO-92パッケージのICでも1 WパワーLEDが点灯できます．

最低動作電圧が0.7 V程度と低いため，電池の過放電が心配ですが，個人的な使用であれば十分に使えると感じました．低価格のチョッパICなので，過放電への対策は難しいですが，用途をLEDに限定した使い方をすれば高効率化が図れます．

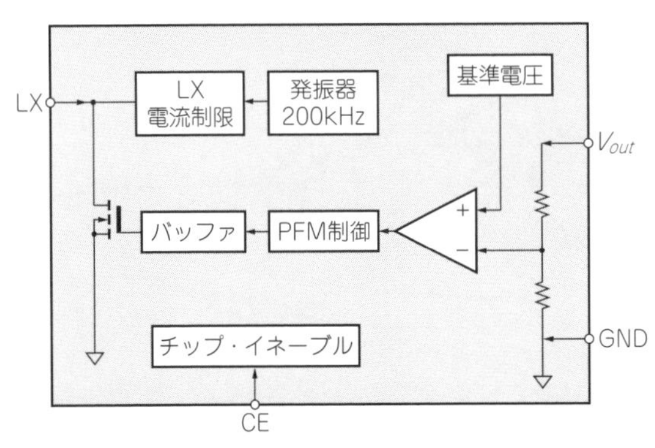

図2　3本足の昇圧チョッパIC HT77xxAのブロック・ダイアグラム

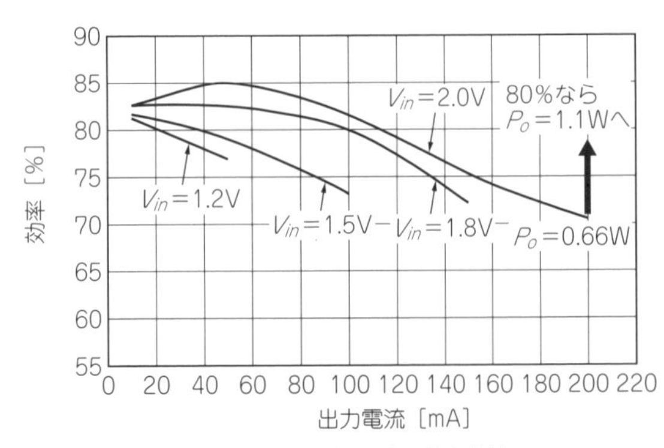

図3　HT77xxAを使った昇圧電源回路の効率特性

注：LED₁は，1 W以上のパワーLED［V_Fは3.3 V_{typ}(2.8～4.2 V)］であれば点灯可能．NCSL119T-H1(日亜化学工業)，LXM3-PW71(ルミレッズ)，XLamp XR-E LED 7D-P4(CREE)など．

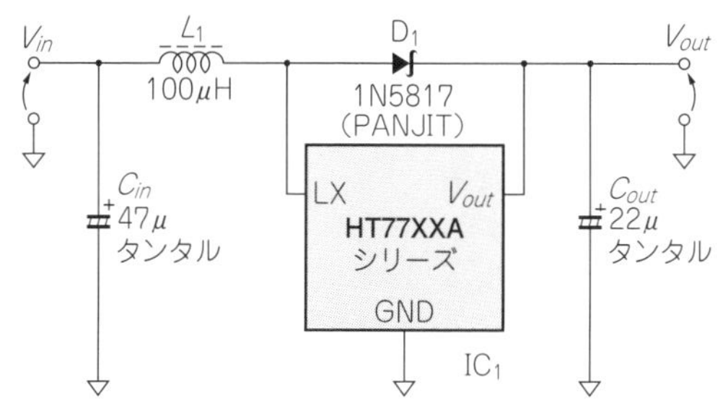

図4　メーカの推奨回路

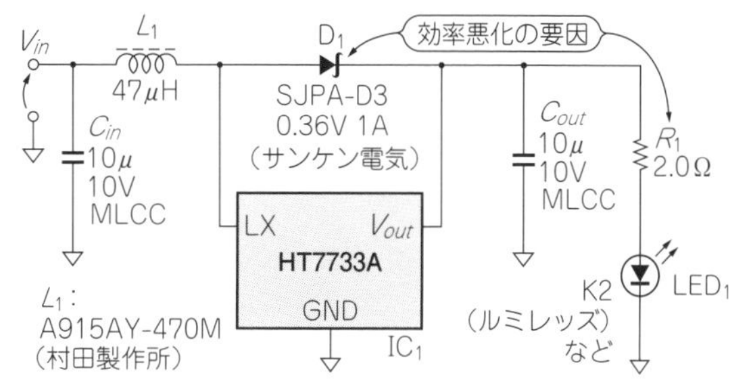

図5　図4の推奨回路をLED負荷用に変更

● 制御ICの検討

Holtek Semiconductorという台湾メーカのPFM昇圧チョッパIC HT77*xx*Aシリーズから，HT7733Aを入手しました．4個で200円と安価です．そのデータシートには以下のような特徴が記載されています．

- 起動開始電圧0.7 V_{typ}
- 効率85% $_{typ}$軽負荷時
- 出力電圧精度±2.5%
- 出力電圧ラインナップ　2.7 V，3 V，3.3 V，5 V

図2のブロック・ダイアグラムを見るとLX，V_{out}，GNDの3端子で動き，外部ON/OFFとしてチップ・イネーブル端子(CE)があります．過電流保護と思われるLX Limiter機能を持っていますので，定格以上の電流ではIC内部で制限がかかると思います．

図3の効率特性を見ると，V_{in} = 2 V時，I_o = 0.2 Aで効率η = 70 %となっています．このときV_o = 3.3 Vが出ていると仮定すると，IC内部損失P_dは以下のように推定できます．

$$P_d = (P_o/\eta) - P_o$$
$$= \{(3.3\ \mathrm{V} \times 0.2\ \mathrm{A})/0.70\} - (3.3\ \mathrm{V} \times 0.2\ \mathrm{A})$$
$$\fallingdotseq 280\ \mathrm{mW}$$

仮に効率(η)80 %を超えることができれば，内部損失を280 mWに抑えたままで出力電力P_oを0.66 W→1.12 Wへ増やせるため，1 WパワーLEDも点灯できる可能性が出てきます．この損失であれば，TO-92パッケージでも放熱は十分可能でしょう．

図3をよく見ると，入力電圧が下がると出力電流も減っていますが，これはIC内部の過電流保護が働くためと思います．そのため，全体的な効率を上げられれば，低電圧入力時でもより出力電流を多く取ることができると推定しました．

● ステップ1：標準回路からLED負荷用に変更

そこで，まずは実装面積の小型化と若干の効率アップを行うため，**図4**の標準応用回路例から，以下の定数を変更しました．

- 入出力のコンデンサC_{in}，C_{out}をタンタル・コンデンサから，チップ・タイプの積層セラミック・コンデンサ(MLCC)に変更
- L_1をデータシートの効率グラフ測定条件から47 μHに変更．ただし，最大電流でも磁気飽和しないものを選ぶ
- 整流用のショットキー・バリア・ダイオードには，より低V_Fとなるように逆耐圧の低いもの(20～30 V程度)を使う
- フィードバック系が定電圧制御のみであるため，LEDへの電流制限は抵抗で行う

変更を反映したのが**図5**です．定電圧制御の昇圧チョッパでLEDを点灯させる場合としては普通です．電流制限用抵抗を入れてありますが，V_Fと出力電圧のバランスが良ければ数Ω程度の低抵抗でよいかと思います．V_{out}端子の電圧をフィードバックしているため，C_{out}の容量をあまり小さくすると異常発振します．

図5のD_1は昇圧されたパルス電圧の整流用であり，平滑用C_{out}の電圧がC_{in}に戻らないよう逆流防止を行います．しかし，D_1のV_F分がLEDと直列に入るため，LX端子はV_F分だけ余計に昇圧する必要があります．特に出力電圧が数Vと低い場合は，効率低下の一因となります．その場合，MOSFETを使った同期整流方

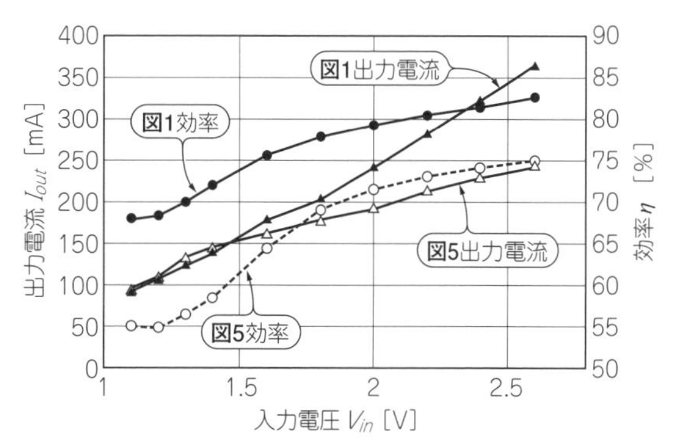

図6　回路変更前後での効率特性
パルス電圧や電流がLEDに印加されるので，ディジタル・オシロスコープを使って平均電流や平均電力を演算している

式を選ぶという手もありますが，価格は上がります．

また，D_1のほかに電流制限用R_1も入っています．これら効率を悪化させる部品が入っているため，効率は**図6**の点線のようになりました．

● ステップ2：さらに白色LED点灯に特化

図4で，LX端子はD_1のV_F分だけ高い電圧になるので，ここにLEDを付けても光ります．LEDは，電流定格$I_{F(\mathrm{max})}$と逆耐圧(白色では約5 V)の制限を守る必要がありますが，パルス電流も，規定値以下であれば流せます．一定電流で駆動するDC点灯よりも，LEDの発光効率は落ちるようですが，今回は昇圧チョッパの効率改善が主目的です．そこで**図1**では，整流ダイオードを通さずにLX端子のパルス電圧で直接LEDを点灯させます．これで**図5**のダイオードD_1と電流制限抵抗R_1の損失はなくなるため，効率は大幅に改善します．ただし，この結線では電圧が高すぎて定格電流オーバーの可能性がありますので，電圧フィードバック端子であるV_{out}端子に一工夫してみました．それは，V_{out}端子電圧を外部で調節することでLX端子電圧を制御し，等価的にLED電流を制限する方法です．

V_{out}端子には小容量のD_1とコンデンサC_{out}，そして並列に抵抗R_1を接続します．ICはC_{out}電圧が3.3 Vとなるように制御するため，D_1のアノード側はパルス電圧ではありますが，3.3 VよりV_F分だけ上昇しています．

もし，負荷抵抗R_1の抵抗値を下げた場合，ICは出力電圧が下がらないように周波数やスイッチング電流を増やす制御となります．このときにはLX端子電圧も上昇するため，LED電流が増加します．逆にR_1の抵抗値を上げた場合では，出力電圧が上がらないように制御しますのでLED電流が減少します．今回の抵抗値は，入力電圧の上限2.6 Vを決めておき，その状態で$I_{F\mathrm{max}}$付近となるように実験で決めました．なお，LEDと並列にコンデンサを入れると，電荷が残った場合にLX端子でショートすることになるので，ここに入れてはいけません．

〈吉永 充達〉

(初出：「トランジスタ技術」2011年12月号)

即席回路 ②

メンテナンス・フリーのエマージェンシーLEDライト

寿命の短い電池はいざというときに役に立たない．取り扱いが簡単で安全な電気二重層コンデンサを充放電．5分間連続点灯

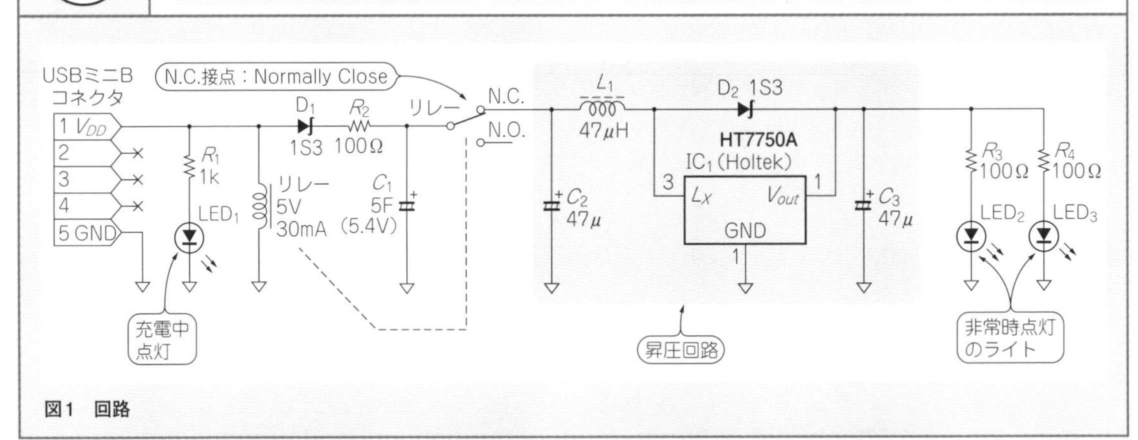

図1　回路

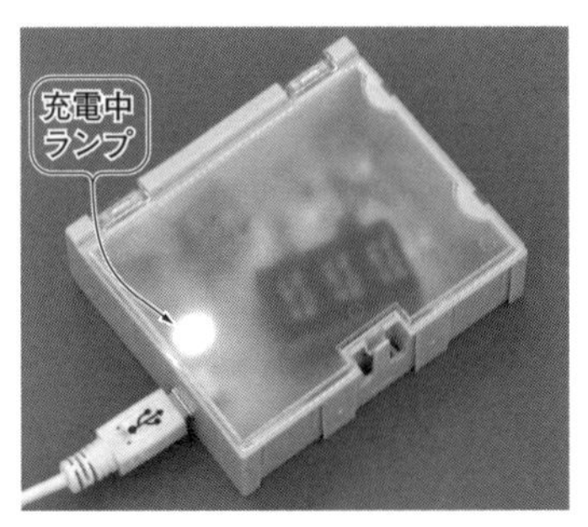

(a) 待機状態(充電中)

(b) 点灯状態(非常時)

写真1　製作したLEDエマージェンシー・ライト

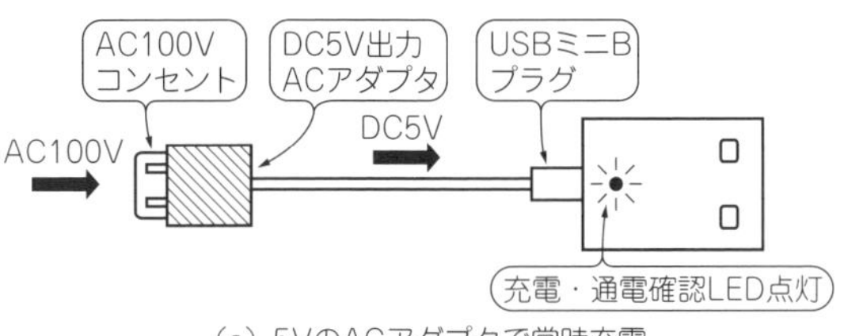

(a) 5VのACアダプタで常時充電

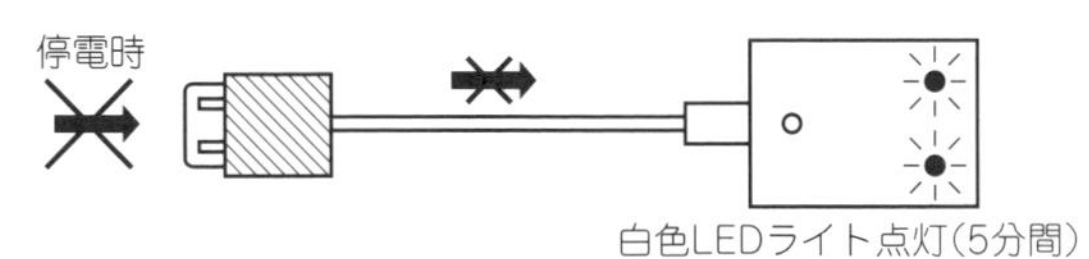

(b) 停電時はライト点灯

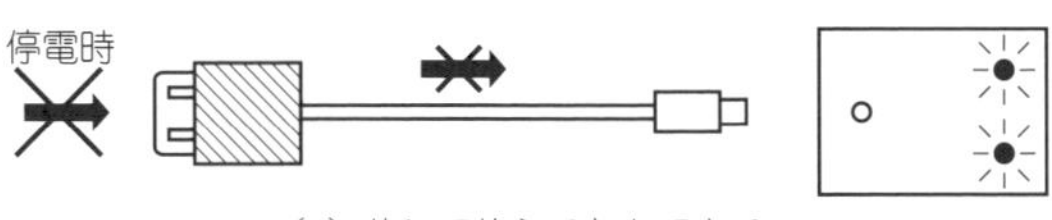

(c) 外して使うこともできる

図2　使い方

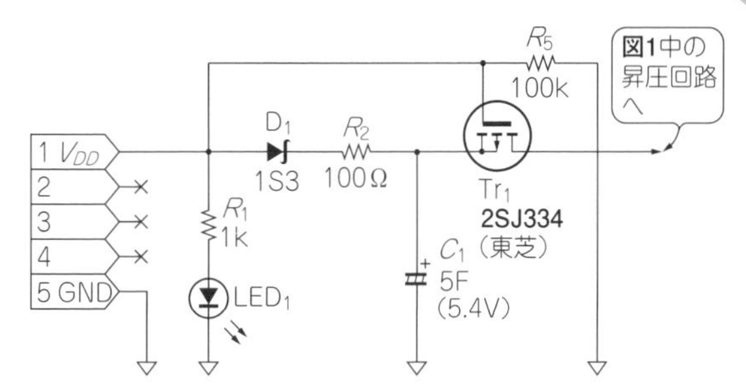

図3　リレーの代わりにPチャネル・パワーMOSFETを用いたエマージェンシー・ライトの回路図

写真2　エマージェンシー・ライト基板
右側に2つ見える四角の部品が高輝度白色チップLED．コネクタとリレーに空中配線している箇所がある

もし深夜に地震などの災害が発生して停電になったら，暗闇の中を避難するのは困難ではないかと思います．そこで万が一に備えて，停電時に自動点灯するLEDエマージェンシー・ライト(**写真1**)を製作しました．電力を蓄えるのには電気二重層コンデンサを用いています．

● 回路

製作したエマージェンシー・ライトの回路を**図1**に示します．

● 使い方

使用方法を**図2**に示します．

電源には，DC5V出力で，USBミニBプラグのついたACアダプタを用います．携帯電話やシリコン・オーディオ・プレーヤなどによく用いられているタイプのものです．家電量販店やコンビニで容易に入手可能です．

通常はエマージェンシー・ライトにACアダプタを挿しっぱなしにして，内部の電気二重層コンデンサを常時充電しておきます．停電すると自動的に高輝度白色LEDが点灯します．コンデンサが完全に放電するまで約5分間は十分な明るさが得られます．

ACアダプタを取り外してもLEDは点灯状態を保ちますので，5分間点灯している間にライトを持って懐中電灯やロウソクを探せばよいでしょう．災害時に緊急避難する際には，避難路を照らすライトとして使用できます．

● 動作

ACアダプタをUSBミニBコネクタに接続して給電中は，電気二重層コンデンサC_1を充電します．リレー・コイルに電流が流れてリレー接点はN.O.(Normally Open)側になりますので，回路図右側のHT7750Aを用いた昇圧回路と白色LED(LED_2, LED_3)は電気二重層コンデンサから切り離されます．コンデンサの充電電流は抵抗R_2によって最大50 mA(＝5 V/100 Ω)以下に抑えられます．リレー・コイル(直流抵抗167 Ω)の通電電流を合わせても消費電流は100 mA以下ですから，ACアダプタは出力電流100 mA程度の小出力のものでも使用可能です．

停電して電源の供給が絶たれると，リレー接点はN.C.(Normally Close)側に接続され，電気二重層コンデンサを電源として昇圧IC HT7750Aで生成した5 Vの電圧で高輝度白色LEDを駆動します．赤点線枠内が昇圧回路です．電気二重層コンデンサからリレー・コイル側への電流の逆流はダイオードD_1により阻止されます．実は回路を修正してリレー接点の接続方法を変えれば，D_1は省略可能です．

より容量の大きい電気二重層コンデンサを使えばLEDの点灯時間を延ばすことが可能です．さらにコンデンサの代わりに2次電池を使えば，もっと長時間LEDを点灯することが可能ですが，電池の劣化やメンテナンスの問題を気にする必要のない電気二重層コンデンサを使いました(2次電池を用いた業務用の非常用照明装置は機能を維持するための定期的なメンテ

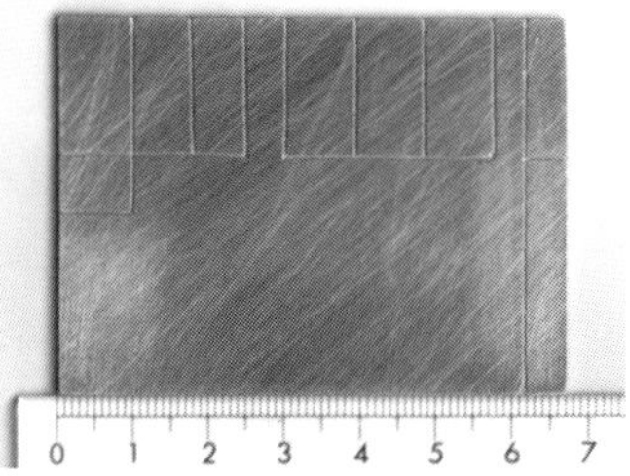

写真3　プラスチック板用カッタで加工済みの銅張り生基板(67×47 mm)

写真4　専用のピッチ変換基板に実装されたUSBミニBコネクタ(サンハヤトCK-36)

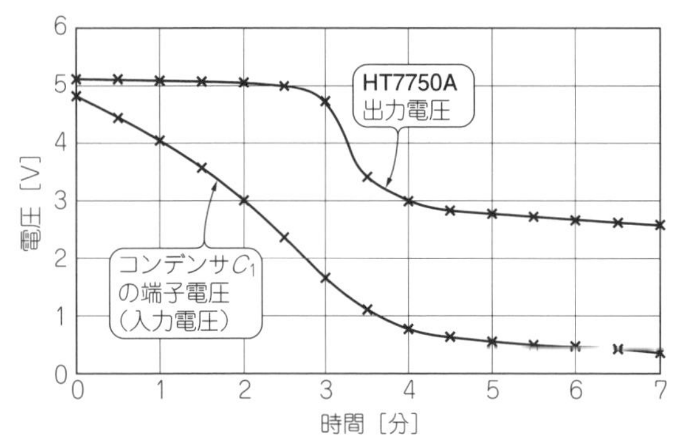

図4　昇圧回路の入出力電圧特性(実測データ)
コンデンサを満充電した後に放電(白色LED点灯)したときのコンデンサの端子電圧(昇圧回路入力電圧)と昇圧回路の出力電圧

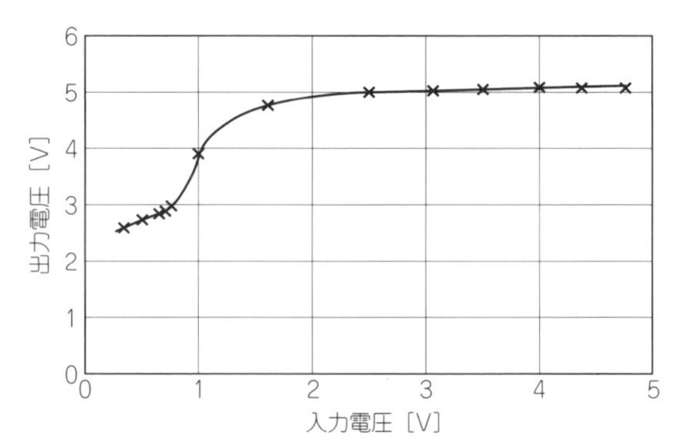

図5　昇圧型の電源制御IC HT7750Aの昇圧特性
負荷に非線形な白色LEDを接続した状態での測定データ

ナンスが必須)．ただし電気二重層コンデンサは特性の経年変化が完全に0なのではなく，長期間の使用により徐々に容量は減少していきます．

図1では回路の切り替えにリレーを使っていますが，代わりにPチャネルのパワーMOSFETを使った回路にもできます(**図3**)．リレーを使った場合と比較して，待機状態での消費電流は小さくなりますが，MOSFETによる電圧降下が生じるので，LEDの点灯時間に関してはやや不利になります．

● 製作

製作したエマージェンシー・ライト基板の写真を**写真2**に示します．ケースには秋月電子通商から販売されているプラスチック・ケースを用いました．

基板は銅張り生基板を用い，プラスチック板用のカッタを使って溝を彫った後に(**写真3**)，部品を実装しました．プラ板用のカッタは模型店などでも容易に入手可能です．

USBミニBコネクタはスルーホール実装用のものを用い，端子が浮いた状態でフレームの足を基板にはんだ付けして，端子には空中配線しています．代わりにサンハヤトのコネクタ付属の変換基板(**写真4**)を用いてもよいでしょう．

電気二重層コンデンサには必ず耐圧5V以上のものを使ってください．

昇圧ICにはHoltekのHT7750A(出力電圧5V)を用いています．入力電圧範囲が1.2～5V程度と広い上に，外付け部品が少なく使いやすいICです．入力電圧によって最大出力電流は変動しますが，入力電圧1.5Vのときに100 mA程度の出力電流が得られます．ただし出力電圧は5Vよりも若干低下します．47 μFのコンデンサは耐圧10V以上の積層セラミック・コンデンサや電解コンデンサを使ってください．昇圧回路の特性をシビアに問題にするような用途ではありませんから，高価なタンタル・コンデンサでなくても大丈夫です．同様に昇圧用のコイル(47 μH)も特別に大型で低抵抗のものを選ぶ必要はありません．ただし，直流抵抗がかなり大きめのリード抵抗形の小型の高周波チョークは使用を避けたほうがよいでしょう．

昇圧回路部分(**図1**の中央部)は，秋月電子通商より販売されているDIP形状のHT7750Aを搭載した昇圧モジュールを使ってもかまいません．その場合は，CE(Chip Enable)端子の処理に気をつけてください．

白色LED(LED_2，LED_3)には広角のチップLEDを2個用いていますが，リード付きの砲弾型パッケージのLEDでもかまいません．広角LEDを複数使うと，きつい影のできにくい拡散光になるので，探し物をしたり避難時に足下を照らすのに適しています．使用しているLED(OSW5DLS1C1A)の順方向電流の絶対最大定格は30 mA(連続)，100 mA(パルス)です．定格に合わせてR_3，R_4の値は100 Ωとしています．

ダイオードD_1，D_2には電圧降下の少ないショットキー・バリア・ダイオードを用いています．小信号用のシリコン・ダイオードでも，LED点灯時間は短くなるものの，回路は動作します．

リレーは横倒しに基板に接着して，一部の端子は空中配線しています．

● 電気二重層コンデンサの放電特性と昇圧回路の動作特性

点灯状態になった時の電気二重層コンデンサの端子電圧(昇圧回路の入力電圧)とHT7750Aを用いた昇圧回路の出力電圧の実測例を**図4**に示します．グラフでは3分を過ぎると急激に昇圧回路の出力電圧が低下していますが，目視では，4～5分程度まで手元を照らすのには役立つ輝度をLEDは維持しています．

使用している白色LEDは順方向電圧降下が2.9～3.6 Vのものなので，HT7750Aの代わりに出力電圧3.3 VのHT7730Aを用い，LEDの電流制限抵抗100 Ωの値をもっと小さくすれば，点灯時間を延ばせるかもしれません．ただし，LEDの特性バラツキや周囲温度などによる特性変動を考慮して，過大な電流が流れないように適切に電流制限抵抗の値を設定する必要があります．

図4のデータを，横軸をHT7750Aの入力電圧(電気二重層コンデンサの端子電圧)，縦軸を出力電圧としてプロットしなおしたものが**図5**です．この昇圧特性のグラフは負荷に非線形な特性をもつ白色LEDを接続した状態で測定したもので，HT7750Aの出力電流は一定ではありません．

● おわりに

緊急時に冷静に行動するのは難しいものですから，停電で自動点灯してくれるエマージェンシー・ライトは，万が一の際にきっと役立ってくれるでしょう．筆者は3台製作して寝室やトイレに設置しています．

なお，電気二重層コンデンサを用いたメンテナンス・フリーの回路ではありますが，念のために，年に一度はACアダプタを外してLEDが自動点灯するかどうかの動作確認を欠かさないようにしましょう．想定外の災害発生時に，想定外の故障で役に立たなくなってしまっていたのでは，元も子もありません．

〈山口 晶大〉

(初出：「トランジスタ技術」2011年12月号)

即席回路 ③ 停電に気づかない日中に！ブザーで知らせてくれる回路

100 Vが切れるとブザーと電池がリレーで自動的に接続される

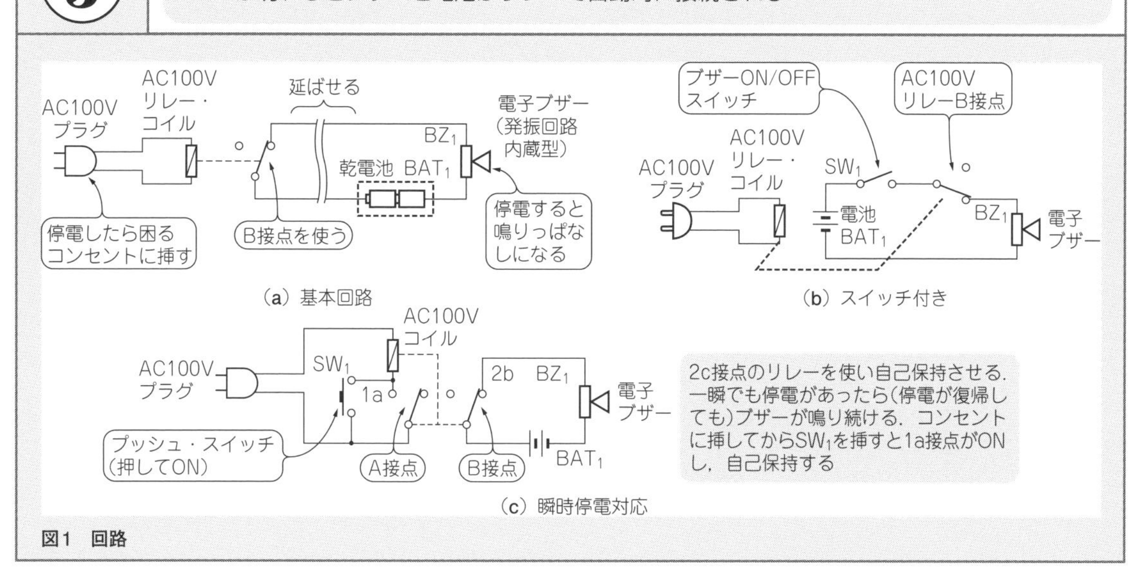

図1　回路

● 作ったもの

停電したとき，照明やテレビが点いていれば，暗くなるのですぐ気が付きます．しかし，ヒータや冷凍冷蔵庫など音を出さずに動作する装置しかないと，停電してもわかりにくいものです．

町全体の停電となると電力会社が原因ですが，特定のコンセントにだけ電気が来ないのは，たいていは人のミスです．知らずに重負荷(湯沸かしポット＋ホットプレートなど)をかけてブレーカを飛ばし，枝分かれしてつないでいた装置を止めてしまう．使っていない延長コードだと勘違いしてプラグを抜いてしまったり足で引っかけて抜いてしまう．あるいは発電機の燃

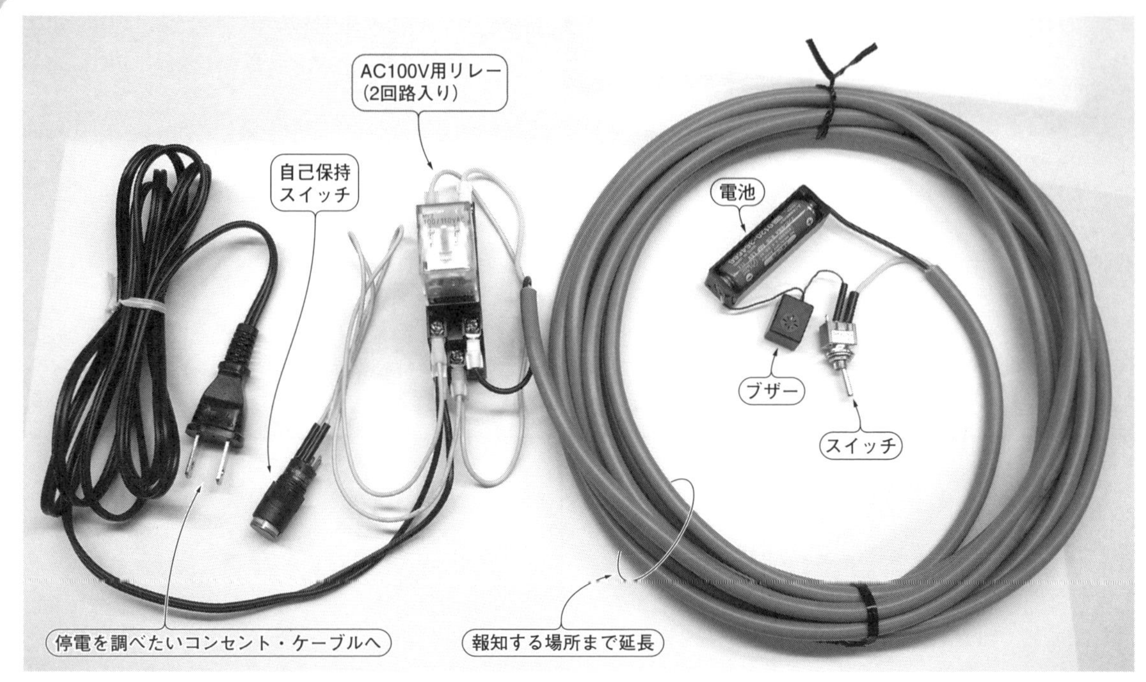

写真1　図1(c)の試作例

料切れに気付かないなど，思いもかけない原因で停電が起こります．

そんなとき，停電があったことを音で知らせる回路を作りました．

● 基本回路

図1(a)は，コンセントに100 Vが来なくなったときにブザー報知する回路です．

AC100 VリレーのB接点を使い，停電をブザーで報知します．停電したらリレーがOFFし，B接点が閉じてブザーと電池がつながります．停電している間はずっと鳴り続けます．ですので，使わないときは電池を抜いておかなければなりません．

乾電池2本で図示しましたが，ブザーの定格に合わせて電池のサイズと本数を選びます．待機時に電流は流れないので，ブザーを鳴らすことができれば小型の電池でもかまいません．防犯ブザーを改造して鳴らしてもよいでしょう．

● 電池を抜かなくてもよいようにスイッチ付き

音を消すのに電池を抜かなくてよいようにON/OFFスイッチを付けたのが**図1(b)**です．でも，これだと誰かが知らないうちにスイッチをOFFしてしまうかもしれません．せっかくの報知が聞こえないということがないよう，簡単に操作できないような工夫が必要です．

● 短時間の停電にも対応するタイプ

図1(a)も**図1(b)**も停電復帰でブザーが鳴りやむので，短時間の停電だと気が付かない場合があります．

停電復帰後に再起動や再設定が必要な機器のための回路が**図1(c)**です．リレーを自己保持させ，停電すると自己保持が解除されてブザーが鳴り続けます．製作した例を**写真1**に示します．

リレーには2回路の独立した接点が必要です．電源接続後にプッシュ・スイッチSW_1を押すとリレーがONし，接点1aが閉じて自己保持します．SW_1をOFFしてもリレーはONし続けます．

停電でリレーがOFFすると同時に接点1aもOFFし自己保持が解除されます．そして接点2bがONしてブザー回路がつながります．

● ミニ知識…リレーのいろいろ

- a接点：リレーコイルの通電でONする接点
- b接点：通電でOFF,非通電でON(NO接点と同じ)
- 2c接点リレー：a-b接点(トランスファ接点)が2回路あるリレー

自己保持用には，2c接点リレーが必要です．

〈下間 憲行〉

(初出：「トランジスタ技術」2011年12月号)

即席回路 ④

電池を使わない太陽電池-LED直結タイプの物陰ライト

暗い物陰を照らすのに便利．電池の要らないシンプル構成

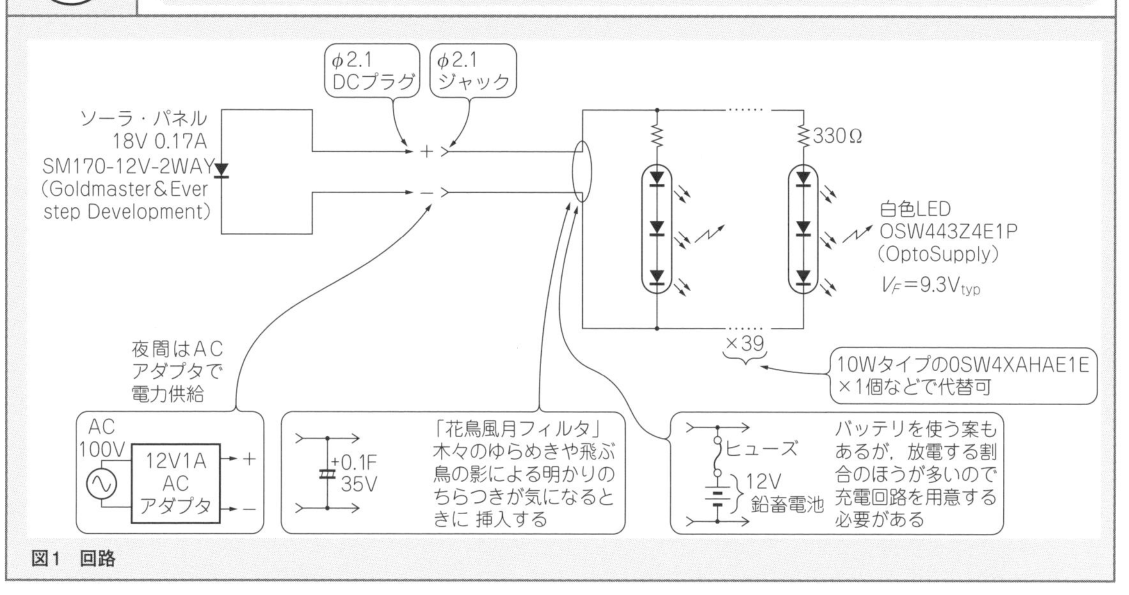

図1　回路

節電で昼間の照明が消灯されていることがよくあります．しかし，日中の外光を頼りにしているところでは必ずしも均等な明るさになりません．物陰が暗くて危険を感じることもあります．戸外は明るいとしても，陰になる場所を外光を導いて照らすのは容易ではありません．

太陽光発電を利用するのが簡単そうですが，本格的な設備は市販の製品にしても自作にしても大げさです．しかし，単体の部品としてのソーラ・パネル，照明用の白色LEDともに低価格化が進み，一般にも入手が容易になってきています．

ソーラ・パネルと白色LEDを直結するだけである程度の照度を得ることができました．

● 回路

図1に回路を示します．ソーラ・パネルとLEDを直結します．**図2**はソーラ・パネルの出力電流対出力電圧の模式図です．負荷を重くしていくと電流を維持したまま電圧だけが下がる定電流特性です．出力電流が最大になるのはV_{out} = 0 V時つまりは出力短絡時です．しかし，この状態では出力電圧がゼロなので，電力を取り出すことができません．

パネルの最大出力「電力」は，V_{out}が開放電圧より若干低めのI_oとの積が最大となる点で発生します．この最大出力点は光の照射状態に連動して変化します．ちなみに，この特性を考慮し，入力側でパネルの最大出力点を追跡しながら電力を出力に渡し，一定の電圧を出力するのがMPPT(Maximum Power Point Tracking)と呼ばれる回路です．

しかし，照射光に応じた最大出力まで欲張らなければ，ある程度の電圧を維持しながら電流を取り出すことで，それなりのパワーを得られます．

一方，負荷になる白色LEDは順方向電圧V_Fが高い以外には一般のLEDと同様に，電流が変化してもV_Fがほぼ一定となる定電圧特性です．

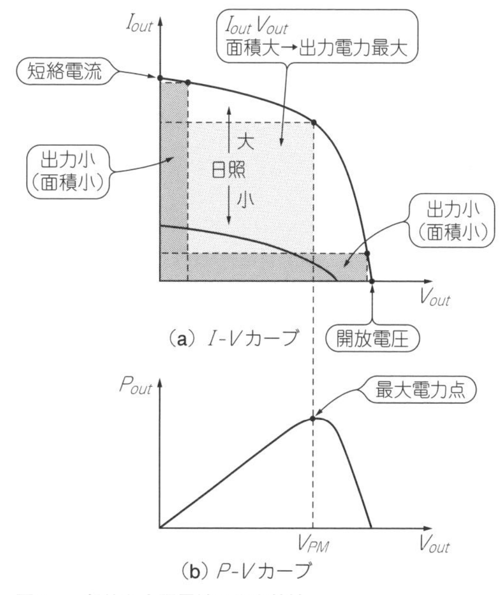

図2　一般的な太陽電池の出力特性

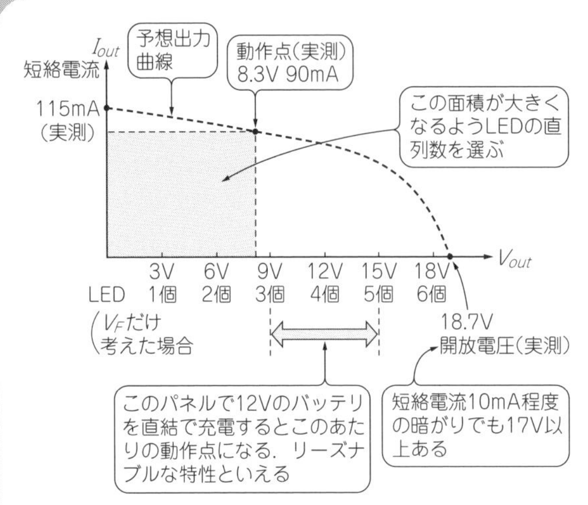

図3 実験に使った太陽電池の出力特性(実測)

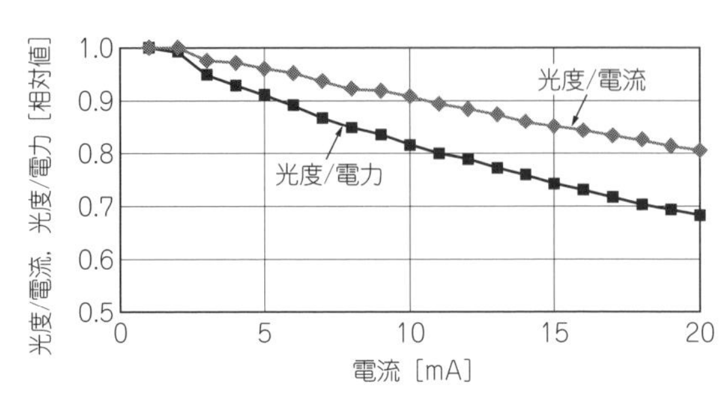

図4 実験に使ったLEDの発光効率

ということは，ソーラ・パネルにLEDを直結すると定電流ダイオードでLEDを駆動するのと同様で，V_Fがほぼ一定のまま電流を流せることになります．青黄型の白色LEDでV_Fは約3Vです．開放電圧が20V近くある12V系のソーラ・パネルでは最大出力点よりかなり低くなりますが，3素子か4素子直列にすればちょうどよくなります．

一定電流ではLEDの全光束は直列にするLEDの個数に比例しますが，V_Fをあまり高く取りすぎるとパネルに照射する光量が減って出力電圧が下がったときに点灯しなくなります．今回使用したLEDはパッケージ内で3素子が直列になったV_F≒9Vのものです．V_F≒3VのLEDを使えれば設計の自由度も上がります．

● 特性

おてんとうさま相手なので思うようにデータが取れていませんが，概略は以下のような感じです．

ソーラ・パネルがほぼ最大出力となる真夏の晴天時，短絡電流180 mA，76 lux(1 m直下)です(**図3**)．曇天時は昼下がりでも10 luxが得られません．

夜間や曇天時はあきらめて他の手段が必要ですが，日中の外光を室内に導入するという役割は果たします．

パネルの大きさを見積もってみます．市販のLED電球の明るさは白熱電球20 W相当で170 lm(ルーメン)，40 W相当で485 lmだそうです(1)．現在一般に出回っている照明用白色LEDの発光効率は100 lm/W前後なので，数Wの発電量があればなんらかの灯(あか)りは点(とも)りそうです．

パネルが大きいほど発電量は増えますが，ほぼ発電量に比例して値段も上がりますし，大型になって取り回しに困るので，3～10 W程度のものが実験しやすいと思います．そうなると機種も限定されてきます．直結で12 Vのカー・バッテリを充電できる電圧仕様のものが後々の応用も利くと思います．

ソーラ・パネルの電力を最大限取り出すことができたとしても，照明光に変換することができなければ意味がありません．ソーラ・パネル側に最大出力点が存在するように，LEDにも発光効率の最大点が存在します．通常，入力電力が大きな領域では発光効率は小さくなります(**図4**)．しかし極端に大きな電力を入力しない限り，今回のようにラフな使い方では気にするほどではないと思います．白熱電球のように入力電力の減少に連れて発光効率が極端に減少することもありません．ゆえに，ソーラ・パネルの最大出力時にもLEDの定格に充分余裕があるような控えめな使い方をすることにします．

発光効率は1 Wあたりの光束(単位：lm/W)で規定されます．同じLEDに同じ電流を流して使えば，単純に1個より3個のほうが3倍明るい(3倍の光束が得られる)のは感覚どおりです．

夜間や曇天時は，**図1**のLED部に12 VのACアダプタをつなぐと約5 W入力のLED照明になります．この時，LEDの点灯電流はトータルで400 mAほどです．およそ200 mA弱のパネルの最大出力電流に対して余裕がありすぎます．しかし，ソーラ・パネルの出力電流があり余ってLEDに流す手前で制限をかけるより，このほうが簡単です．

太陽光の強弱がLEDの明るさに直結します．木陰の揺らぎや鳥の影などで明かりがちらつくのが気になる場合は，大容量の電解コンデンサをパネルに並列に入れます．発展形はバッテリを使うことですが，この作品の身上である簡便さは失われてしまいます．

〈佐藤 尚一〉

◆参考文献◆

(1) 日本照明工業会；電球形LEDランプ性能表示等のガイドライン，2013年7月．
https://jlma.or.jp/led/pdf/LED_denkyugata_guide.pdf

(初出：「トランジスタ技術」2011年12月号)

即席回路 5

AC100 Vで感電するのを避けられるLED検電回路

金属部分がビリッとするかどうかが触る前にわかる．入手しにくいネオン管を使わなくて済む

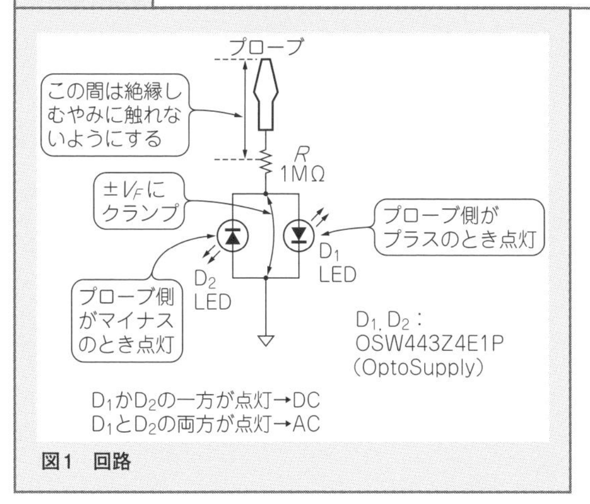

図1　回路

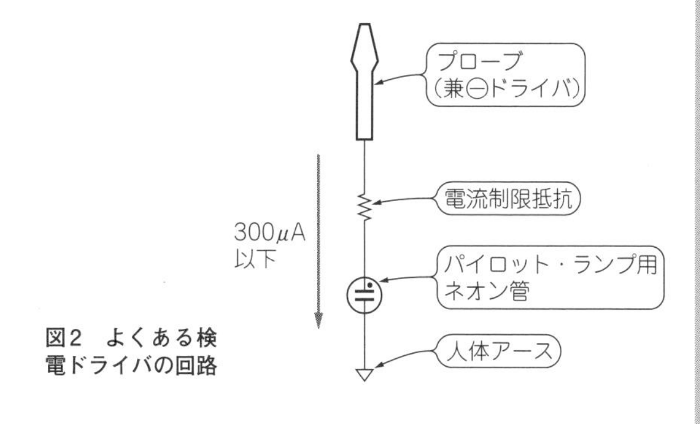

図2　よくある検電ドライバの回路

パソコンや測定器の金属部分に触れて，電撃まではいかないまでもピリッと多少の不快感を覚えることがあります．

漏電かと思いハンディ・テスタでボディ・アース対ケースの電位差を測るとAC50 V前後の値が出ます．AC100 Vには極性があるため，GNDのつながった機器が複数あると，このような感電の可能性が出てきてしまうのです．

機器をコンセントに接続するとき，テスタで測って極性を調べればよいのですが，そのたびにテスタを持ち出すのも面倒です．

このような用途には，検電器がよく使われます．商用電源のACラインが供給されているかどうかをチェックする器具です．ネオン管を内蔵したマイナス・ドライバ形状のものが広く使われていますが，今風に高輝度LEDを使ったものを作ってみました．

● 回路

高輝度LEDを使い，シンプルながら新しい性能と機能をプラスしてみた検電器の回路が**図1**です．

- 交直両用
- 最低AC10 V程度と低い電圧から検知可能
- 交流直流の判別，直流時の極性判別可能

▶ネオン管の代わりにLEDを使うには…

市販のドライバ型の検電器は**図2**のような回路が普通で，今でも使われています．初歩の工作記事の題材にもよく使われていたと思います．今ではネオン管があまり一般的ではなく，単体では入手しにくくなってきました．さらに，表示用ネオン管の放電開始電圧は通常50 V以上なので，製作のきっかけになった50 V未満の電圧を検知できるかどうか不明です．

市販の一般的な検電器(低圧型)の電流制限抵抗は600 Vまで使用できるタイプで2 MΩ以上です．点灯時の電流は多く見積もっても0.3 mA以下に抑えられていることがわかります．この電流値を表示用のLEDに流したとすると，室内の照明下で点灯が確認できるかどうかでしょう．市販の検電ドライバの中にはLED表示で電池内蔵のものがあります．電池内蔵なのは，アンプを内蔵しているためでしょう．

ところが最近，照明用の高効率な白色LEDが安価に出回るようになりました．LEDは小さな電流でもあまり発光効率が落ちません．これを使えば100 μA以下の電流でもかなりの輝度で光ります．今回はOptoSupply社のOSW443Z4E1PというLEDを使いました．データシート上はI_F = 30 mAで全光束30 lmという性能です．この時V_F = 9.9 V_{typ}なので発光効率は実に100 lm/W以上となります．

▶LEDを使う場合の注意点

LEDを使う場合，逆耐圧に注意しなければなりません．OSW443Z4E1Pの逆耐圧はV_R = 15 Vです．大きな値の電流制限抵抗が挿入されているのですぐに致命的なダメージを受けることはないはずです．しかし，PN接合一般の話で逆耐圧を超えると微小な電流でも徐々に結晶が破壊されていくと言われています．**図1**のように保護ダイオードを逆方向に並列にすると逆方向の電圧は保護ダイオードのV_Fにクランプされます．これを発展させて同じLEDを並列にすると交流と直流の判別，および直流の極性判定が一挙にできます．両方点灯すれば交流，片方なら直流です．完全に交流専用にする場合は**図3**のように直列にコンデンサを入れるとよいでしょう．

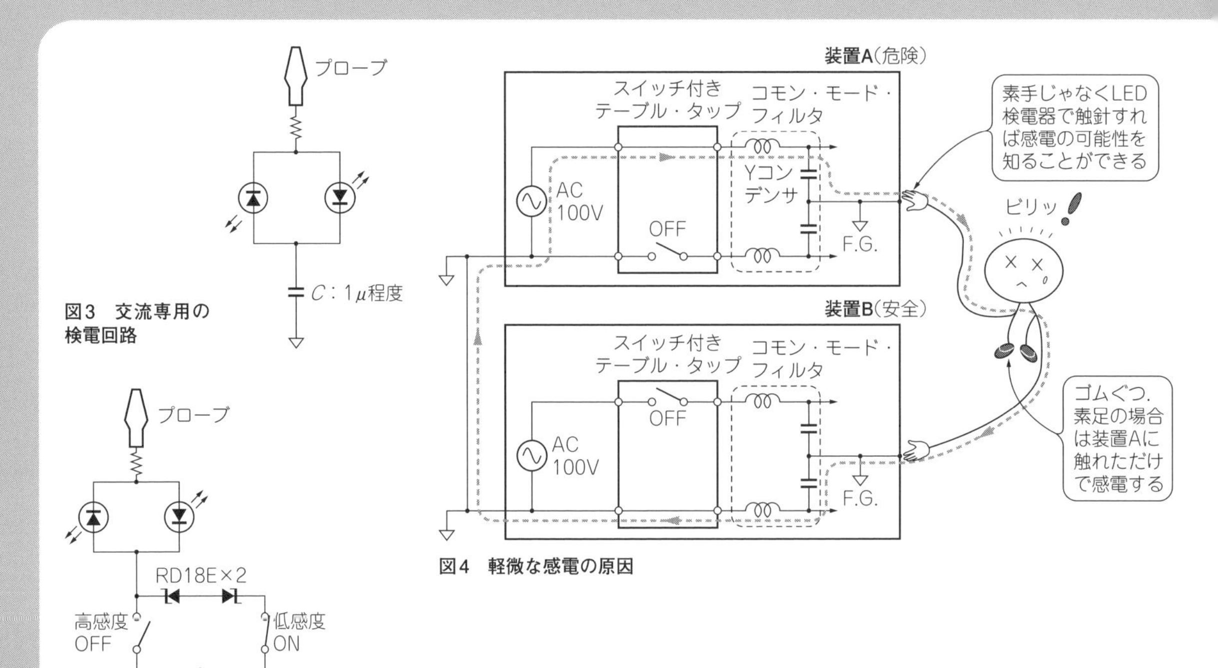

図3　交流専用の検電回路

図4　軽微な感電の原因

図5　感度を鈍らせる方法

● なぜ感電するの？

図4に感電の状況を示します．器具の電源に，節電のため個別スイッチが付いたテーブル・タップを使うとします．このスイッチでOFFになっている器具が問題です．

テーブル・タップのインレットの極性が逆で，そこに接続された器具に内蔵されているコモン・モード・ノイズ対策用のYコンデンサから，ケースを通し，さらに接続ケーブルを渡って別の機器まで達することもあります．

壁のコンセントは，穴の長いほうがアースに接続されるという決まりになっていますが，テーブル・タップでは極性が明確でないものが多いようです．逐一テスタで測るのも面倒です．今回製作したような小型の検電器であれば，ちょっと使うのに便利です．

● 感度の調整も可能

OSW443Z4E1Pは内部で3個のLED素子が直列になっています．このためV_Fが9.3 Vと高くなっていますが，1 MΩの高抵抗を介しても10 V前後から徐々に光り始めます．ネオン管の放電開始電圧よりはずっと低いので今回の用途には好都合です．

しかし，用途によってはあまり低い電圧から光ってほしくない場合もあるかもしれません．このような場合，**図5**のようにツェナー・ダイオードを直列に入れる方法が考えられます．グラウンド側にツェナーを入れ前後にタップを出すようにすれば，感度調節の機能も付きます．ただし，LEDの輝度と電流の関係は連続しており，点灯，消灯の境があいまいなので，正確な電圧は読み取ることができません．

● 製作時の注意点

正式な検電器は労働安全衛生規則第339条などで使用することが規定されています．その仕様は，製作者に一任されてきました．

今回の作品は法律の対象となる業務に使用する目的で製作したものではありません．製作と使用は，安全衛生を理解のうえ自己責任にて実施してください．

回路の一端が人体を通じてグラウンドに接続されるため，配線や部品選択，取り扱いのミスが即，感電事故につながります．一応AC50 V程度の軽微なリークの検出を目的としていますが，AC100 Vラインを触ってしまっても大丈夫なように直列抵抗を1 MΩとして，AC300 Vまで使用可能な製品に準じています．直接100 Vをかけても100 μA以下しか流れません．

しかし，いきなりAC100 Vラインを触らないようにしてください．動作テストは，低い電圧からでも点灯するので，実験用の電源を用いて行えます．今回の目的では点検対象の素性がわかっていますが，不明な現象の点検には使用しないでください．高圧を触って事故につながる恐れがあります．もちろん心臓に疾患のある方や携行型の電子医療器具を着装している方などの使用は厳禁です．

〈佐藤 尚一〉

◆参考文献◆

(1) 長谷川電機工業：検電器総合カタログ，Vol.2.

(初出：「トランジスタ技術」2011年12月号)

索引

〈**筆者一覧**〉 五十音順

佐藤 尚一
下間 憲行
武田 洋一
中寺 和哉
中野 正次
並木 精司
野田 龍三
府川 栄治
藤岡 洋一
圓山 宗智
弥田 秀昭
山口 晶大
吉永 充達
よし ひろし
渡辺 明禎

●**本書記載の社名，製品名について** ― 本書に記載されている社名および製品名は，一般に開発メーカーの登録商標または商標です．なお，本文中では ™，®，© の各表示を明記していません．
●**本書掲載記事の利用についてのご注意** ― 本書掲載記事は著作権法により保護され，また産業財産権が確立されている場合があります．したがって，記事として掲載された技術情報をもとに製品化をするには，著作権者および産業財産権者の許可が必要です．また，掲載された技術情報を利用することにより発生した損害などに関して，CQ出版社および著作権者ならびに産業財産権者は責任を負いかねますのでご了承ください．
●**本書に関するご質問について** ― 文章，数式などの記述上の不明点についてのご質問は，必ず往復はがきか返信用封筒を同封した封書でお願いいたします．勝手ながら，電話でのお問い合わせには応じかねます．ご質問は著者に回送し直接回答していただきますので，多少時間がかかります．また，本書の記載範囲を越えるご質問には応じられませんので，ご了承ください．
●**本書の複製等について** ― 本書のコピー，スキャン，デジタル化等の無断複製は著作権法上での例外を除き禁じられています．本書を代行業者等の第三者に依頼してスキャンやデジタル化することは，たとえ個人や家庭内の利用でも認められておりません．

JCOPY 〈出版者著作権管理機構委託出版物〉
本書の全部または一部を無断で複写複製（コピー）することは，著作権法上での例外を除き，禁じられています．本書からの複製を希望される場合は，出版者著作権管理機構（TEL：03-5244-5088）にご連絡ください．

サスティナブル・マイクロワット回路の研究

編　集　トランジスタ技術SPECIAL編集部
発行人　小澤 拓治
発行所　CQ出版株式会社
〒112-8619　東京都文京区千石4-29-14
電　話　編集 03-5395-2148
広告 03-5395-2131
販売 03-5395-2141

2020年7月1日発行
©CQ出版株式会社 2020
（無断転載を禁じます）
定価は裏表紙に表示してあります
乱丁，落丁本はお取り替えします
編集担当者　島田 義人／平岡 志磨子
DTP・印刷・製本　三晃印刷株式会社
Printed in Japan